Nilgün Aygen

Recruiting Revolution

Nilgün Aygen

Recruiting Revolution

Neue Talent-Management-Strategien zur Gewinnung der besten Talente auf dem umkämpften Arbeitsmarkt

WILEY-VCH GmbH

Alle Bücher von WILEY-VCH werden sorgfältig erarbeitet. Dennoch übernehmen Autoren, Herausgeber und Verlag in keinem Fall, einschließlich des vorliegenden Werkes, für die Richtigkeit von Angaben, Hinweisen und Ratschlägen sowie für eventuelle Druckfehler irgendeine Haftung

© 2023 Wiley-VCH GmbH, Boschstraße 12, 69469 Weinheim, Germany

Alle Rechte, insbesondere die der Übersetzung in andere Sprachen, vorbehalten. Kein Teil dieses Buches darf ohne schriftliche Genehmigung des Verlages in irgendeiner Form – durch Photokopie, Mikroverfilmung oder irgendein anderes Verfahren – reproduziert oder in eine von Maschinen, insbesondere von Datenverarbeitungsmaschinen, verwendbare Sprache übertragen oder übersetzt werden. Die Wiedergabe von Warenbezeichnungen, Handelsnamen oder sonstigen Kennzeichen in diesem Buch berechtigt nicht zu der Annahme, dass diese von jedermann frei benutzt werden dürfen. Vielmehr kann es sich auch dann um eingetragene Warenzeichen oder sonstige gesetzlich geschützte Kennzeichen handeln, wenn sie nicht eigens als solche markiert sind.

Bibliografische Information der Deutschen Nationalbibliothek

Die Deutsche Nationalbibliothek verzeichnet diese Publikation in der Deutschen Nationalbibliografie; detaillierte bibliografische Daten sind im Internet über <http://dnb.d-nb.de> abrufbar.

Print ISBN: 978-3-527-51113-6
ePub ISBN: 978-3-527-83966-7

Umschlaggestaltung Torge Stoffers
Satz: Straive, Chennai, India
Druck und Bindung: CPI Group (UK) Ltd, Croydon, CR0 4YY
Gedruckt auf säurefreiem Papier.
Bildnachweis: Alle Bilder bis auf die Abbildungen 1-4 stammen von: *iStock.com*/Nuthawut Somsuk

C121373_060922

Inhalt

Vorwort 7

Einführung: Die Herausforderungen des Talentmarkts 15

Teil I Talente anlocken – wie Sie an die richtigen Kandidaten kommen

Einleitung: Rare und skeptische Talente gewinnen 42

1. Kapitel: Die geschäftsentscheidende Wirkung von Talent-Pools 49

2. Kapitel: Wie Sie für Ihre Organisation robuste und effektive Talent-Pools anlegen 71

3. Kapitel: Wie Sie Talent-Pools in Talent-Pipelines verwandeln 99

Zusammenfassung: Qualifizierte Kandidaten für Ihre Pools und Pipelines finden 121

Teil II Wie Sie Top-Kandidaten auswählen, die wirklich Ihrem Bedarf entsprechen

Einleitung: Spitzenleistung hängt vom *Talent-Fit* ab 128

4. Kapitel: Die überraschend hohen Kosten einer schlechten Einstellungsentscheidung 133

5. Kapitel: *Skill-Fit* 157

6. Kapitel: *Job*-Fit 175

7. Kapitel: *Culture-Fit* 199

Zusammenfassung: Die passenden Talente finden 217

Teil III Mitarbeiterengagement stärken und pflegen

Einleitung: Engagement ist das Symptom des Erfolgs 222

8. Kapitel: Der wahre Wert hohen
Mitarbeiterengagements 227

9. Kapitel: Bewährte Methoden zur Steigerung des
Mitarbeiterengagements 243

Zusammenfassung: Das Engagement der Zukunft
beginnt jetzt 269

Abschließende Gedanken 275

Epilog: Ein neues Personalmodell für ein erfolgreiches
Talentmanagement 281

Die Autorin 303

Anmerkungen 305

Stichwortverzeichnis 323

Vorwort

»Ohne großartige Mitarbeiter nützt auch die großartigste Vision nichts.«

Jim Collins, Autor von Good to Great

Ihr Unternehmen verdient talentierte und engagierte Mitarbeiter, die eine Arbeit machen, die zu ihnen passt und sie inspiriert, ihr volles Potenzial auszuschöpfen. Das ist nicht nur ein Ideal. Im gegenwärtigen hyperkompetitiven Talentumfeld ist es eine Überlebensnotwendigkeit.

Leider bleiben noch immer viele Talentmanagementpraktiken allzu fest in den Normen von gestern verwurzelt. Sie wurden nicht an die gegenwärtigen Marktrealitäten angepasst – weder an die demografischen Veränderungen, Verschiebungen in der Work-Life-Balance und kritischen Skills Gaps noch an die massiven Erschütterungen, die uns COVID-19 gebracht hat, und das Phänomen des »großen Rückzugs« (Great Resignation). Viele Unternehmen sind infolgedessen nicht gut aufgestellt, um den Kontakt zu jener Art von hochwertigen Beschäftigten aufzunehmen, die sie in Zukunft brauchen werden.

Dieser Zustand hat sich über eine lange Zeit entwickelt. Seit Jahren sprechen Organisationen in aller Welt über die Bedeutung der Mitarbeiter, den zunehmenden Fachkräftemangel und die Notwendigkeit, die Mitarbeiter wie den größten Schatz eines Unternehmens zu behandeln. Aber alles Reden hat bislang wenig bewirkt.

Wer bin ich, das zu sagen? Seit mehr als 30 Jahren berate ich Unternehmen, um sicherzustellen, dass sie die richtigen Talente in den richtigen Rollen einsetzen und sie zu ihrem vollen Potenzial entwickeln.

Im Kontakt mit Führungskräften, Mitarbeitern und Personalentscheidern kann ich täglich aus erster Hand beobachten, wie die Realität aussieht. Viele Organisationen *sagen*, ihre Mitarbeiter seien ihr größter Schatz, aber nur wenige behandeln sie auch so.

Viele Unternehmen behandeln »menschliche Belange« als zweitrangig gegenüber betrieblichen Fragen. Das bedeutet, dass die Personalabteilung an der strategischen Planung oft nicht beteiligt wird. Die Unternehmen haben CEOs, CFOs, CTOs, CSOs ... jede Art von Chief Officers am Tisch sitzen, jedoch nur selten einen CHRO (Chief Human Resource Officer).

In meinen Augen ist diese Ausklammerung des Talentmanagements aus der strategischen Planung ein schwerer Fehler, der den Unternehmen einen Wettbewerbsnachteil einbringt. Viele Jahre lang konnten die Unternehmen dennoch gedeihen. Besonders in Europa profitierten wir von einer Babyboom-Generation, die Garant für Jahrzehnte des kontinuierlichen Wirtschaftswachstums war.

Das ermöglichte uns, Weltführer zu werden, führte aber auch zu einer gewissen Selbstgefälligkeit hinsichtlich der Verfügbarkeit und Erschwinglichkeit hochwertiger Talente. Plötzlich – so fühlt es sich wenigstens an, nicht wahr? – erkennen viele Unternehmenslenker, dass der Kampf um die Talente, den McKinsey vor rund 20 Jahren erstmals prognostizierte, mittlerweile voll entbrannt ist. Personalfragen, die in früheren Jahren noch als zweitrangige Probleme behandelt werden konnten, sind heute lebensbedrohlich und stehen ganz oben auf unserer Aufmerksamkeitsliste.

Laut einer Mercer-Umfrage aus dem Jahr 2022 betreffen die Hauptsorgen der Arbeitgeber gegenwärtig die Suche nach erschwinglichen Talenten, die wachsende Zahl von Unternehmen, die Talente suchen, und die schrumpfende Zahl an qualifizierten Arbeitskräften.[1] Diese Herausforderungen werden in den nächsten zehn Jahren nur noch zunehmen, wenn mehrere Faktoren zusammenkommen, um den perfekten Sturm für die Unternehmen (und viele Gesellschaftsstrukturen) zu entfachen.

Was kommt da auf uns zu? Wie ich schon andeutete, laufen wir auf ein demografisches Kliff zu, vor dem uns nicht einmal die besten Roboter und die wirkungsvollsten Familienbildungsanreize rechtzeitig werden bewahren können. Wir leben in einer Welt, die einen Bedarf an qualifizierten Arbeitskräften hat, wie ihn selbst noch vor fünf Jahren niemand hätte sich vorstellen können. Massive Skill Gaps in vielen Branchen sind die Folge. Die Vorstellungen bezüglich der idealen Work-Life-Balance wandeln sich und Millionen Menschen in aller Welt beteiligen sich aktiv am »großen Rückzug« und kehren ihren Unternehmen den Rücken zu.

Gibt es Grund zur Panik? Nein. Aber es ist wichtig, die kommenden Jahre mit offenen Augen anzugehen. Schwierigkeiten dieser Art lassen sich nicht mal eben durch ein paar Korrekturen oder Optimierungen aus der Welt schaffen. Ernste und systemische Probleme lassen sich nicht durch graduelle Veränderungen lösen. Die Unternehmen versuchen das schon seit geraumer Zeit, ohne dass dabei viel herausgekommen wäre.

Sie verdienen in Ihrem Unternehmen echte Ergebnisse – Ergebnisse der Art, wie Sie sie nur sehen, wenn Sie Ihr Denken und Handeln rund um die Mitarbeiterrekrutierung und das Talentmanagement grundlegend verändern.

Die Strategien, Methoden und Tools, die ich Ihnen in diesem Buch vorstellen werde, gründen auf einzigartigen Erfahrungen aus der Welt der Akrobatik, des Sports und der Unterhaltung. Sie sind das Ergebnis von mehr als 30 Jahren praktischer Arbeit mit Hunderten von Unternehmen und Tausenden von Führungskräften und Beschäftigten. Sie lassen sich auf kleine Betriebe ebenso anwenden wie auf große multinationale Konzerne. Sie funktionieren in Umgebungen, in denen Talente rar und teuer sind, und ebenso in Umgebungen, in denen Talente reichlich vorhanden und erschwinglich sind. Vor allem aber profitieren Unternehmen, die diese Talentmanagement-Methoden und -Tools anwenden, von einer geringeren Mitarbeiterfluktuation, zufriedeneren, engagierteren und motivierteren Beschäftigten und einer deutlichen Gewinnsteigerung.

Verglichen mit traditionellen Personalpraktiken fühlen sich diese Methoden neu, anders und frisch an. Sie führen mit Sicherheit zu den gewünschten Ergebnissen!

Hier sind einige der Ergebnisse, deren sich Unternehmen erfreuen, die sich dieser Methoden bedienten:

- Verbesserung der Qualität neu eingestellter Mitarbeiter: Die zuletzt hinzugekommenen Mitarbeiter übertrafen die Bestandsmitarbeiter leistungsmäßig in Standardrollen nahezu um den Faktor drei,[2] in Vertriebspositionen sogar um mehr als den Faktor sechs.[3]
- Eine regionale Kreditgenossenschaft konnte ihre Rekrutierungskosten binnen eines Jahres um eine Million US-Dollar reduzieren.[4]
- Reduzierung der Fluktuation im traditionell fluktuationsreichen Einzelhandel: Die Zahl der Mitarbeiter, die länger als zwei Jahre bei der Organisation blieben, nahm um 50 Prozent zu.[5]
- Transformation eines strauchelnden Unternehmens mit Fluktuationsraten von über 600 Prozent in einen leistungsstarken Marktführer mit durchschnittlicher Fluktuation von gerade einmal 9 Prozent.[6]

Sie können dieselbe Art dramatischer Ergebnisse auch in Ihrer eigenen Organisation erzielen – mit weniger finanziellem Aufwand, als Sie vielleicht erwarten. Für manche Unternehmen haben sich diese Investitionen um mehr als das Zehnfache bezahlt gemacht![7]

Wenn diese Ergebnisse dramatisch erscheinen, sollten Sie nicht vergessen: Wir verlassen hier den Bereich der kleinen Korrektur- und Optimierungsprogramme, zu denen die meisten Unternehmen greifen, wenn sie erstmals Talentprobleme erleben. Für halbe oder graduelle Maßnahmen bleibt uns schlicht nicht die Zeit.

Ihr Weg zu effektiveren Lösungen beginnt damit, dass Sie sich ein gründliches Bild von den gegenwärtigen Talentmärkten machen. Wir erleben gerade eine Zeit des weltweiten Fachkräftemangels. Entwickelte ebenso wie aufstrebende Volkswirtschaften haben Mühe, Vakanzen mit talentierten Kräften zu füllen – oder sie überhaupt zu füllen.

Noch dazu haben sich die Einstellungen zu Arbeit und Karriere in den jüngeren Generationen dramatisch verändert gegenüber den Vorstellungen der Babyboomer-Generation und selbst noch gegenüber der Generation X. Das macht die hergebrachten Rekrutierungs- und Vergütungssysteme weniger effektiv und mitunter sogar kontraproduktiv. Ein Verständnis für das, was in Ihrem Umfeld und bei Ihren internationalen Wettbewerbern passiert, wird Ihnen helfen zu sehen, warum es so entscheidend wichtig ist, dass Sie Ihre Rekrutierungs- und Talentmanagementstrategien und -prozesse verändern.

Lesen Sie die Einleitung »Rare und skeptische Talente gewinnen« sorgfältig. Sie behandelt viele aktuelle Themen und Narrative aus der globalen Welt des Talentmanagements. Das wird Ihnen helfen, alle Selbstgefälligkeit bezüglich der modernen Herausforderungen des Talentmanagements hinter sich zu lassen und sich bewusst zu machen, dass viele Unternehmen in den kommenden Jahren ohne größere Veränderungen nicht erfolgreich sein werden. Vielleicht werden sie sogar nicht einmal überleben ...

Mit diesem neuen Wissen werden Sie sehen, wie ein veränderter Ansatz bezüglich des Anlockens frischer Talente aussehen könnte. Ich werde Ihnen die wichtigsten Lektionen aus der Welt der Artisten, des Sports und der Unterhaltung vermitteln – Lektionen, die in den Wirtschaftsschulen nicht vorkommen. Es reicht schließlich nicht, Stellen erst dann reaktiv zu bewerben, wenn sie bereits vakant sind und dringend neu besetzt werden müssen. Das würde zu einer »Verzweiflungsrekrutierung« mitsamt der Notwendigkeit führen, Spitzengelder für Kandidaten zu zahlen, die möglicherweise nicht einmal ideale Besetzungen sind.

Es gibt vielmehr Dinge, die Sie schon *heute* beginnen können, wie es auch die weltweit führenden Sportmannschaften und Gruppen der Bühnenkünste tun, um sicherzustellen, dass Sie stets auf ausreichend viele passende Kandidaten zugreifen können, um vakante Stellen zu besetzen, selbst wenn andere Mühe haben, die Talente, die sie benötigen, zu finden. Ein pro-aktiver Ansatz dieser Art ermöglicht es Ihnen, strategisch zu rekrutieren und dabei eine signifikant bessere Übereinstimmung von Stellen- und Mitarbeiterprofil zu erzielen.

Als Nächstes werden Sie sehen, wie Sie Ihre Auswahlprozesse so verändern können, dass sichergestellt ist, dass Ihre neu eingestellten Mitarbeiter wunderbar zu ihren neuen Positionen passen. Die – finanziellen und emotionalen – Kosten eines ungenügenden »Fits« werden häufig übersehen, sind aber astronomisch, sowohl für die Beschäftigten als auch für die Arbeitgeber. Glücklicherweise ist das ein Bereich, in dem sich die neuesten Technologien mit bewährten Methoden kombinieren lassen, um Ihnen Kandidaten zu liefern, die hervorragend zum Job, zum Team und zur Unternehmenskultur passen.

Sie werden sehen, was Sie tun können, um Ihre Talente langfristig engagiert und produktiv zu halten. Zu viele Unternehmen leiden, weil Mitarbeiter nicht so engagiert sind, wie sie es sein könnten, was zu kostspieligem Präsentismus, aktivem Desengagement und gefährlichen Reibungsgraden führt. Damit muss sich Ihr Unternehmen jedoch nicht zufriedengeben. Sie können stattdessen ein positives Arbeitsumfeld mit Mitarbeitern schaffen, die sich dort gern aufhalten, ihre Arbeit als sinnstiftend empfinden und ehrlich überzeugt sind, dass die Zugehörigkeit zu Ihrem Unternehmen ihnen die besten Entwicklungs-, Selbstverwirklichungs- und langfristigen Erfolgschancen bietet. Diese hochengagierten Mitarbeiter werden Ihr exklusiver und nachhaltiger Wettbewerbsvorteil sein.

Sie werden auch etwas über die neuen Rollen innerhalb der Personalfunktion erfahren und darüber, wie diese Rollen effektivere Talentplanungs-, Rekrutierungs-, Selektions-, Einstellungs- und Mitarbeiterbindungspraktiken unterstützen können. Diese Rollen können – bei richtiger Anwendung – die Fehler der Vergangenheit korrigieren, als dem Personalwesen nachrangige Bedeutung attestiert wurde und das Unternehmen den Schaden hatte. Mit der Schaffung neuer Strukturen und neuer strategischer Verantwortlichkeiten können Unternehmen, ob klein oder groß, ihre Personal- und Talentmanagementabteilungen in beneidenswerte Exzellenzzentren verwandeln.

Insgesamt ist dieses Buch Ihre Chance, sich der neuesten Talentrevolution anzuschließen – in einem hochkompetitiven Talentmarkt Mitarbeiter intelligenter zu rekrutieren, besser zu motivieren und länger zu halten. Am Ende des Buches werden Sie ein klares Bild davon haben, was Sie tun müssen und wie Ihr Unternehmen unmittelbar beginnen kann, seine Talentmanagementpraktiken zu verbessern. Indem Sie Ihre Fähigkeiten in den Bereichen Talentgewinnung, -auswahl und -bindung verbessern, stellen Sie sicher, dass die gegenwärtigen Herausforderungen für Sie nicht zur Bedrohung werden. Vielmehr können Sie die kommenden Jahre für sich zur Gelegenheit machen, Ihre Wettbewerber leistungsmäßig weit hinter sich zu lassen.

Unternehmen gewinnen, wenn sie die richtigen Mitarbeiter gewinnen, und Sie können die richtigen Mitarbeiter für Ihr Unternehmen gewinnen, indem Sie das anwenden, was Sie auf den folgenden Seiten lernen werden. Lesen Sie weiter, um zu verstehen, wie Sie zuverlässig die Art von hochtalentierten und hochengagierten Mitarbeitern anlocken, einstellen und halten können, um die Ihre Wettbewerber Sie beneiden werden, die sich positiv auf sämtliche Aspekte des Unternehmensbetriebs auswirken und die Ihnen die beste Chance auf langfristiges Wachstum und nachhaltige Profitabilität bieten.

Einführung: Die Herausforderungen des Talentmarkts

»Denke mit deiner Vorstellungskraft, nicht mit deiner Erinnerung.«

Jim Sirbasku, Co-Gründer, Profiles International

Wir leben in interessanten und ungewöhnlichen Zeiten. Die bewährten Praktiken des Talentmanagements und der Talentsuche geraten an ihre Grenzen. Weil das aber in unserem gesamten Umfeld passiert – weil es praktisch die Luft ist, die wir atmen –, ist vielen von uns nicht bewusst, wie ernst es in der Welt gegenwärtig um das Talentproblem bestellt ist.

Auf den nächsten Seiten werde ich Ihnen erzählen, was Sie wissen müssen, um die gegenwärtige Talentkrise zu verstehen. Manches davon wird Sie überraschen oder Ihnen auf neuartige Weise die Augen öffnen. So werden Sie schon bald über sehr viel mehr Informationen verfügen als Ihre Kollegen oder Wettbewerber, auf dass Sie die nächsten Jahre erfolgreicher bestehen.

So interessant die Lage bereits jetzt ist, so viele Veränderungen stehen uns erst noch bevor. Die Erfahrungen der Vergangenheit werden Ihnen da ebenso wenig eine Hilfe sein wie die meisten »stereotypen« Binsenwahrheiten der Unternehmensführung. Ein völlig neues Denken und Handeln sind gefragt, wenn es darum geht, Talente anzulocken, zu selektieren und zu halten. Entscheidend ist, dass Sie ein klares und globales Verständnis vom modernen Talent-Pool entwickeln.

Was passiert da gegenwärtig?

Viele Unternehmen berichten, dass sie kaum Bewerbungen erhalten – trotz Anreizen und Gehältern, die alles übertreffen, was wir in der Vergangenheit gesehen haben: von Boni über Lohnanreize bis zu Extraleistungen, für die Bewerber bisweilen nichts weiter zu tun brauchen, als zu einem Interview zu erscheinen.[1] Diese Schwierigkeit, Stellen angemessen zu besetzen, hat auf allen Ebenen der globalen Lieferketten schmerzliche Folgen.

In Australien beispielsweise verrotteten Ernten im Wert von Hunderttausenden von US-Dollar auf den Feldern, weil es niemanden gab, um sie einzubringen.[2] In Großbritannien führte der landesweite Mangel an Lastwagenfahrern zu dramatischen Engpässen an den Tankstellen.[3] In Japan hat sich der schwelende Mangel an Pflegekräften zu einer regelrechten Krise in den Krankenhäusern ausgewachsen, die mittlerweile Mühe haben, überhaupt eine Grundversorgung aufrechtzuerhalten.[4] Und in Deutschland berichten für die Wirtschaft so wichtige Treiber wie der Technologie- und der Fertigungssektor, dass jedes achte Unternehmen keine Bewerbungen auf die ausgeschriebenen Stellen erhält – mit negativen Folgen für Wachstum, Innovation und Profitabilität.[5]

Ob in entwickelten oder aufstrebenden Ländern – überall auf der Welt fällt es Organisationen schwer, ihre freien Stellen zu besetzen. Für 2030 wird weltweit ein Talentmangel von 85,2 Millionen Beschäftigten erwartet, was die Unternehmen und staatlichen Behörden nach

Schätzungen der Managementberater von Korn Ferry rund 8,5 Billionen US-Dollar an entgangenem Umsatz kosten wird.[6]

Diese Zahl, die der Summe der Bruttoinlandsprodukte Deutschlands und Japans entspricht, steht für das, was für immer verloren geht, weil es in dem betreffenden Jahr niemanden gibt, der die Arbeit leisten kann. Und ebenso im Jahr darauf und so weiter. Es ist eine Talentkrise epischen Ausmaßes, die Gefahr läuft, das globale Wirtschaftswachstum zum Stillstand zu bringen.

Aber warum passiert das? Warum werden im Jahr 2030 allein in Deutschland mehr als 3 Millionen Fachkräfte fehlen, in den USA mutmaßlich 6 Millionen, in China 12 Millionen und in Japan, Indonesien und Brasilien jeweils 18 Millionen oder mehr?[7]

Es ist an der Zeit, einen genaueren Blick auf das zu werfen, was da mit dem globalen Talent-Pool passiert ... und vor allem, wie Sie sich vorbereiten können, um dennoch erfolgreich zu sein.

Demografie: ein ernstzunehmendes Problem, aber nicht die einzige Herausforderung

Ich werde mit dem demografischen Aspekt beginnen, weil er die Diskussionen zur Personalsituation häufig dominiert und ich Raum schaffen möchte für darüber hinausgehende Betrachtungen. Diese sind ebenso wichtig und stellen aus strategischer Sicht Bereiche dar, die mitunter noch mehr Ertrag versprechen. Mehr dazu in Kürze ...

Vielen Business-Managern ist sehr wohl bewusst, dass wir in einer Zeit massiver demografischer Verschiebungen leben. Überall in der Welt hat die »Babyboom-Generation« der Jahrzehnte unmittelbar nach dem Zweiten Weltkrieg lange Zeit einen reichen Pool an verfügbaren Arbeitskräften geliefert. Heute gehen diese Beschäftigten in den Ruhestand und die Generationen nach ihnen sind ein gutes Stück kleiner.

In Europa liest man häufig von Kommunen, die Schulen und Krankenhäuser schließen, weil die lokale Bevölkerung schrumpft. Leerer Häuserbestand wird rückgebaut und die freiwerdenden Grundstücke für Parks benutzt oder der Natur überlassen. Papst Franziskus beschwor in einer Ansprache 2021 unseren »demografischen Winter«, der sich gerade erst in seinen Anfängen zeige.[8]

Aber nicht nur Europa steht ein demografischer Winter bevor. In Asien würden Sie ähnliche Geschichten über leere Schulen und verwaiste Kindergärten hören. In Südkorea ist die Zahl der Studienanfänger von 1992 bis heute von 900 000 auf 500 000 zurückgegangen. Chinas Einkindpolitik schuf ein demografisches Loch, das sich durch gelockerte Regeln und Geburtenanreize nicht so leicht beheben lässt – obwohl mittlerweile bis zu drei Kinder pro Familie erlaubt sind, ist die Zahl der Eheschließungen in China auf ein Rekordtief gefallen.[9] Selbst in Indien, das für seine großen Familien bekannt ist, ist die Geburtenrate in den letzten Jahren auf 2,1 Kinder pro Familie gesunken,[10] während die US-amerikanische Statistikbehörde die niedrigsten Geburtenraten seit über 200 Jahren meldet.[11]

Mit Blick auf die Zukunft wird uns geraten, uns auf Generationen schrumpfender Familien vorzubereiten. Schätzungen zufolge werden bis 2100 in 183 – von 195 – Ländern die Geburtenraten unter das Reproduktionsniveau fallen.[12]

Natürlich versuchen viele Regierungen, dem entgegenzuwirken. Jahrzehnte des Wachstums und der Produktionssteigerung hängen von der kontinuierlichen Zunahme der verfügbaren Arbeitskräfte ab. Ganze Volkswirtschaften – ganz zu schweigen von den Strukturen der sozialen Unterstützung und der Renten – sind darauf angewiesen, dass das Heer der verfügbaren Arbeitskräfte kontinuierlich wächst.

Leider führten staatliche Anreize – von erweitertem bezahltem Urlaub für Mütter und Väter über große Investitionen in die Kinderbetreuungsinfrastruktur bis zu Zusatzleistungen für Familien – nur zu bescheidenen Zuwächsen in den Ländern, in denen diese Maßnahmen ausprobiert wurden. Steigende Lebenshaltungskosten, eine ungewisse Zukunft und der Wunsch der Frauen, weniger Kinder zu haben, führen alle dazu, dass die Generationen nach den Babyboomern kleiner ausfallen.

In Deutschland beispielsweise entscheiden sich trotz großzügiger Anreize nahezu 20 Prozent der Frauen dafür, überhaupt keine Kinder in die Welt zu setzen.[13] Erste Daten deuten darauf hin, dass die Corona-Krise die meisten unserer (bescheidenen) Zuwächse bei der Geburtenrate aus der letzten Zeit wieder zunichte gemacht hat. Unsere Bevölkerungspyramide weist also weiterhin einen großen demografischen Rückgang auf.

Betrachten wir uns die Boomer-Generation der in den 1960er Jahren Geborenen (unsere Geburtenraten in Deutschland hatten ihren Höhepunkt 1964): Selbst wenn ab morgen jede Frau in Deutschland Zwillinge gebären würde, würden wir noch ein deutliches Geburtental erleben. Wir sprechen hier gern von einem »Talent-Tsunami« in dem Sinne, dass das Beben bereits stattgefunden hat und wir die Welle weder sehen noch uns ihrer Ernsthaftigkeit richtig bewusst sind.

Infolge dieses Talent-Tsunamis wird Deutschland gezwungen sein, diesen Mangel an Arbeitskräften über den Weg der Zuwanderung wettzumachen – nicht, um zu wachsen, sondern allein, um den Status quo auch nur annähernd zu halten. In der öffentlichen Diskussion ist hier häufiger von einem Minimum von 400 000 ausgebildeten Zuwanderern die Rede, die jedes Jahr benötigt werden, um die bestehenden Lücken zu schließen.[14]

Beachten Sie, dass wir hier von »ausgebildeten« Zuwanderern sprechen. Deutschland steht hier mit allen anderen Volkswirtschaften der Welt im Wettbewerb. Ähnlich anderen Ländern haben wir Gesetze, welche die Erteilung von Visa und Aufenthaltsgenehmigungen für Zuwanderer mit dringend benötigten Fähigkeiten wie Ingenieure oder IT-Experten beschleunigen.

Und dennoch kommt Deutschland nicht hinterher. Aus den jüngsten Daten des Statistischen Bundesamts geht hervor, dass die Nettoeinwanderung nach Deutschland 2020 nur 209 000 Personen betrug – und das, obwohl das Land nach wie vor das beliebteste Zielland für Einwanderer in der EU ist.[15] Viele Fachkräfte bevorzugen – nicht zuletzt wegen der Sprachbarriere – jedoch Stellen in Australien, Kanada, Großbritannien oder den USA.

Ähnlich verhält es sich in der benachbarten Schweiz. Obwohl die Schweiz in den letzten Jahren ihre Einwanderungsquoten aufgestockt und die Visum-Anforderungen in Form von Verpflichtungserklärungen gelockert haben, lag der Gesamtanteil der Nicht-EU-Bürger an der Gesamtbelegschaft im Land 2021 unverändert bei gerade einmal 7 Prozent. Das ist das gleiche Niveau wie 2011 und in der Tat blieb der Anteil der Beschäftigten aus Nicht-EU/EFTA-Ländern für mehr als ein Jahrzehnt trotz gesetzlicher und wirtschaftlicher Anreize unverändert niedrig.[16]

Selbst wenn sich talentierte Arbeitskräfte finden lassen, stellen die Unternehmen häufig fest, dass es mehr als nur Altersunterschiede zu überwinden gilt. Philosophische Perspektivwechsel bezüglich der Rolle der Arbeit von Generation zu Generation führen dazu, dass jüngere Menschen weniger interessiert sind, Arbeitsverhältnisse, wie sie gegenwärtig strukturiert sind, einzugehen.

New Work und Generationsunterschiede bei der Work-Life-Balance

Was ist wichtiger, die Arbeit oder das Privatleben?

Welche Antwort Sie auf diese Frage geben, hängt von Ihrer persönlichen Einstellung ab – und von Ihrer Generation. Wenn Sie Ende der 1970er oder in den 1980er Jahren ins Arbeitsleben eingetreten sind, lautete die vorherrschende Kultur ganz klar: Arbeit geht vor, das Privatleben kommt an zweiter Stelle. Workaholics wurden gefeiert; waren Wochenarbeitszeiten von 50, 60 oder sogar 80 Stunden erforderlich, um den Job zu erledigen, dann musste es eben sein.

In Zeitungsberichten lesen wir von asiatischen Angestellten, für die 12 bis 14 Stunden im Büro keine Ausnahme waren. US-amerikanische Börsenhändler nach Art der durch den Film

Wall Street berühmt gewordenen Gordon-Gecko-Typen (»Geld schläft nicht«) ließen sich frische Hemden in ihre Büros liefern, um darüber hinwegzutäuschen, dass sie es selten zurück in ihre Manhattaner Wohnungen schafften. Nordeuropäische Beschäftigte behaupteten, besser als Maschinen zu sein – unnachgiebige, unermüdliche Perfektionisten, bereit, auch unter harten und schwierigen Bedingungen Überstunden zu schieben.

Natürlich hat alles seine Zeit. Beschäftigte, die erstmals Ende der 1990er oder Anfang der 2000er Jahre eine Arbeit antraten, und diejenigen, die es heute tun, haben nicht den Wunsch, diese »traditionellen« Beschäftigungsstandards aufrechtzuerhalten. Im Gegenteil, sie gehen aktiv dagegen an!

»50 Jahre lang haben die Unternehmensführungen ihren Mitarbeitern bedeutet, dass sie sich glücklich fühlen sollten, überhaupt einen Job zu haben. Während der nächsten 50 Jahre müssen wir den Unternehmensführungen zu verstehen geben, dass sie sich glücklich schätzen sollten, dass wir bereit sind, für sie zu arbeiten.«
Sara Nelson, Gewerkschaftsführerin und International President of the Association of Flight Attendants-CWA, AFL-CIO[17]

Was in der Vergangenheit möglicherweise nur als »harte Arbeit« verstanden worden wäre, gilt mittlerweile als »Arbeitsüberlastung«. Die Grenzen zwischen beruflichem und privatem Leben werden heute sehr ernst genommen.

Millionen in aller Welt weigern sich nicht nur, die Bedingungen der Arbeitsstrukturen der Vergangenheit zu akzeptieren, sondern protestieren in unterschiedlichster Form öffentlich gegen die Existenz dieser Normen. Das kann sich in passivem Protest, aktiven Streiks oder philosophischen Argumenten ausdrücken:

1. In China machten junge Berufstätige Schlagzeilen mit der »Lying Flat«-Bewegung (躺平, tǎng píng).[18] Die Teilnehmer

reduzierten ihre Arbeitszeit oder kündigten ganz, schworen dem Konsumdenken ab und zogen sich aus gesellschaftlichen Gruppen zurück, zugunsten von Ruhe, freier Zeit und Müßiggang. Diese Bewegung, in der manche eine unmittelbare Reaktion auf Chinas 996-Arbeitskultur (von 9 Uhr morgens bis 9 Uhr abends an sechs Tagen in der Woche) sehen, wurde von der chinesischen Führung alsbald unterdrückt, indem sie den Begriff aus den Suchmaschinen tilgte, Diskussionsgruppen schloss und die Bewegung in den öffentlichen Medien als »schändlich« brandmarkte.[19]

2. In Amerika macht sich quer über mehrere Generationen desillusionierter Beschäftigter die »Antiwork«-Bewegung breit.[20] Obgleich diese Bewegung zumeist mit den Mitgliedern der von den hohen Kosten der Verfolgung des stereotypen »amerikanischen Traums« frustrierten Generation Z in Verbindung gebracht wird, findet sie auch bei Beschäftigten mittleren Alters Anklang, die unter Burnout leiden. Gemeinsam treten die Teilnehmer für einen arbeitsfreien Lebensstil ein, der in ihrem Slogan »Arbeitslosigkeit für alle (nicht nur für die Reichen)« ihren Ausdruck findet.[21] Sie schwören dem Karriereideal ab.[22] Sie rufen zu Streiks, »Spaziergängen« und anderen Formen des Protests gegen Arbeitgeber auf, die ihrer Ansicht nach weniger als einen existenzsichernden Lohn zahlen, Beschäftigte schlecht behandeln oder ihnen elementare Arbeitnehmerrechte vorenthalten. Die Bewegung, die in der zweiten Hälfte 2021 stark an Zugkraft gewonnen hat, machte international Schlagzeilen, als sie versuchte, in den USA und anderswo das »Black Friday«-Geschäft zu behindern.[23]

3. In Europa entsteht eine neue Philosophie rund um die Rolle der Arbeit im Gesamtkontext des Lebens, die in der so genannten »neuen Arbeitsmentalität« zum Ausdruck kommt. Jüngere Generationen haben demnach das Gefühl, Produktivität und Erfolg rechtfertigten es nicht, auf ein Privatleben, Zeit mit der

Familie und freie Stunden bei Tageslicht zu verzichten. Das bedeutet eine Abkehr von vergangenen Generationen, die stolz darauf waren, der Arbeit Priorität einzuräumen, selbst wenn andere Bereiche des Lebens dabei zu kurz kamen. Heute wollen die Beschäftigten ihre Arbeit mit dem Sinn ihres Lebens in Einklang bringen. Ein einfacher Handel Zeit gegen Geld ist nicht länger akzeptabel – das würde keine Erfüllung bringen. Diese Beschäftigten sehen in ihren Jobs eine Möglichkeit, sich selbst zum Ausdruck zu bringen, dem eigenen Leben Sinn zu geben und eine kontinuierliche Selbstverwirklichung zu gewährleisten. Das ist überall dort hochgradig disruptiv, wo »Zeit gegen Geld« immer noch Standard ist und viele Manager sich nunmehr in der unbequemen Doppelrolle von Chef *und* Lebensberater wiederfinden. Wenn sie aber diese Flexibilität nicht aufbringen und diesen neuen Erwartungen nicht gerecht werden, gehen die Beschäftigten und die Stellen bleiben unbesetzt.

Das sind nur einige Beispiele, um Ihnen ein Gespür für den Umfang und die Größenordnung der im Denken der jüngeren Generationen zu beobachtenden Veränderungen zu vermitteln. Was Sie an Ihrem eigenen Arbeitsplatz erleben, ist mit Sicherheit symptomatisch für das Gesamtgeschehen. Die Beschäftigten von heute sehen ihre Jobs mit anderen Augen als frühere Generationen und sind sich ihrer wachsenden Macht bewusst, ihre Unzufriedenheit zum Ausdruck zu bringen, zu protestieren und sich den »traditionellen« Standards unmittelbar zu verweigern.

Woraus speist sich diese wachsende Macht? Dieser Wandel resultiert nicht allein aus dem demografisch bedingten generellen Arbeitskräftemangel. Entscheidend ist auch die dramatisch zunehmende Qualifikationslücke.

Die Qualifikationslücke – Skill Gap

Qualifizierte Beschäftigte sind der größte Schatz jedes Unternehmens. Gegenwärtig hat niemand in der Welt genug davon – und die Situation verschlechtert sich zusehends.

Dieses Problem, das ich als »Skill Gap« bezeichne, hängt mit den demografischen Problemen zusammen, mit denen sich Länder weltweit herumschlagen, ohne damit identisch zu sein. Qualifizierte Beschäftigte werden schließlich nicht geboren. Sie werden im Laufe vieler Jahre und unter hohen Kosten ausgebildet, angeleitet und zu Top-Performern »geformt«.

Es stimmt, dass viele qualifizierte Beschäftigte natürliche Begabungen mitbringen und dass diese Einfluss auf die Qualität ihrer Arbeit haben. Jedoch habe ich noch keinen frisch aus dem Mutterleib geschlüpften Säugling gesehen, der ein Büro leiten, ein Flugzeug lenken oder einen Computer programmieren konnte.

Darüber hinaus müssen die qualifizierten Beschäftigten von heute kontinuierlich mit den technischen Entwicklungen Schritt halten. Das ist ein nicht endender Entwicklungsprozess und mit jeder neuen Innovation und jedem Durchbruch braucht es noch mehr Geld und Zeit, um ein neues Teammitglied auf den minimal erforderlichen Qualifizierungsstand zu bringen.

Als die Menschheit erstmals den Übergang vom Jagen und Sammeln zum Ackerbau vollzog, handelte es sich um eine kurze Lernkurve. Selbst der Sprung vom Bauern zum Industriearbeiter war überschaubar. Aber heute? Mittlerweile erwarten wir von den Beschäftigten, dass sie sich in der digitalen Welt ebenso zurechtfinden wie in der analogen. Das ist ein gewaltiger und teurer Sprung.

Noch dazu müssen dank der veränderten Arbeitspräferenzen der jüngeren Generation ausscheidende qualifizierte Beschäftigte häufig durch zwei oder sogar drei jüngere Kollegen ersetzt werden. Jeder dieser in Teilzeit und/oder flexibel von zu Hause aus arbeitenden Beschäftigten muss kostspielig angelernt werden, und je qualifizierter und ehrgeiziger er ist, desto größer ist die Gefahr, dass er sich abwerben lässt, noch bevor die Anlernphase beendet ist.

Warum sage ich das? Wie wir schon gesehen haben, sind Sie – wenn Sie Personalverantwortlicher sind – wahrscheinlich nicht der Einzige, der ein Auge auf diese qualifizierten Beschäftigten geworfen hat. Der War of Talent bzw. der Wettbewerb um Talente jeder Art wird verbissen und global geführt.

Ich erwähnte bereits, dass für 2030 weltweit eine Talentlücke von rund 85,2 Millionen Beschäftigten prognostiziert wird. Zahlenmäßig entspricht die Größe dieses Pools an fehlenden Arbeitskräften in etwa der Bevölkerung der Türkei.[24] Aber man kann auch nicht einfach mal die gesamte Bevölkerung der Türkei klonen und das Problem damit für gelöst erklären. Die neuen Belegschaftsmitglieder müssten erst über viele Jahre hinweg ausgebildet und entwickelt werden, bevor sie sich als Arbeitskraft nützlich machen könnten.

Dieser Unterschied zwischen der körperlichen Anwesenheit im Büro und der Fähigkeit, einen qualitativen Beitrag zu leisten, ist einer der Gründe, warum Zuwanderung allein die demografischen Probleme der westlichen Welt nicht lösen kann. Ein neuer Beschäftigter in einem neuen Land muss die Sprache lernen, sich mit der Geschäftskultur vertraut machen und die erforderlichen Qualifikationen erwerben. Das ist eine universelle Herausforderung, unabhängig davon, ob jemand aus Afrika nach Europa oder aus Südamerika in die USA kommt.

Das ist auch der Grund, warum selbst bevölkerungsreiche Länder mit einer großen Zahl junger Menschen, die sich dem arbeitsfähigen Alter nähern, sich in den kommenden Jahren mit einer ernsten Qualifikationslücke (Skill Gap) konfrontiert sehen werden. Junge Beschäftigte haben sicherlich viel Energie und Durchhaltevermögen, sind aber häufig wenig qualifiziert. Und an Orten, an denen junge und ambitionierte Menschen das Gefühl haben, vor Ort auf Grund von Arbeitsmarktbeschränkungen, begrenzten Bildungsmöglichkeiten oder Korruption nur begrenzte Entwicklungsmöglichkeiten zu haben, beobachten wir einen Braindrain und andere Formen der Massenabwanderung.[25]

Spüren Sie Anzeichen von Stress? Das wäre verständlich. Vor allem, wenn man bedenkt, dass zu den bereits erwähnten Herausforderungen – demografischem Wandel, veränderten Denkweisen, Qualifikationslücke – nun auch noch die Pandemie und eine ganz neue Bewegung hinzugekommen ist, die talentierte Beschäftigte aus ihren gegenwärtigen Jobs treibt.

The Great Resignation entfaltet sich weltweit

Die Auswirkungen von COVID auf das Wirtschaftsgeschehen waren und sind sicherlich unglaublich. Einige der längerfristigen Folgen für die Beschäftigungsverhältnisse werden sich uns erst nach Jahren wirklich erschließen. Es gibt jedoch viele Bereiche, in denen wir schon heute mit den Konsequenzen leben.

Erstens hat sich die Art und Weise verändert, wie viele Büro- und Dienstleistungsjobs verrichtet werden. Seit Jahrzehnten – wenn nicht Jahrhunderten – hatten diese Tätigkeiten ihren Ort in gemeinschaftlich genutzten Räumen oder großen Zentralen, die den Teams als Basis dienten. Ein anderes Arrangement wurde gar nicht erst in Erwägung gezogen. Aber dann kam COVID und verlagerte diese Tätigkeiten ins häusliche Umfeld, und wie es scheint, werden Millionen von ihnen dort auch bleiben.

Das liegt nicht nur an der latenten Angst vor einer (erneuten) Ansteckung. Viele Wissensarbeiter stellen fest, dass sie zu Hause – ohne die Last des Pendelns und die Ablenkungen des Büros – produktiver und effizienter sind. E-Mail, Chat-Boards und

Videokonferenzsysteme gewährleisten die Kernfunktionen der Arbeit und geben den Beschäftigten zugleich die Flexibilität, zu Hause ein bequemes Mittagessen einzunehmen, bei ihren Haustieren zu sein und womöglich den Schlafanzug gar nicht erst abzulegen. Für viele jüngere *digital natives* ist dieses Arrangement ideal und sie schwärmen zu Unternehmen, die es ihnen auch über COVID hinaus anbieten.

Nur leider entspricht die neue *Remote-First-*Form der Arbeit weder jedermanns Bedürfnissen noch lässt sie sich in allen Sparten verwirklichen. Wesentliche Beschäftigte im Gesundheitswesen, in der Gastronomie und im Verkehrswesen haben nicht diese Möglichkeit. Beschäftigte mit schlechter Internetanbindung – ob auf dem Land oder in der Stadt – empfinden die Arbeit im Home-Office als problematisch. Als pandemiebedingt geschlossene Schulen und der ersatzweise Online-Unterricht die Kinder in die Häuser verbannten, mussten Millionen von Eltern feststellen, dass es in den allermeisten Fällen unmöglich ist, gleichzeitig seiner Arbeit nachzugehen und auch noch Aufpasser und Hilfslehrer der Kinder zu sein.[26]

Die Hauptlast dieser Herausforderungen tragen Frauen.[27] Laut der Konferenz der Vereinten Nationen für Handel und Entwicklung (UNCTAD) liegt die Last der Schulschließungen und der virtuellen Beschulung vorrangig auf den Schultern von Frauen.[28] Auch arbeiten mehr Frauen als Männer in der Tourismus-, Reise-, Hotellerie- und Gastronomiebranche, die von den COVID-Maßnahmen besonders stark betroffen waren. Jahrzehnte zunehmender Geschlechtergerechtigkeit im Arbeitsleben sind so zunichtegemacht worden[29] und in vielen Teilen der Welt verharren die Arbeitslosenzahlen der Frauen im zweistelligen Bereich.[30]

Nicht jede Frau, die ihren Arbeitsplatz aufgibt, tut dies gezwungenermaßen. Millionen bewerten ihre persönlichen Prioritäten, ihre Lebensziele und ihre Jobs neu und beschließen, dass es an der Zeit ist, das Leben zu ändern. Nachdem die Pandemie sie schockartig aus ihren Gewohnheiten und vertrauten Lebensmustern gerissen hat, bauen sich diese Frauen jetzt ein neues, an ihren eigenen bewussten und wertebasierten Entscheidungen ausgerichtetes Leben auf.[31]

Sie sind nicht die Einzigen, die ihren Arbeitsplatz freiwillig aufgeben. Ältere Beschäftigte, die andernfalls noch mehrere Jahre weitergearbeitet hätten, quittieren als Reaktion auf COVID ihren Job.[32] Manche sehen sich mittlerweile dauerhaft im Ruhestand, während andere möglicherweise zurückkehren werden, sobald ihnen dies sicher genug erscheint. Die meisten werfen einen frischen Blick auf das, was sie mit ihrer verbleibenden Lebenszeit machen wollen, und ihre Zahl ist nicht unbedeutend. Schätzungen zufolge nutzten allein in den USA rund drei Millionen Beschäftigte nahe dem Ruhestandsalter die Pandemie, um ihre Pensionspläne zu beschleunigen und aus dem Arbeitsleben oder zumindest aus ihrem gegenwärtigen Job auszusteigen, und dieser beschleunigte Weg in den Ruhestand ist unmittelbare Ursache vieler gegenwärtiger Beschäftigungsengpässe.[33]

In der Summe werden diese beschleunigten Eintritte in den Ruhestand, Rücktritte, Kündigungen und Arbeitsplatzwechsel als *The Great Resignation* (der große Rücktritt bzw. Rückzug) bezeichnet – ein Begriff, den der Managementprofessor Anthony Klotz prägte.[34] Dieser Rückzug ist beileibe noch nicht beendet. Laut einer von Microsoft durchgeführten Erhebung zum globalen Arbeitsmarkt erwägen 40 Prozent aller gegenwärtig Beschäftigten, ihren Job binnen des nächsten Jahres aufzugeben.[35]

Diese Umwälzungen und Veränderungen treiben viele Unternehmen in die Enge. Leider reagieren viele von ihnen, indem sie lediglich auf Sicht fahren und von Fall zu Fall entscheiden, anstatt innezuhalten, die strategische Brille aufzusetzen und ihre Einstellungs-, Weiterbildungs- und Managementpraxis an die veränderte Situation anzupassen. Sie laufen damit Gefahr, die wahren – finanziellen und emotionalen – Kosten einer versäumten Anpassung ihrer Talentmanagementpraxis zu verkennen.

Die wahren finanziellen (und emotionalen) Kosten von Talentengpässen

Die Versuchung mag groß sein, die Herausforderungen des Talentmanagements zu einem Problem der Personalabteilung zu erklären, aber in Wirklichkeit erzeugen Fluktuation, Burnout, mangelndes Engagement und länger unbesetzte Stellen unternehmensweite finanzielle und emotionale Kosten. Im Folgenden wollen wir diese Kosten auf der Unternehmens- und der individuellen Ebene kurz untersuchen.

Welchen Preis zahlt das Unternehmen für eine unbesetzte Stelle?

Cost of vacancy ist eine Kennzahl, die nicht nur die Personalabteilung interessieren sollte. Führungskräfte sämtlicher Unternehmensebenen und -bereiche müssen diese Zahlen kennen, um die richtigen Anpassungen in den Bereichen Rekrutierung, Einstellung und Mitarbeiterengagement vornehmen zu können.

In der gesamten DACH-Region (Deutschland, Österreich und der Schweiz) ist das Problem der unbesetzten Stellen von dramatisch zunehmender Dringlichkeit, und zwar nicht nur wegen COVID. COVID kam lediglich noch hinzu, aber in Wahrheit wächst die Zahl der unbesetzten Stellen seit Jahren. In Österreich hat sich diese Zahl zwischen 2016 und 2021 mehr als verdreifacht[36] und in der Schweiz sogar mehr als versechsfacht.[37]

In Deutschland fiel der Zuwachs an unbesetzten Stellen mit »nur« circa 30 Prozent etwas leichter aus.[38] Hier wäre allerdings zu erwähnen, dass eine unbesetzte Stelle in Österreich auf ca. 150 Bürger, in der Schweiz auf ca. 104 und in Deutschland nur auf ca. 85 Bürger kommt. Danach ist die Situation in Deutschland – trotz geringerem Prozentwert – am dramatischsten.

Somit handelt es sich keineswegs um ein kleines Problem. Und was wir in der DACH-Region beobachten können, wiederholt sich in ähnlicher Weise rund um den Globus.

Die Vereinigten Staaten verzeichneten 2021 mehr freie Stellen als jemals zuvor in ihrer Geschichte, als eine Rücktritts- und Kündigungswelle über das Land zu rollen begann.[39] Die Zahl der kanadischen Stellenanzeigen lag 2021 60 Prozent über dem Niveau von vor der Pandemie, was die Unternehmer veranlasste, die Impfanforderungen zu lockern und neue Zusatzleistungen in Aussicht zu stellen, um auf diese Weise Jobsuchende anzulocken.[40] Großbritannien meldete gegen Ende 2021 1,2 Millionen unbesetzte Stellen und die Regierung reagierte mit der Ausgabe zeitlich befristeter Visa als Notbehelf, um kritische Stellen im Transportwesen und anderen zentralen Branchen zu besetzen.[41] In Asien verkündete die japanische Regierung, die sich lange gegen Zuwanderung gestemmt hatte, dass jetzt alle 14 Wirtschaftssektoren ausländischen Beschäftigten offenstünden, nachdem der Arbeitskräftemangel 2021 der Wirtschaft stark zugesetzt hatte.[42]

Aber selbst dort, wo die Türen weit geöffnet sind, um Lebensläufe und Bewerbungen aus aller Welt entgegenzunehmen, machen die

Firmen die Erfahrung, dass ihr *Cost of vacancy* infolge der immer längeren Zeiten, die es erfordert, Stellen zu besetzen, kontinuierlich wächst. Die internationale Jobbörse Monster meldet, dass eine erfolgreiche Jobsuche im Schnitt fünf Monate in Anspruch nimmt.[43] Bei LinkedIn lesen wir, dass sich zwar manche Stellen beispielsweise im Kundendienstbereich mitunter in gerade einmal acht Tagen besetzen lassen, dass die durchschnittliche Zeit für die Besetzung einer Stelle aber 49 Tage beträgt – mit steigender Tendenz.[44]

Auch Deutschland verzeichnet eine stetige Verlängerung der Durchschnittszeit, bis eine Stelle besetzt wird. Über alle Konjunkturschwankungen der letzten Jahre hinweg hat der Zeitaufwand (in Tagen) für die Stellenneubesetzung unaufhaltsam zugenommen.

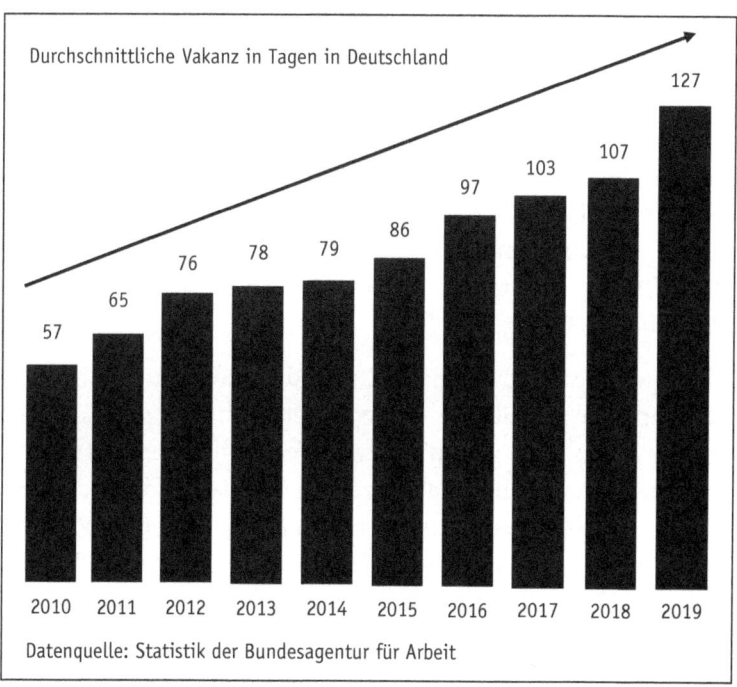

Abbildung 1: **Fachkräfte-Engpassanalyse der Bundesagentur für Arbeit**

Die im Dezember 2021 veröffentliche Fachkräfte-Engpassanalyse der Bundesagentur für Arbeit zeigt deutlich, dass die Vakanzzeiten in Deutschland seit 2010 kontinuierlich gestiegen sind und 2019 bereits einen durchschnittlichen Wert von 127 Tagen erreicht haben (Abbildung 1).

An diesem Anstieg der Vakanzzeit ändert auch die Tatsache nichts, dass die Unternehmen alle verfügbaren digitalen Mittel nutzen, um den Einstellungsprozess zu beschleunigen. Unternehmen in aller Welt nutzen spezielle Software zur Bewerberverwaltung, scannen Lebensläufe mittels künstlicher Intelligenz und pflegen den Kontakt zu ihren Kandidaten mittels automatisierter Kommunikation. Aber keine Technik kann aus dem Nichts neue Kandidaten herbeizaubern.

Überall im Markt sehen wir eine wachsende Zahl unbesetzter Stellen ... und von Stellen, die länger unbesetzt sind. Wie genau führt dies zu zusätzlichen Kosten für die Unternehmen?

Lassen Sie uns eine einfache mathematische Rechnung aufstellen: Verschiedene Studien haben den Wert eines Beschäftigten als das Ein- bis Dreifache seines Jahresgehalts bestimmt.[45] Wenn Sie also einem Beschäftigten 50 000 Euro im Jahr zahlen, könnte sein Wert für die Organisation (um die Dinge einfach zu halten) 100 000 Euro betragen.

Wenn wir diese 100 000 durch 260 – die durchschnittliche Zahl der jährlichen Arbeitstage – teilen, ergibt sich ein *Cost of vacancy* von rund 385 Euro pro Arbeitstag. Wenn wir diesen Betrag mit der durchschnittlichen Vakanzzeit in Deutschland gemäß den jüngsten Erhebungen kombinieren und folglich mit 127 (siehe Abbildung 1) multiplizieren, erhalten wir Kosten in Höhe von rund 48 895 Euro für die Zeit, in der eine Stelle noch nicht wieder neu besetzt wurde.

Nehmen wir einmal an, es handelte sich um eine besonders produktive bzw. erfolgskritische Position mit einem Wert für das

Unternehmen von 200 000 Euro. Mit derselben Mathematik erhalten wir Kosten von rund 97 790 Euro für die Zeit, die es im Schnitt braucht, um die Stelle neu zu besetzen.

Bedenken Sie, dass diese Zahlen nur die unmittelbaren, also direkten Kosten umfassen. Sie enthalten noch nicht die indirekten (weichen) Kosten, auf die ich im Folgenden noch näher eingehen möchte. Je nach Organisation und Spezialanforderungen der zu besetzenden Stelle dürfen Sie also die hier ermittelten Costs of vacancy sicherlich oft noch einmal verdoppeln und bei besonders kritischen Positionen und Rängen sogar verdreifachen.

Was sind die persönlichen und emotionalen Kosten einer unbesetzten Stelle?

Vakante Stellen gehen mit emotionalen Kosten für Mensch, Team und Kunden einher. Frust über die Unterbesetzung, Unmut wegen der Mehrarbeit, Angst, abgehängt zu werden, Enttäuschung über die Unternehmensführung und Zukunftssorgen sind nur einige Nebenwirkungen vakanter Stellen. Diese »weichen« Kosten werden nur allzu leicht übersehen – solange zumindest, wie nicht ein ganz anderer Notstand an der Talentfront noch hinzukommt.

Um das zu verdeutlichen, will ich Ihnen eine Geschichte erzählen:

Jürgen ist der allseits beliebte Leiter einer Bankfiliale. Seit Jahren funktioniert sein Team wie eine geölte Maschine und erwirtschaftet stetig wachsende Gewinne bei verschwindend geringer Mitarbeiterfluktuation. Jürgen möchte noch zehn Jahre so weitermachen, aber seine Ärzte diagnostizieren bei ihm eine seltene Krankheit mit einer sehr beschränkten Restlebenserwartung. Jürgen kündigt abrupt, um die ihm noch vergönnte Zeit mit seiner Familie zu verbringen, ohne dass bereits ein Nachfolger für seine Stelle gefunden wäre.

Seine Mitarbeiter sind untröstlich – und in Sorge. Nicht nur um Jürgen, den sie sehr vermissen, sondern hinsichtlich seiner möglichen Nachfolge. Soll einer von ihnen das Ruder übernehmen oder jemand von außen? Keiner hat einen sicheren Tipp. Die überrumpelte Personalabteilung der Bankzentrale braucht einige Wochen, um die Stelle öffentlich auszuschreiben. Die Filiale bleibt geöffnet, aber die Mitarbeiter geraten ohne tägliche Führung ins Schlingern. Alle leisten Überstunden, um Jürgens Aufgaben mitzuerledigen, und sind zunehmend erschöpft und reizbar im Umgang miteinander. Die Kunden beginnen, sich über Verschlechterungen im Kundenservice zu beklagen.

Im dritten Monat heißt es, die Personalabteilung arbeite an einer Neubesetzung der Stelle, aber so genau weiß das niemand. Michael aus der Investment-Abteilung stünde bereit, die Stelle zu übernehmen, wird aber nicht gefragt und beginnt daraufhin, sich auf auswärtige Stellen zu bewerben. Gerüchte über angebliche Kandidaten wachsen sich zu wilden Geschichten aus. Konzentrationsmangel führt dazu, dass Geschäftsakten unauffindbar verlegt werden, und niemand weiß, wer bei überlappenden Urlaubswünschen vermitteln kann. An einem besonders aufreibenden Nachmittag zum Monatsende gerät auch noch der Kassenleiter in einen Streit mit einem langjährigen Kunden. Normalerweise hätte Jürgen solche Konflikte entschärft, aber jetzt schließt der Kunde alle seine Konten und postet in den sozialen Medien eine vernichtende Bewertung der Filiale. Beschämt nimmt der Kassenleiter seinen Hut.

Im vierten Monat herrscht im Team Einigkeit, dass die vorübergehend eingestellte Ersatzkraft für den Kassenleiter eine Katastrophe ist, weil er Einzahlungen falsch verbucht und allen nur mehr Arbeit macht. Eine konkurrierende Bank macht dem Kreditmanager ein attraktives Angebot. Nicht nur, dass er es akzeptiert; er nimmt auch noch die Schreibkraft mit, die auch für andere Kollegen tätig gewesen war. Die assistierende Kreditmanagerin wird zwar befördert, aber ihre Jobeinweisung wird zurückgestellt, bis der neue Filialleiter sie absegnen kann, weshalb sie vorläufig nicht imstande ist, komplexere Geschäfte abzuschließen.

Als rund fünf Monate später ein neuer Filialleiter seinen Posten antritt, herrscht in der einstmals bestens aufgestellten Filiale das blanke Chaos. Mehrere Mitarbeiter haben gekündigt, während jene, die geblieben sind, nach Monaten der Mehrarbeit am Rande des Zusammenbruchs stehen. Das Vertrauen in die Zentrale ist zerstört, die Kunden unzufrieden und die Erträge auf einem Tiefststand. Es gibt viel zu tun und viel zu reparieren ...

Und das alles wegen eines unerwarteten Stellenausfalls!

Dabei ließe sich so vieles von dem, was Sie gerade gelesen haben – Angst, Ungewissheit, Arbeitsüberlastung, Fehler, Mitarbeiterfluktuation und verpasste Chancen –, weitestgehend vermeiden. Nicht mit Magie oder Glück, sondern mit einem anderen Talentmanagementansatz, wie ich Ihnen auf den folgenden Seiten zeigen werde.

Die Lage ist nicht hoffnungslos – Sie können diese harten Zeiten überstehen und sie sogar zu Ihrem Vorteil nutzen

Ja, es sind wahrlich schwierige Zeiten. Die Unternehmen haben es mit vier Herausforderungen gleichzeitig zu tun:

- einer **demografischen** Herausforderung, wie wir sie seit erdenklichen Zeiten nicht erlebt haben.
- einer philosophischen Herausforderung, seitdem sich jüngere Generationen für die Ideale von **New Work** begeistern und traditionelle Beschäftigungsmodelle ablehnen.
- einer **Qualifikationslücke** (Skill Gap) in Form eines eklatanten globalen Fachkräftemangels (besonders in hochtechnischen und innovativen Bereichen).
- einer durch die COVID-19-Pandemie bedingten weltweiten Belastung, in deren Folge Arbeitsprozesse vollkommen neugestaltet werden und Millionen in aller Welt sich der Bewegung von **Great Resignation** anschließen.

Aber die Lage ist keineswegs aussichtslos. **Allen diesen Schwierigkeiten zum Trotz stellt die gegenwärtige Zeit für Sie und Ihr Unternehmen auch eine große Chance dar.**

Worin genau besteht diese Chance?

Es ist die Chance, eine neue Vorstellung von Talent und Talentmanagement zu entwickeln. Sobald Sie Ihre Denkweise verändert haben, werden Sie auch anders handeln und dann steht Ihrem Erfolg nichts mehr im Wege.

Allzu viele Unternehmen orientieren sich an reaktiven und veralteten Konzepten, die dem heutigen Geschäftsumfeld schlicht nicht mehr gerecht werden. Kleine Verbesserungen und begrenzte Optimierungen lösen nicht das Problem. Vielmehr müssen Sie Ihren Ansatz von Grund auf verändern, damit Sie – und Ihre Organisation – beginnen können, sich auf eine Betriebsweise umzustellen, die flexibel und gelenkig ist, Fluktuation von vornherein einkalkuliert und für Top-Kräfte im höchsten Maße attraktiv ist.

»*In turbulenten Zeiten stellt nicht die Turbulenz selbst die größte Gefahr dar, sondern die Neigung, ihr mit der Logik von gestern zu begegnen.*«

Urheber unbekannt! – Dieses Zitat wird im Internet fälschlicherweise Peter Drucker, Berater und Lehrer, Begründer der modernen Managementtheorie zugeschrieben

In den folgenden Kapiteln erfahren Sie, wie Sie mit bewährten Methoden Mitarbeiter jeder Art gezielt anlocken, sorgfältig selektieren und nachhaltig binden können. Anhand dieser Systeme, die sich an jene Systeme anlehnen, die seit Jahrzehnten in der Welt der Bühnenkunst, des Sports und der Unterhaltung erfolgreich zur Anwendung kommen, werden Sie erkennen, dass Sie die Zukunft nicht zu fürchten brauchen. Ihr Unternehmen wird sich im Angesicht von Talentverknappung, Qualifikationslücken, steigenden Kosten und veränderten Arbeitsplatzpräferenzen als resilient erweisen. Sie können aus dem rauen Talentmarkt von heute eine Welt der Chance machen – einer Chance, die heute beginnt.

Teil I
TALENTE ANLOCKEN – WIE SIE AN DIE RICHTIGEN KANDIDATEN KOMMEN

Einleitung: Rare und skeptische Talente gewinnen

»Ein Unternehmen sollte nicht stärker wachsen, als es seine Fähigkeit zulässt, die richtigen Mitarbeiter an Land zu ziehen.«

Jim Collins, Autor Der Weg zu den Besten

Erfolg oder Misserfolg einer unternehmerischen Aktivität ist letztlich eine Frage der richtigen Mitstreiter. Die richtigen Personen in den richtigen Rollen, die das Richtige tun, sind so gut wie eine Erfolgsgarantie. Das gilt für große Konzerne ebenso wie für kleine Betriebe, in einzelnen Abteilungen und über internationale Grenzen hinweg. Ganz bestimmt trifft es auch auf Ihr Unternehmen zu.

Aber ... es gibt Millionen Unternehmen in aller Welt (und Ihres ist möglicherweise eines davon!), die ihre Mitarbeiter wie austauschbare Teile eines größeren Geschäftsprozesses – wie Rädchen in einer Maschine – behandeln. Personalabteilungen und

Unternehmensführungen mit dieser Weltsicht sehen in ihren Beschäftigten lediglich Betriebskosten. Folglich betreiben sie Talentmanagement wie klassische Einkäufer, indem sie versuchen, möglichst viele Mitarbeiter zum geringstmöglichen Preis zu bekommen.

In einem Talentmarkt, in welchem es mehr Bewerber als Jobs gibt, kommen Sie damit vielleicht durch. Die Jobsuchenden wetteifern miteinander um die freien Stellen und nehmen niedrige Gehälter und schwierige Arbeitsbedingungen in Kauf. Wenn sie eine Stelle bekommen haben, finden sie sich mit nervigen Kollegen, unfähigen oder durch Abwesenheit glänzenden Vorgesetzten und giftigen Arbeitsatmosphären ab. Wer sich zu viel beklagt, wird einfach ersetzt.

Bleiben wir einen Augenblick bei diesem Szenario – einer Welt, in der Talente reichlich verfügbar und jederzeit ersetzbar ist. Einer Welt, in der qualifizierte Mitarbeiter wenig kosten. Einer Welt, in der Sie Mitarbeiter wie Rädchen einer Maschine behandeln können, ohne dass dies nennenswerte negative Konsequenzen hätte, weil Sie jederzeit Ersatz finden.

Ähnelt ein solches Szenario *auch nur im Entferntesten* der Realität von heute? Nein und noch mal nein!

Vom ethischen und humanistischen Blickwinkel aus betrachtet sollten Menschen niemals wie die Rädchen einer Maschine behandelt werden. Selbst in jenen seltenen Zeiten, in denen Talente im Überfluss verfügbar waren, hätten wir unsere Leute stets mit Fairness und Respekt begegnen sollen. Nur sah die Realität leider anders aus.

Infolge dieser Mentalität mussten sich die Menschen zusammenschließen, um sich gegen Unternehmen zu schützen, die sich wenig um ihre Rechte oder ihr Wohlergehen scherten. Heute haben wir Gewerkschaften und Betriebsräte, die Regeln, Grenzen und Best Practices durchsetzen. Mitunter entwickelt sich daraus eine Frontstellung, ein »Wir gegen sie«, wo es für alle Beteiligten besser wäre, ein positives Umfeld zu schaffen, in dem jeder Wertschätzung und eine gute Behandlung erfährt.

Letzteres konnten wir in bestimmten Unternehmen beobachten, die sich als »bewusste« Arbeitgeber verstehen. Sie genießen bei Mitarbeitern seit Jahren einen guten Ruf. So lange es jedoch mehr qualifizierte Kandidaten als offene Stellen gab – solange qualifizierte Mitarbeiter wenig kosteten –, konnten sich die übrigen Unternehmen verhalten, als wäre es ihrem Belieben überlassen, ob sie ihre Mitarbeiter als wertvolle Ressource behandeln oder nicht.

Diese Freiheit besteht nicht länger. Die Zeiten haben sich geändert. Die Talentmärkte sind nicht mehr wiederzuerkennen. **Sie können mit einem veralteten Modell nicht länger erfolgreich sein – weder heute noch in Zukunft.**

Heute sind Talente nicht länger eine Ressource, die im Überfluss vorhanden ist. Talente sind rar und wertvoll und werden infolge des demografischen Wandels, der sich um uns herum vollzieht, immer noch rarer und noch wertvoller werden. Das führt zu einer Machtverlagerung weg von den Unternehmen und hin zu den Menschen, die arbeitswillig und arbeitsfähig sind.

Nicht nur sind qualifizierte Jobkandidaten heutzutage ein rares Gut; sie schauen sich die angebotenen Stellen auch sehr genau an – desto mehr, je qualifizierter und talentierter sie sind. Fast jede Stellenausschreibung verspricht eine marktgerechte Vergütung, Aufstiegschancen, generöse Zusatzleistungen und ein förderliches Arbeitsumfeld unter einer großartigen Unternehmensführung. Entspricht irgendetwas davon der Realität?

Nicht wenige Arbeitgeber mussten geschockt feststellen, wie auf Websites zur Arbeitgeberbewertung wie Glassdoor.com oder Kununu.com ihre »schmutzige Wäsche« vor aller Öffentlichkeit zur Schau gestellt wird. Gegenwärtige und ehemalige Mitarbeiter teilen mit, was sie verdienen, lesen ihren Vorsetzten die Leviten und warnen künftige Stelleninteressierte. Gewitzte Jobsuchende lesen diese Rezensionen und berücksichtigen sie bei der Abwägung ihrer Joboptionen.

Rund 60 Prozent der Jobsuchenden geben an, schon einmal negative Erfahrungen im Rahmen des Einstellungsprozesses bei einem Unternehmen gemacht zu haben. Von ihnen wiederum geben 72 Prozent ihre negativen Erfahrungen online weiter.[1]

Und in der Tat: Viele Stelleninteressenten vertrauen anonymen Online-Bewertungen mehr als der sorgfältig gestalteten »Arbeitgebermarke« (Employer Branding), für deren Verbreitung über Anzeigen Unternehmen ein kleines Vermögen zahlen.[2] Solange die Behauptung, dass es sich um einen großartigen Arbeitsplatz handelt, nicht durch authentische und unbestellte Zeugnisse gegenwärtiger und ehemaliger Mitarbeiter gestützt wird, kann ein Unternehmen noch so viele Millionen für die Markenpflege ausgeben – es wird die Talente, die es so dringend benötigt, zu keinem Preis bekommen.

Schauen wir uns als Beispiel Amazon an. Das Unternehmen genoss einen so schlechten Ruf als Arbeitgeber, dass es »Markenbotschafter« dafür bezahlte, dass sie sich als Mitarbeiter ausgaben und online positive Dinge schrieben.[3] Ihr Auftrag lautete, Berichten über schreckliche Arbeitsbedingungen, Mikromanagement und erzwungene Kündigungen entgegenzutreten.[4] Die Details des Programms traten jedoch an die Öffentlichkeit und die Kampagne bewirkte das Gegenteil dessen, was Amazon damit bezweckt hatte. Im Februar 2022 kündigte Amazon eine Verdopplung der Firmengehälter an in dem Versuch, seine vielen vakanten Stellen auf diese Weise zu füllen.[5]

Was soll ich sagen? Wenn es Ihnen nicht gelingt, Ihre wundervolle Marke durch eine ebenso positive Mitarbeitererfahrung zu ergänzen, werden die Talente von heute Ihnen die Rechnung epräsentieren. Und nicht nur einmal, sondern wieder und wieder, bis Sie Ihre Denkmuster und Ihr Verhalten ändern – oder vom Markt verschwinden.

Klingt das zu harsch? Entschuldigung, aber es stimmt. Die Jobsucher von heute können sich der Angebote kaum erwehren. Sie haben die Wahl, und seitdem die Gehälter in die Höhe schießen,[6] können sie es sich buchstäblich leisten, wählerisch zu sein. Die Unternehmen hingegen können es sich nicht leisten, ihre Stellen monatelang unbesetzt zu lassen.

Wenn Geld allein das Problem lösen könnte, wäre dies ein sehr kurzes Buch. Leider genügt Geld allein nicht, damit die Beschäftigten, die natürlich in der Regel nichts gegen eine bessere Bezahlung haben, auch engagiert bei der Sache sind, produktiv arbeiten und auch längerfristig bei Ihnen bleiben wollen. Das gilt besonders für die jüngeren Generationen, die sich für das New-Work-Konzept begeistern. Eine Erhebung unter kanadischen Büroangestellten der Millennials-Generation vor nicht langer Zeit ergab, dass 47 Prozent von ihnen zugunsten einer mehr sinnstiftenden Tätigkeit sogar auf eine Gehaltserhöhung verzichten würden, und der Gehaltsverzicht, zu dem sie dafür bereit wären, betrug erstaunliche 9639 kanadische Dollar oder fast 7000 Euro.[7]

Was können Sie also tun? Wie können Sie ohne Geld als Anker die Aufmerksamkeit der modernen Jobinteressierten wecken und die besten von ihnen in Ihr Unternehmen locken?

Auf den folgenden Seiten werde ich Ihnen den Weg aufzeigen.

Sie werden das Konzept des Talent-Pools kennenlernen und wie diese Pools Ihrer Organisation einen kontinuierlichen Nachschub an interessanten und interessierten Kandidaten für die Besetzung freier Stellen garantieren. Sie werden erfahren, wie Sie Ihre eigenen robusten Talent-Pools aufbauen und Sie fortlaufend mit potenziellen Jobkandidaten gefüllt halten. Und schließlich werden Sie lernen, wie Sie Ihre Talent-Pools in Talent-Pipelines verwandeln, damit Sie, sobald eine Stelle neu zu besetzen ist, jederzeit rasch einen qualifizierten und motivierten Kandidaten zur Hand haben. Wir werden dies anhand von Beispielen illustrieren, wie manche Unternehmen schon seit Jahrzehnten auf Talent-Pools zurückgreifen, um in ihrer Nische Bestleistung zu garantieren. Diese Unternehmen werden Ihnen bekannt sein, handelt es sich doch um bekannte Namen aus der Welt des Sports, der Unterhaltung und der schönen Künste. Sie können uns viel darüber erzählen, was bei ihnen seit Generationen funktioniert – Lehren, die bislang kaum Eingang in die Lehrpläne der traditionellen Business Schools gefunden haben.

Auch wenn sich diese Methoden für Sie höchstwahrscheinlich neu anfühlen, so stellen diese bewährten Best Practices doch möglicherweise genau die Tools dar, die Ihr Unternehmen benötigt, um von einem Zustand der **Passivität und Verzweiflung** zu einem **aktiven und strategischen** Modell der Mitarbeiterrekrutierung und des Talentmanagements überzugehen. Mithilfe dieser Instrumente können Sie Ihre Personalplanung ebenso systematisch und robust gestalten wie Ihre Finanzplanung. Das wiederum verschafft Ihnen den betrieblichen Spielraum und die Ressourcen, um alle Ihre Talentmanagementpraktiken sehr viel strategischer und bewusster zu gestalten.

Am Ende dieses Teils werden Sie wissen, wie Sie selbst in den engsten und am stärksten umkämpften Talentmärkten die Talente, die Sie benötigen, für sich gewinnen können. Mit der Anwendung dieses Wissens können Sie Ihre Rekrutierungskosten senken, positive Beziehungen zu Ihren potenziellen Kandidaten aufbauen und einen resilienten und langfristigen Wettbewerbsvorteil auf Ihrem Feld erringen.

1 Die geschäftsentscheidende Wirkung von Talent-Pools

Auf den folgenden Seiten werden Sie einen neuen Ansatz kennenlernen, wie Sie potenzielle Kandidaten für Ihr Unternehmen anlocken und ihr Interesse wachhalten, bis Sie Verwendung für sie haben. Er unterscheidet sich stark von dem, was die meisten Unternehmen gegenwärtig tun, aber in Wahrheit ist die Methode nicht völlig neu.

Außerhalb der Welt der traditionellen Unternehmen sind Talent-Pools seit Langem ein normaler Bestandteil des Talentmanagementprogramms – wie beispielsweise in der Welt des Sports, der Bühnenkunst oder der Unterhaltung. Talent-Pools sind *das* Mittel, um zu verhindern, dass Produktionen oder Mannschaften plötzlich ohne die notwendige personelle Ausstattung dastehen, selbst wenn in letzter Minute jemand verletzungsbedingt ausfällt oder aus anderen Gründen nicht einsatzbereit ist. Zudem ermöglichen Talent-Pools die Einrichtung von Personalplanungssystemen, die ebenso systematisch und robust sind wie jeder Finanzplanungsprozess.

Angesichts der dramatischen Veränderungen im allgemeinen Talentmarkt ist für Sie jetzt die Zeit gekommen, diese bewährten Talent-Pool-Methoden auf Ihr Unternehmen zu übertragen – je schneller, desto besser.

Die harte Wahrheit ist, dass die traditionellen Methoden der Rekrutierung und Anwerbung von Talenten für die Arbeitgeber nicht länger funktionieren. Und was noch schlimmer ist: Sie treiben die Unternehmen in einen sehr kostspieligen »passiven Rekrutierungsmodus«, bei dem sie sich von Notfall zu Notfall hangeln, ohne jemals die Zeit, die Mitarbeiter oder die Mittel zu finden, um Luft zu holen und einen strategischen Ansatz zu entwickeln. Es ist Zeit für etwas Neues. Schauen wir uns gemeinsam an, wie ein bewussterer, aktiverer und strategischerer Talent-Pooling-Ansatz den enormen Zeitdruck der raschen Stellenneubesetzung entschärfen und helfen kann, Ihrem Unternehmen einen anhaltenden Wettbewerbsvorteil zu verschaffen.

Die überraschend lange Talent-Gewinnungs-Zeitschiene

Die meisten Unternehmen tun sich meines Erachtens deshalb schwer mit der Mitarbeitereinstellung und dem Talentmanagement, weil sie die wahre Länge der Talent-Zeitschiene verkennen.

Für viele Unternehmen beginnt die Zeitschiene in dem Augenblick, in dem akuter Talentmangel auftritt. Der neue Standort soll in sechs Wochen eröffnen – schnell, wir brauchen Manager und Verkäufer! Was ist da? Der Leiter der Einzelhandelsgruppe in Wien hat noch einmal geheiratet und wird zum Quartalsende seinen Abschied nehmen – rasch, wie brauchen einen neuen Regionalleiter! Ach nee, was meinst du damit, dass keiner unserer neuen Ingenieure für den Job in Frage kommt? Schnell, wer kann einspringen? Es hilft nichts, wir brauchen da jemanden!

Schnell, schnell, schnell, und immer in Reaktion auf einen drängenden Bedarf, wenn nicht gar einen regelrechten Notfall. Die Folge ist, dass die gesamte Organisation den Ereignissen hinterherhechelt, in Verhandlungen mit dem Rücken zur Wand steht und vor lauter Zeitdruck und drohenden Kosten nichtoptimale Entscheidungen trifft, sobald eine Position frei wird.

Selbst allgemein akzeptierte Einstellungsprozesse wie der Einsatz von Active Sourcing zur Identifizierung passiver Kandidaten fallen unter dieses passive (reaktive) und verzweifelte Verhaltensmuster. Alle warten mit dem Starten des Prozesses, bis ein konkreter Bedarf besteht. Dann aber ist es häufig zu spät – besonders, wenn es um unternehmenskritische Stellen geht.

Denken Sie an die deutsche Fußballnationalmannschaft. Können Sie sich vorstellen, wie sie ohne Ersatz-Torwart zur Europameisterschaft antritt? Natürlich nicht! Wann also beginnt man dort, alles zu tun, damit jederzeit ein erstklassiger Torwart einsatzbereit ist? Sicherlich nicht erst, wenn sich der gegenwärtige Torwart verletzt hat und nicht spielen kann. Das wäre selbstverständlich viel zu spät. Schon die ganze Saison über hat sich ein Ersatztorwart fit gemacht. Aber auch dieser Spieler wurde längst zuvor für diese Rolle auserwählt.

War es also zu Saisonbeginn? Nein – wir müssen noch weiter zurückgehen.

War es in der Vorsaison? Vor zwei Jahren?

In Wahrheit schauen sich viele Klubs bereits ihre Unter-13-Jährigen daraufhin an, wer für eine spätere Torwartrolle in Frage kommt. Sie haben überall im Land ihre Scouts, die Jahre – und manchmal Jahrzehnte – im Voraus nach vielversprechenden Nachwuchsspielern Ausschau halten.

Extrem? Vielleicht. Aber der Beweis liegt in den Ergebnissen.

In den kompetitivsten Umgebungen reicht das traditionelle passive (reaktive) Rekrutierungsmodell nicht aus, um die kritischen Rollen gefüllt zu halten.

Erstklassige Sportmannschaften, künstlerische Spitzenensembles und führende Unternehmen nutzen einen strategischeren und aktiveren Ansatz auf Basis der vollen Länge des Talent-Relationship-Prozesses.

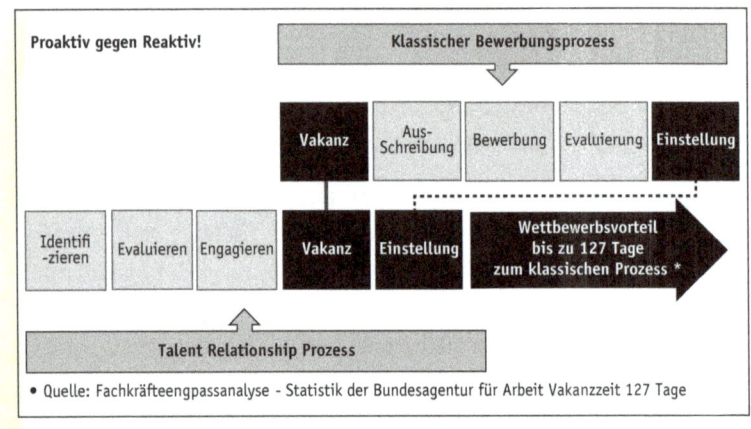

Abbildung 2 Der Talent-Relationsip-Prozess

Die Abbildung 2 stellt dem klassischem Bewerbungsprozess den Talent-Relationship-Prozess gegenüber. In der klassischen Variante beginnen wir mit dem Rekrutierungsprozess meist erst zum Zeitpunkt der gemeldeten Vakanz. Hingegen bei der Talent-Relationship-Variante wird bereits deutlich früher begonnen. Dies führt – in der Regel – dazu, dass Sie bereits den Einstellungsprozess starten können, während der klassische Prozess noch mit der Stellenausschreibung beschäftigt ist. Berücksichtigen wir die von der Bundesagentur für Arbeit ermittelte durchschnittlichen Vakanzzeit, erlangt man gegenüber der klassischen Variante einen deutlichen Wettbewerbsvorteil von bis zu 127 Tagen Zeitgewinn.

1 Die geschäftsentscheidende Wirkung von Talent-Pools

Diese Zeitschiene unterscheidet sich stark von dem, wie das Durchschnittsunternehmen heute arbeitet. Dennoch gibt es keinen Grund, warum eine kluge und gewitzte Organisation beliebiger Größe und Branche diese erweiterte Zeitschiene nicht zu ihrem Vorteil nutzen können sollte.

Das beginnt natürlich mit der strategischen Planung. Ich werde darauf in späteren Kapiteln noch näher eingehen. An dieser Stelle möge genügen, dass viele Situationen, die wir heute als unerwartete Notfälle behandeln, in Wahrheit vorhersehbar und im Voraus planbar sind. Wenn das Durchschnittsalter Ihres Verkäuferstamms 61 Jahre beträgt, können Sie planen, dass die meisten von ihnen binnen der nächsten fünf Jahre in Rente gehen werden. Wenn Sie im Kundenservice jedes Jahr eine Fluktuation von 30 Prozent haben, können Sie mit ebenso vielen Neueinstellungen jedes Jahr rechnen. Wenn Ihre Finanzabteilung und Ihre Architekten drei Jahre im Voraus wissen, dass Sie Ihre Hotelkette auf ein weiteres Land ausdehnen wollen, kann die Personalabteilung selbstverständlich bereits schon deutlich vor sechs Wochen vor dem Eröffnungstermin mit der Suche nach den benötigten Mitarbeitern beginnen.

Diese zusätzliche »Vorlaufzeit« ist besonders in der heutigen Zeit wichtig, in der die Zahl der Bewerbungen auf freie Stellen immer weiter abnimmt. Der Ansatz, sich erst auf die Suche zu machen, wenn der Bedarf schon da ist (»Just in time«-Rekrutierung), ist heute zum Scheitern verurteilt. Wie ich schon erwähnte, bewirbt sich in Deutschland auf jede achte Stelle im Technologie- und im Fertigungssektor überhaupt niemand mehr[1] und Deutschland ist da kein Einzelfall.

Ein Bericht von Qualigence International aus dem Jahr 2021 führt das Beispiel einer Organisation an, die Monat für Monat 50 000 US-Dollar für Stellenanzeigen im Jobportal indeed ausgab und dennoch nicht genügend Bewerbungen erhielt, um alle ihre freien Stellen zu besetzen.[2] Ich will damit nicht indeed als potenzielle Werbeplattform bloßstellen, sondern lediglich ein weiteres Beispiel für die hohen Kosten einer passiven – reaktiven – Personalplanung geben.

Selbst wenn ein Ansatz des »Postens und Betens« ein ansehnliches Volumen an Bewerbungen hervorbringt, ist noch lange nicht garantiert, dass diese Bewerber tatsächlich qualifiziert sind für die zu besetzende Stelle. Manche Kandidaten bewerben sich nur deshalb auf ausgeschriebene Stellen, um den Anforderungen eines Arbeitslosenprogramms zu genügen, ohne sich die Stellen genauer anzuschauen und ohne die Absicht, den Job tatsächlich anzutreten. Andere Stellen bei bekannten Unternehmen ziehen möglicherweise große Scharen von Bewerbern an, die den Markennamen zu gern in ihrem Lebenslauf sehen würden, aber eine große *Quantität* von Kandidaten ist nicht dasselbe wie *qualitativ* gute Kandidaten.[3]

Nun könnten Sie, wenn Sie sich die volle Zeitschiene des Talent-Relations-Prozesses anschauen, auf die Idee kommen, es könnte eine Abkürzung sein, sich an eine Active-Sourcing-Agentur oder eine Personalvermittlungsagentur zu wenden. Es tut mir leid, Ihnen mitteilen zu müssen, dass Sie dort ebenfalls nicht immer die gewünschte Hilfe bekommen.

Bedenken Sie erstens, wie der gegenwärtige Talentmarkt beschaffen ist. Talent ist rar. Um qualifizierte Mitarbeiter tobt ein erbitterter Konkurrenzkampf. Jeder, der nur über etwas Grips und einige Monate Erfahrung verfügt, wird – wiederholt – von Personalberatern kontaktiert, die versuchen, ihn von seiner gegenwärtigen Stelle wegzulocken. Und je höher ein qualifizierter Top-Performer auf der Hierarchieleiter steht, desto attraktiver ist er für Personalberater aus aller Welt.

Es mag eine Zeit gegeben haben, als sich ein Anruf, eine E-Mail oder eine Essenseinladung von einem Personalberater wie eine Ehre angefühlt hat. Der Kandidat mag gedacht haben: »Oh ja, ich werde bemerkt und wertgeschätzt. Ich bin besonders, und endlich sieht das mal jemand!« Heute aber werden Anrufe, Initiativbotschaften und Einladungen zu einem »schnellen Mittagessen« wohl häufiger als Spam empfunden, den es nach Möglichkeit zu löschen oder zu ignorieren gilt.

Und selbst wenn Sie einen passenden Kandidaten ausfindig gemacht haben, müssen sie ihn immer noch von seiner gegenwärtigen Stelle weglocken. Das bedeutet, dass Sie ein attraktives Angebot auf den Tisch legen müssen, und in den Märkten von heute können Sie nur schwer einschätzen, ob Sie genug bieten. Je schwerer sich Talente finden lassen, desto wahrscheinlicher wird es, dass Sie sich in einem Bieterwettbewerb mit anderen Unternehmen Ihrer Branche wiederfinden.

In Neuseeland treiben Fachkräfteengpässe die Gehälter massiv in die Höhe. Personalberater berichten, dass für gesuchte Qualifikationen aus dem Technologiesektor bereits Gehaltszuwächse von bis zu 50 Prozent bieten muss, wer Kandidaten abwerben will.[4] Selbst Beschäftigte der mittleren Ebenen können leicht mit Gehaltszuwächsen von 10 Prozent oder mehr pro Stellenwechsel rechnen, seitdem das Abwerben von Fachkräften zum Volkssport geworden ist.[5]

In ganz Europa und auf dem amerikanischen Kontinent führt die aggressive »Wilderei« selbst bei Top-Banken mittlerweile zu hohen Fluktuationsraten. Ein Personalberater erzählte gegen Ende 2021, niemals zuvor hätte er so viele achtstellige Kompensationspakete angeboten gesehen, während ein anderer sagte, vakante Stellen mündeten regelmäßig in einen Bieterkrieg ohne erkennbare Obergrenze.[6] Und seitdem auf Job-Hopper so viele Belohnungen warten, fühlen sich auch viele, die daran bislang nicht gedacht hatten, verleitet, ebenfalls ihre Stelle zu wechseln, um mit ihren Branchenkollegen Schritt zu halten.[7]

Nichts deutet darauf hin, dass sich die Lage in absehbarer Zeit entspannen wird. Ökonomen rechnen für 2022 und danach mit signifikanten Gehaltszuwächsen – teils infolge der steigenden

Inflation auf den Weltmärkten und teils wegen anhaltender Fachkräfteengpässe.[8] Steigende Gehälter erhöhen die Wahrscheinlichkeit, dass das Job-Hopping zunimmt und aus der gegenwärtigen »Great Resignation« eine »große Wanderbewegung« von geringer bezahlten Stellen hin zu höher bezahlten Stellen wird.

Und dann gibt es da noch einen weiteren entscheidenden Kostenpunkt, den ich noch gar nicht erwähnt habe ...

Wenn so viele Ressourcen in die Besetzung freier Stellen fließen, verwundert es nicht, wenn die bestehenden Mitarbeiter vernachlässigt werden (oder sich zumindest vernachlässigt fühlen). Das ist nicht gut – besonders nicht für Mitarbeiter jüngerer Generationen, die sich ein aktives Coaching und Entwicklungschancen im Job wünschen. Sobald sie sich übergangen, zurückgestellt oder in anderer Weise nicht ernst genommen fühlen, sind sie nur allzu schnell bereit, sich einen neuen Job zu suchen und dabei eine frische vakante Stelle zu hinterlassen, die Sie dann ebenfalls füllen müssen.

Es ist ein Teufelskreis – sofern Sie es zulassen. Aber natürlich müssen Sie es nicht bis dahin kommen lassen. Sie können etwas anderes tun – etwas Strategischeres und weniger Passives und Reaktives.

Sie können sich vom klassischen Ansatz verabschieden und stattdessen auf den Talent-Relationship-Prozess und das Talent-Pool-Modell setzen.

Die Vorteile des Talent-Pool-Modells

Talent-Pools sind *die* Taktik überhaupt für die Anwerbung von Top-Talenten in den wettbewerbsgeprägten Märkten von heute. Dieser aktive, strategische Ansatz zum Umgang mit Stellenvakanz und Mitarbeiterfluktuation enthebt Sie der Notwendigkeit, im offenen Markt zu maximalen Kosten nach Talenten zu suchen,

1 Die geschäftsentscheidende Wirkung von Talent-Pools

wenn der Notfall bereits eingetreten ist. Im Ergebnis können Sie Stellen schneller, mit weniger Drama und mit einer sehr viel größeren Chance besetzen, dass Sie einen angemessen qualifizierten und kulturell kompatiblen Kandidaten bekommen, der sich auf eine lange Karriere bei Ihnen freut.

Mit dem Talent-Pool-Modell müssen Sie nicht jedes Mal von Null beginnen, wenn wieder eine Stelle zu besetzen ist. Sie springen nicht zum Beginn des Talent-Relationship-Prozesses zurück. Sie haben bereits vorausgeplant, sich klar gemacht, wo Sie in Zukunft Talente benötigen werden, und Beziehungen zu talentierten und qualifizierten Kandidaten innerhalb und außerhalb Ihrer Organisation geknüpft.

Somit können Sie, sobald eine Stelle frei wird, unmittelbar auf eine vorselektierte Liste von Kandidaten zurückgreifen, von denen Sie wissen, dass sie an Ihrem Unternehmen interessiert und bereit sind, über einen Einstieg bei Ihnen zu sprechen. In Fällen, in denen interne Talent-Pools gepflegt werden, gestaltet sich diese »Kontaktaufnahme« noch schneller, weil Sie die offenen Stellen mit zuvor bereits evaluierten und ganz bewusst auf die mögliche Übernahme neuer Aufgaben vorbereiteten Mitarbeitern füllen können.

Das spart nicht nur unglaublich viel Zeit, sondern reduziert die harten und weichen Kosten der Kandidatensuche um Größenordnungen. Mit Talent-Pools sparen Sie Jobbörsenabonnements, teure Personalvermittlerverträge und sogar Bieterkriege um Top-Kandidaten. Sie benötigen auch keine glamourösen Imagekampagnen, weil Sie sich in einschlägigen potenziellen Kandidatenkreisen bereits einen positiven Ruf erworben haben.

Unter dem Aspekt der Geschwindigkeit, mit der sich Stellen besetzen lassen, und der gesparten Kosten sind Talent-Pools offensichtlich attraktiv. Ich werde darauf im nächsten Kapitel zurückkommen, in dem es um die Verwandlung von Talent-Pools in robuste Talent-Pipelines gehen wird. Schon jetzt will ich jedoch erwähnen, dass diese kostensparende Beschleunigung der Besetzung vakanter Stellen mit Qualitätstalenten durch Personalplanungsprozesse erreicht wird, die mit anderen hochkarätigen Unternehmenszielen zusammenhängen.

Häufig führen Unternehmen ihre strategische Planung ohne Einbeziehung der Personalabteilung in die Planungsphasen oder ohne die Beteiligung der Personalabteilung an den Debatten in der Unternehmensspitze durch. Das Ergebnis sind Businesspläne, die aufgrund von Fachkräfteengpässen oder Vakanzen auf wichtigen Stellen nicht umsetzbar sind. Die frühzeitige Einbeziehung der Personalabteilung verknüpft das Talentmanagement mit anderen betrieblichen Zielen, so dass die Personalabteilung die nötige Vorlaufzeit, die Ressourcen und die Unterstützung von oben erhält, um Talent-Pools aufzubauen, welche die Geschäftsimperative im erforderlichen Maße unterstützen.

Diese frühzeitige Integration von Businessplänen und Personalstrategie führt auch zu einem sehr viel stärker beziehungsgeleiteten Ansatz der Kandidatensuche und Kandidatenbindung als ein Transaktions- und Beschaffungsverständnis von Personalpolitik.[9] Kandidaten in Ihrem Pool haben in der Regel ein positiveres und nuancierteres Bild von Ihrem Unternehmen und ihren Chancen dort – unabhängig davon, ob sie am Ende wirklich für Sie arbeiten. Umgekehrt entwickelt auch das Management ein besseres Gespür für die Talente, Gewohnheiten und langfristigen Motivationskräfte jedes einzelnen potenziellen Kandidaten. Das passt gut zur New-Work-Denkweise, die Beziehungen, kulturelle Harmonie und Entwicklungsmöglichkeiten für die wichtigsten Prioritäten der modernen Jobinteressenten hält. So groß die dafür erforderlichen Veränderungen in den Talentmanagementphilosophien und im Personalwesen auch sein mögen – Talent-Pooling ist mit Sicherheit ein langfristiges Erfolgsrezept.

1 Die geschäftsentscheidende Wirkung von Talent-Pools

Und das ist kein hypothetischer Erfolg – Unternehmen, die aktiv tiefe Talent-Pools pflegen, schneiden regelmäßig besser ab als ihre Branchenkollegen. Viele Unternehmen machen sich das nur nicht klar, weil es traditionell eher Einrichtungen aus der Sport-, Kunst- und Unterhaltungswelt sind, die das Beste aus Talent-Pools und den Talent-Pipelines machen, die sie daraus entwickeln.

Ich hatte das große Glück, dass ich schon früh mit der Welt der Bühnenkunst und der Unternehmenswelt in Berührung kam. Während ich tagsüber ins Gymnasium ging, absolvierte ich an den Abenden parallel am Konservatorium eine Ausbildung zur Balletttänzerin. Dort wurde mir klar, dass keine angesehene Ballettkompanie auf die Idee käme, eine Produktion ohne einsatzbereite Zweit- oder gar Drittbesetzung für die Bühnenrollen herauszubringen. Das ist normal und wird als absolut notwendige Ausgabe angesehen.

Oder können Sie sich vorstellen, dass The Royal Ballet eine Aufführung mit nur einer mit dem Tanz vertrauten Primaballerina vorbereiten würde? Was, wenn sie sich das Fußgelenk verstaucht oder krankheitsbedingt ausfällt? Wird dann die Aufführung abgebrochen oder abgesagt? Natürlich nicht! Ein Stichwort genügt und die Zweitbesetzung setzt ihren Auftritt fort.

Genauso verhält es sich mit vielen professionellen Sportorganisationen. Fußball- und Basketballklubs haben vielleicht eine Handvoll Stars auf dem Spielfeld, aber die Bank ist vollgepackt mit Ersatzspielern, die für den Fall einer Verletzung oder Erschöpfung bereitstehen. In manchen Sportarten wie beispielsweise dem American Football, wo Verletzungen an der Tagesordnung sind und aggressive Tacklings gefeiert werden, sind die Namen der Ersatz-Quarterbacks den Fans genauso bekannt wie die Namen der vordersten Riege.

In den Unternehmen, die ich im Rahmen meiner Tätigkeit kennengelernt habe, gab es jedoch keine Zweitbesetzungen und »Ersatzspieler«. Solche Redundanzen galten in jenen Tagen als entbehrlich. Immer wieder konnte ich deshalb beobachten, wie Mitarbeiter kurz vor einer großen Präsentation sich im übertragenen Sinne den Fuß verstauchten oder krank wurden, ganz zu schweigen von wichtigen Fachkräften, die mitten in einem größeren Projekt plötzlich aufgrund familiärer oder anderer Lebensumstände ausfielen. Wenn keiner sie ersetzen und mal eben ihren Platz einnehmen kann, kommt es schnell zu verpassten Zielen, nicht erfüllten Verträgen und massiven Gewinneinbrüchen.

Schon lange verstehe ich vermeidbare Fachkräfteengpässe dieser Art als verpasste Chancen. Nachdem wir über die Talentprobleme, mit denen sich Unternehmen heutzutage herumschlagen, und die hohen Kosten einer reaktiven Rekrutierungspraxis gesprochen haben, hoffe ich, dass auch Sie diese Chance erkennen. Es scheint mir deshalb an der Zeit, dass wir nunmehr ohne Umschweife in die Welt der Talent-Pools eintauchen.

Lassen Sie mich mit einer grundsätzlichen Beschreibung von Talent-Pools und dem Unterschied zwischen internen und externen Talent-Pools beginnen. Anschließend will ich Ihnen erklären, wie sie funktionieren und selbst Organisationen, die unter ernster Zeit- und Ressourcenknappheit leiden, einen Wettbewerbsvorteil verschaffen, indem wir uns einige Organisationen aus dem Bereich des Sports, der schönen Künste und der Unterhaltung anschauen, die Talent-Pools zu einem Kernbestandteil ihres Betriebs gemacht haben.

Was sind Talent-Pools?

Talent-Pools sind im Prinzip Auswahllisten geeigneter Kandidaten, die für eine zukünftige Rolle in Ihrer Organisation in Frage kommen.[10] Dabei handelt es sich nicht um aktive Bewerber. Möglicherweise gibt es gegenwärtig keine vakanten Stellen, die ihren Fähigkeiten und Erfahrungen entsprechen, weil sie entweder bei der letzten Besetzung entsprechender Stellen nicht zum Zuge kamen oder diese Stellen noch nicht existieren, aber für die Zukunft vorgesehen sind.

Die legendäre Entertainment-Gruppe Cirque du Soleil beispielsweise veranstaltet regelmäßig Castings für ihre Artistentruppe. Diese Castings dienen jedoch nicht der Besetzung einzelner vakanter Stellen. Die Scouts des Unternehmens und die Casting-Spezialisten stellen gemeinsam eine Liste hochtalentierter Artisten jeder Art und Gattung aus aller Welt zusammen, die jeden Augenblick eingeladen werden können, Teil gegenwärtiger oder zukünftiger Produktionen zu werden. Manchmal bedeutet das, dass im Rahmen einer laufenden Produktion rasch Ersatz für verletzte Darsteller gefunden werden muss. Oder es geht um einen Talent-Pool, auf dessen Basis ein zukünftiges Aufführungskonzept entwickelt werden kann. Das ist die »goldene Talentkartei« des Cirque,[11] in der sich die zukünftigen Stars der Organisation wiederfinden – freilich bislang ohne bezahlten Vertrag.

Solche Talent-Pools – goldene Talentkarteien, wenn Sie so wollen – lassen sich in jedem Unternehmen anlegen, auch in Ihrem. Sie bilden einen verlässlichen Schild zwischen Ihrem Unternehmen und der pausenlosen reaktiven Talentsuche. Sind sie einmal eingerichtet, werden die dort verzeichneten Namen selten öffentlich gemacht. Schließlich bilden diese Talent-Pools möglicherweise auf Jahre hinaus die Basis Ihres Wettbewerbsvorteils – da empfiehlt es sich nicht, die Namen an die große Glocke zu hängen.

Es gibt zwei wesentliche Arten von Talent-Pools, die Sie einrichten können: interne und externe. Interne Talent-Pools werden innerhalb Ihrer Organisation gebildet und enthalten Namen bestehender Mitarbeiter, während externe Talent-Pools die Namen von Kandidaten enthalten, die gegenwärtig noch nicht für Ihre Organisation arbeiten. Beide sind hochgradig wertvoll und verdienen Ihre Aufmerksamkeit und Entwicklung. Weil diese Pools aber aus unterschiedlichen Typen von Kandidaten bestehen, sollten Sie sie separat pflegen. Ob Sie mehr in die eine oder andere Art investieren, hängt davon ab, welche Rolle Ihre Talent-Pools für Ihre Personalplanung insgesamt und Ihre Unternehmensziele spielen. Auf den folgenden Seiten werden Sie beide Poolarten näher kennenlernen, so dass Sie eine Vorstellung davon bekommen, wie Sie diese Pools für Ihre spezielle Organisation nutzen können.

Interne Talent-Pools

Interne Talent-Pools sind Kandidatenlisten bestehend aus Leuten, die gegenwärtig bei Ihnen beschäftigt oder in anderer Weise mit Ihrer Organisation verbunden sind (beispielsweise als regelmäßig für Sie arbeitende Freelancer oder Berater).

Im weitesten Sinne kann jedes Mitglied Ihrer Organisation als Teil Ihres internen Talent-Pools angesehen werden. In der Regel gliedern Sie Ihre Gesamtbelegschaft jedoch in kleinere Talent-Pools, die jeweils bestimmten Entwicklungspfaden oder Talentengpässen

1 Die geschäftsentscheidende Wirkung von Talent-Pools

innerhalb des Unternehmens zugeordnet sind. Ich will Ihnen ein paar Beispiele nennen, die von der Welt des Sports bis zu den modernen wissensbasierten Berufen reichen.

In Amerika gilt Baseball als Volkssport. Fast jedes Schulkind lernt die Grundlagen des Sports kennen – Fangen, Schlagen, Ablaufen der Laufmale –, was dazu führt, dass Freizeit- und Amateurligen auf einen großen Pool an potenziellen Spielern zurückgreifen können.

In diesen Amateurligen und Schulmannschaften halten die Scouts der überregionalen und Profiligen Ausschau nach Top-Talenten und bauen Beziehungen zu diesen auf. Aber sie versuchen nicht, sie sofort in die *major leagues* hineinzubringen, wie die Spitzenbaseballmannschaften heißen. Das sind die Mannschaften, deren Namen international bekannt sind – wie Yankees, Dodgers und Red Sox – und die ihren Mitgliedern Millionengehälter zahlen.

Stattdessen versuchen die Talentscouts, die talentierten jungen Sportler in einem der vielen hundert über das Land verteilten *farm teams* unterzubringen. Diese häufig kollektiv als *minor leagues* bezeichneten Mannschaften dienen als Ort, an dem die talentierten Spieler ihre Fähigkeiten ausbauen und Erfahrungen im Spiel mit ihresgleichen sammeln können. Die Mannschaften werden nach Fähigkeiten eingeteilt und reichen von den untersten *minor leagues* bis nahe heran ans Profi-Niveau.[12]

Auch wenn solche *Minor-League*-Mannschaften und *farm teams* in der Regel von einer *Major-League*-Mannschaft betreut und gesponsert werden, erhalten die Spieler dieser Trainingsmannschaften nur einen Bruchteil der Gehälter und der Medienaufmerksamkeit der *Major-League*-Spieler.[13] Dennoch sind sie bereit, Jahre in dieses System zu investieren, weil der Entwicklungspfad vom *Minor-League*-Spieler zum *Major-League*-Star seit einhundert Jahren klar vorgezeichnet ist. Junge Spieler, die sich in einem *farm team* verdingen, wissen, dass sie im

Wettbewerb mit anderen Talenten stehen, und arbeiten hart an ihrem Spiel – in der Hoffnung, früher oder später in die *major leagues* mit ihren Millionengehältern und dem damit verbundenen Ruhm aufsteigen zu können.

Welchen Bezug hat das *Farm-Team*-System im Baseball zur Welt der Unternehmen? Denken Sie an das Problem, zu dessen Lösung dieses System entwickelt wurde. **Seit mittlerweile über 100 Jahren war keine bedeutende US-amerikanische Baseball-Mannschaft mehr in der Verlegenheit, nicht zu wissen, woher sie ihren nächsten Star-Spieler nehmen sollte.** Das Problem der Vakanz ist hier unbekannt und sie verbringen auch nicht Monate – oder gar Jahre – damit, nach einem passenden Kandidaten zu suchen. Sie greifen einfach auf ihren bestehenden internen Talent-Pool zurück und komplettieren ihre Mannschaft mit dem nächsten spielbereiten Kandidaten.

In jüngerer Zeit konnten wir dies bei der Entwicklung von Jugendakademien für die deutschen Fußballmannschaften beobachten. Die von DFB 2004 im großen Stil eingerichteten Jugendakademien haben mit dazu beigetragen, dass sich die Bundesligamannschaften aus einem Leistungstief auf den absoluten Gipfel des Sports hochgearbeitet haben. Wo zuvor die Sorge bestand, was passieren würde, wenn die bestehenden Talente allmählich aus Altersgründen aus dem System herausfielen, **verfügen die Mannschaften mittlerweile über einen robusten Pool an hochgradig engagierten und motivierten Nachwuchsspielern, die jederzeit bereitstehen, und der deutsche Fußball wird weltweit beneidet.**

Was diese Sportorganisationen tun, kann – und sollte – auf die Welt der Unternehmen übertragen werden. Die gewieftesten Unternehmen setzen schon jetzt Teile davon um, auch wenn noch viel mehr möglich wäre, wie wir in den folgenden Kapiteln zeigen werden.

1 Die geschäftsentscheidende Wirkung von Talent-Pools

Interne Talent-Pools dienen im Wesentlichen zweierlei Zwecken. Erstens hilft die Mitgliedschaft in diesen Pools den einzelnen Beschäftigten, ein Gefühl für ihre Rollen und ihre mögliche Zukunft in der Organisation zu bekommen, was extrem motivierend sein und wesentlich zur Talentbindung beitragen kann. Zweitens können diese Pools gewährleisten, dass Sie das Potenzial jedes Ihrer Mitarbeiter optimal ausschöpfen, seinen wahren Wert für die Organisation nutzbar machen und »Talentverschwendung« vermeiden, die entsteht, wenn Sie Mitarbeiter »übersehen« oder zu wenig in ihr Wachstum investieren.

Erstaunliche 54 Prozent aller Beschäftigten haben keine Vorstellung von ihren Beförderungschancen oder ihrem weiteren beruflichen Werdegang.[14] Das macht sie empfänglich für Abwerbungsversuche – etwas, das Sie leicht vermeiden können, indem Sie wichtige Talente auf ein oder zwei Entwicklungspfade im Rahmen interner Talent-Pools setzen.

Der erste Pfad ist der Managerpfad. Hier ziehen Sie Führungskräfte für Ihre Teams und möglicherweise sogar für Ihre gesamte Organisation heran. Neben der Entwicklung von Fähigkeiten, die sie in ihrer gegenwärtigen Stelle benötigten, erhalten sie zusätzlich Training und Coaching im Managen und Führen von Mitarbeitern, damit sie, wenn eine Vakanz auftritt, rasch in die Managementstruktur integriert werden können.

Der zweite – nicht minder wichtige – Pfad ist der Pfad der Fortbildung als fachlicher Spezialist. Die Organisationen benötigen mindestens ebenso dringend Fachkräfte, wie sie Manager benötigen. Diese Beschäftigten sollten ein Vertiefungstraining in ihrem Fachgebiet und die Möglichkeit erhalten, Zertifikate und dringend benötigte Fähigkeiten zu erwerben und auszubauen. Wenn dann in ihrem Bereich eine Vakanz entsteht oder das Unternehmen sich zu wachsen anschickt, sitzen sie mit ihren Fähigkeiten bereits in den Startlöchern, so dass die kritischen Stellen nicht unbesetzt bleiben müssen.

Die Einrichtung belastbarer interner Talent-Pools für Kernpositionen oder Entwicklungsbereiche kann Ihnen dieselben Vorteile bringen wie *farm teams* und Zweitbesetzungen. Wann immer Sie einen qualifizierten Mitarbeiter benötigen, wissen Sie genau, wer in der Organisation dafür in Frage kommt – auf Zuruf, wenn es sein muss.

Externe Talent-Pools

Im Gegensatz zu internen Talent-Pools bestehen externe Talent-Pools aus Kandidaten von außerhalb Ihrer Organisation, auf die Sie möglicherweise in Zukunft zurückgreifen möchten.

Es gibt drei Arten von Stellen, die sich besonders für ein externes Pooling eignen:

- **Für Wachstum und Erweiterung benötigte Stellen:**
  In jeder Organisation gibt es bestimmte grundlegende Rollen, die gebraucht werden, sobald die Organisation wachsen und sich erweitern will. Beispielsweise habe ich einige Kunden aus dem Hotelgewerbe. Um einen neuen Standort zu eröffnen, benötigen sie jedes Mal dieselben Stellen – Hotelmanager,

Rezeptionist, Food & Beverage Manager, Köche und so weiter. Ähnlich verhält es sich mit meinen Kunden aus der Möbelbranche – jeder neue Schauraum braucht spezialisierte Verkäufer und Filialmanager. Dass diese Rollen immer aufs Neue besetzt werden müssen, ist keine Überraschung und das macht sie zu idealen Stellen, um für sie lange vor dem nächsten Eröffnungstermin externe Talent-Pools einzurichten und zu pflegen. Viel zu viele Unternehmen in aller Welt und selbst in Deutschland treten unnötig auf der Stelle, weil sie die Stellen, die sie zum Wachstum benötigen, nicht besetzen können.

- **Stellen mit hohen Fluktuationsraten oder häufigem Nachbesetzungsbedarf infolge Beförderungen:**
Es gibt eine Reihe von Stellen, die für ihre hohen Fluktuationsraten bekannt sind. Vertrieb, viele Rollen im Kundenservice, gesuchte Fachkräfte ... Es sollte Sie nicht überraschen, dass Sie diese Rollen füllen müssen, und ein stehender Pool von Kandidaten ist da von großem Vorteil. Dasselbe gilt für Stellen, die infolge von Beförderungen ständig neu besetzt werden müssen, wie Berufseinsteiger und Nachschubrollen für Spezialistenberufe.

- **Stellen, von denen alles abhängt und die keinesfalls länger unbesetzt bleiben dürfen:**
Es gibt einige Stellen wie der Torwart beim Fußball, wo jede längere Vakanz in die Krise führt. Für diese Rollen ist es absolut unerlässlich, einen ständigen Pool von möglichen Kandidaten zu pflegen, die jederzeit auf Zuruf bereitstehen.

Und wenn Sie es richtig anstellen, sollte es an dieser Bereitschaft auch nicht fehlen. Einer unserer Kunden, der in einem ausgesprochenen Nischenbereich tätig ist, hat 13 Geschäftsführerstellen, die er für maßgeblich für den Erfolg seines Unternehmens hält. Nachdem wir ihm geholfen hatten, alle externen Möglichkeiten in diesem Bereich ausfindig zu machen (mehr dazu später), hat er jetzt eine kleine Gruppe von Kandidaten, mit denen er sich mindestens einmal im Jahr in geselliger Atmosphäre trifft. Wenn die nächste freie Stelle zu besetzen ist, wird er keinen Cent für teure Personalvermittler ausgeben oder Monate mit Interviews vergeuden. Er wird zum Telefon greifen und einen Anruf tätigen ... und das war's.

Verglichen mit internen Talent-Pools sind externe Talent-Pools natürlich vielfältiger zusammengesetzt. Externe Talent-Pools enthalten möglicherweise ehemalige Bewerber für offene Stellen, die attraktiv waren, zuletzt jedoch nicht zum Zuge kamen, äquivalente Mitarbeiter anderer Unternehmen aus Ihrer Branche oder Top-Performer von benachbarten Branchen, die über die Fähigkeiten verfügen, die auch für Ihr Unternehmen interessant sind.

Das bereits erwähnte Unternehmen Cirque du Soleil verdankt seine Position als Marktführer in internationaler Unterhaltung seinen robusten Entwicklungs- und externen Talent-Pools. Es rekrutiert seine Artisten nicht von anderen Zirkussen, noch bedient es sich lediglich bei bereits bekannten Akrobaten, Sängern oder Tänzern. Stattdessen schickt es Scouts um die Welt, die dort nach erstklassigen Artisten Ausschau halten und sie zu Castingtagen einladen – zusätzlich zu den offenen Castings, welche die Organisation ohnehin rund um das Jahr veranstaltet.[15]

Ein Scout besucht also möglicherweise zusätzlich zu den typischen Artisten- und Darbieterschulen olympische Trainingslager, Football-Kader und Cheerleader-Wettbewerbe. Denn der Cirque hat gute Erfahrungen mit Kandidaten aus »benachbarten Branchen« und nichttraditionellen Artisten gemacht, die auf den ersten Blick vielleicht nicht in das Nischenschema von »Turnerin« und »Muskelmann« passen. Das Unternehmen hält nach vielseitigen Kandidaten Ausschau, die vielleicht zu Beginn bestimmte Spezialfähigkeiten mitbringen, sich aber auch in anderen expressiven Darstellungskünsten trainieren lassen.

Auf diese Weise hat der Cirque eine außergewöhnlich vielfältige Schar von Top-Talenten mit sich vernetzt. Die Darsteller des Ensembles sprechen mehr als 25 Sprachen und kommen aus

1 Die geschäftsentscheidende Wirkung von Talent-Pools

mehr als 40 Ländern,[16] während die Talentkartei mit vielfältigen Ersatzkandidaten für jede Rolle bestückt ist. Mag das Management auch noch so ausgefallene Shows konzipieren – der verfügbare Talent-Pool ist mehr als ausreichend, um jedes künstlerische Konzept umzusetzen.

Können Sie sich vorstellen, Ihr Unternehmen mit derselben Fähigkeit auszustatten? Können Sie sich vorstellen, wie Sie sich zu Beginn des Jahres hinsetzen mit ihren Betriebszielen und die absolute Gewissheit haben, dass Ihnen, was immer Sie erreichen wollen, der passende Talent-Pool zur Verfügung steht, um daraus Realität werden zu lassen? Das muss kein Traum bleiben ...

2 Wie Sie für Ihre Organisation robuste und effektive Talent-Pools anlegen

Im vorigen Kapitel haben Sie gelernt, was Talent-Pools sind und wie eine Organisation mit ihrer Hilfe der Falle der passiven (reaktiven) Rekrutierungspraxis entkommen kann. Solange Sie gut gefüllte interne und externe Talent-Pools zur Verfügung haben, werden Sie niemals wieder unter monatelangen kostspieligen Vakanzen leiden oder zusehen müssen, wie Ihre Geschäftsziele aufgrund fehlender Fachkräfte in unerreichbare Ferne rücken. Stattdessen machen Sie es wie die besten Unternehmen aus der Artisten-, Sport- und Unterhaltungsbranche: Kaum erblicken Sie eine unbesetzte Stelle, da füllen Sie sie schon mit einer hochqualifizierten Fachkraft, die nur allzu bereit ist, die Stelle anzunehmen.

Das ist das Ziel. Um das zu erreichen, müssen Sie für Ihre Organisation robuste und effektive Talent-Pools erstellen. Wie Sie das machen, erfahren Sie auf den folgenden Seiten. Das ist keine unlösbare Aufgabe, selbst wenn sich Ihre Organisation gegenwärtig klar im Lager der passiven (reaktiven) Rekrutierungspraxis befindet. Der einmal getroffene Entschluss, Talent-Pools erstellen, ist womöglich genau das, was Ihr Unternehmen benötigt, um aus der Flaute herauszukommen und die gesamte Organisation neu zu beleben.

Ein berühmtes Beispiel dafür liefert der deutsche Fußball. Die Mannschaften, die viele Jahrzehnte erfolgreich waren, begannen Ende der 1990er-Jahre schwächer zu werden. Das führte zu finanziellen Einbußen und sinkenden Fan-Zahlen. Niederlagen bei der Weltmeisterschaft 1998 und den Europameisterschaften 2000 gaben den Anlass, die Mannschaftsinfrastrukturen und Liga-Regeln von Grund auf zu überdenken und den Fokus verstärkt auf den Aufbau starker Talent-Pools zu legen.[1] Die Ergebnisse waren sowohl finanziell als auch spieltechnisch eindrucksvoll.

Von 2004 an verzeichnete die Bundesliga 15 Jahre hintereinander steigende Umsätze.[2] Selbst mit einem leichten Rückgang infolge COVID-19-bedingter Schließungen und Spielverschiebungen brechen die Umsätze der großen Klubs weiterhin alle Rekorde.[3] Die Liga setzt unmittelbar oder mittelbar rund 52 786 Menschen im ganzen Land in Lohn und Brot.[4]

Natürlich wären diese finanziellen Ergebnisse nicht möglich ohne gleichermaßen eindrucksvolle Verbesserungen auf dem Rasen. Deutschland ist nicht nur bei jedem größeren internationalen Turnier dabei. Es gewann die Weltmeisterschaft 2014 und den FIFA-Konföderationen-Pokal 2017 und qualifizierte sich als erste Mannschaft für die Weltmeisterschaft 2022.[5] Von mancher Seite heißt es sogar, das letzte Jahrzehnt des deutschen Fußballs sei das beste gewesen, das jemals irgendeine Mannschaft an irgendeinem Ort zum Besten gegeben hätte,[6] und talentierte Spieler aus der ganzen Welt reißen sich um Möglichkeiten, im deutschen System zu trainieren.[7]

»Kein anderes Land kann es, was das Potenzial betrifft, mit Deutschland aufnehmen ...«

Jürgen Klinsmann, legendärer Fußballcoach[8]

Wie steht es mit Ihrer Organisation? Wird ihr gegenwärtig eine führende Branchenposition attestiert? Zeichnet sie sich durch Moral, Engagement und Produktivität aus? Steigen ihre Erträge, reißen sich talentierte Kräfte darum, hier zu arbeiten? Sind die Aussichten auf Expansion und Wachstum gut?

Lassen Sie das alles für Sie Realität werden, indem Sie wie die deutschen Fußballer beginnen – mit einem Fokus auf der Entwicklung Ihrer Talent-Pools. Auf den nächsten Seiten werden Sie lernen, wo Sie anfangen müssen, um Ihre Talent-Pools aufzubauen, was Sie tun können, um starke interne Pools zu schaffen, und wie Sie sich Pools qualifizierter externer Talente zulegen, die sich kontinuierlich wiederauffüllen.

Beginnen Sie bei der Personalplanung, um erfolgreich Talent-Pools aufzubauen

Hochwertige Talent-Pools entstehen nicht durch Zufall. Sie müssen bewusst und mit einer konkreten Zielvorstellung aufgebaut werden. Das bedeutet, dass jeder Pool auf einen bestimmten Stellentyp, eine Führungsebene oder ein klar artikuliertes Geschäftsziel zugeschnitten sein sollte.

Schließlich bringt es nichts, einfach nur die Namen sämtlicher talentierter Kräfte in Ihrem Bereich oder Ihrer Region auf einer Liste zu versammeln. Sie müssen in der Lage sein, diese Namensliste in die Art von Ergebnissen zu übersetzen, auf die es Ihrem Unternehmen ankommt. Dazu müssen Sie anfangen, bewusste Mitarbeitergespräche zu führen, Ziele zu vereinbaren und zu planen.

Ich bin überzeugt, dass die Unternehmen diesen Prozess sehr ernst nehmen sollten – so ernst wie jede Finanzplanung. Mit dieser Ansicht bin ich nicht allein. McKinsey geht sogar so weit zu sagen, dass die Unternehmen im heutigen Wettbewerbsumfeld Talente als eine noch rarere Ressource behandeln müssen als Finanzkapital.[9]

Wenn Sie mit Ihrer Talent-Pool-Planung beginnen, sollten Sie alle wichtigen Stakeholder vom Linien-Manager bis hinauf zur Unternehmensspitze einbeziehen. Wenn die Talent-Pools dann eingerichtet werden, geschieht das so, dass alle wichtigen Stimmen gehört und alle entscheidenden Geschäftsziele berücksichtigt werden. Die Personalabteilung und jeder beauftragte Personalberater können so mit klaren Anweisungen und einer direkten Verbindung zu den bevorzugten Ergebnissen ihre Arbeit tun.

Ihre Talent-Pool-Planung sollte wenigstens auf einen Großteil der folgenden Fragen Antworten geben:[10, 11]

- Was sind unsere geschäftlichen Prioritäten und welche Art von Talenten benötigen wir, um sie zu erreichen?
- Welche Stellenkategorien oder konkreten Rollen würden am meisten davon profitieren, wenn ein Talent-Pool von Kandidaten bereitstünde, mit dem sich eventuell freiwerdende Stellen neu besetzen ließen?
- Wo haben wir bei unseren gegenwärtigen Mitarbeitern Qualifizierungslücken (Skill Gaps)?
- Welche Zertifizierungen, Lizenzen oder Bildungsgrade benötigen wir unter unseren Mitarbeitern auf den verschiedenen Ebenen der Organisation?
- Welche Kernkompetenzen müssen wir in den nächsten zwölf Monaten in die Organisation bringen? Was benötigen wir im Verlauf der nächsten fünf Jahre?
- Welche Merkmale oder Einstellungen zur Arbeit zeichnen unsere Top-Performer vor dem Rest der Belegschaft aus?
- Wo benötigen wir eine größere Vielfalt der Erfahrungen, Hintergründe und Selbstentfaltungen in unserer Organisation?

Es gibt noch viel mehr Fragen, die Sie stellen können oder die sich im Lauf der Gespräche ergeben. Die Fragen oben dienen lediglich als Einstieg. Im Idealfall nehmen Sie sich Ihren einmal aufgestellten Talent-Pool-Plan regelmäßig wieder vor. Wenn Sie mich fragen, so sollten Unternehmen ihre strategischen Talentpläne ebenso häufig überprüfen wie ihre Finanzpläne. Das verhindert, dass aus dem Poolaufbau eine Einmalinvestition von Zeit und Ressourcen wird. Es garantiert zudem, dass Ihre Pools im schnelllebigen Geschäftsumfeld von heute kontinuierlich an die geänderten Bedürfnisse Ihrer Teams und Ihres Unternehmens angepasst werden.

Diese Form der fokussierten und bewussten Talent-Pool-Planung kann zudem helfen zu erkennen, ob der Schwerpunkt in Ihrem Unternehmen eher auf der Entwicklung interner oder externer Talent-Pools liegen sollte. Auf lange Sicht wollen Sie natürlich beide Arten von Talent-Pools aufbauen. Wenn Sie jedoch Ihre ersten Talent-Pools einrichten und an jener Art früher Erfolge interessiert sind, mit denen Sie Ihre Stakeholder glücklich machen können, kann es nützlich sein zu sehen, wo Sie wahrscheinlich die schnellsten und sichtbarsten Ergebnisse erzielen werden.

Wie? Wir wollen die wichtigsten Methoden untersuchen. Für unsere Zwecke werden wir außerhalb der Organisation beginnen und uns von dort aus bis zu den internen Pools vorarbeiten.

Wie Sie externe Talent-Pools aufbauen

Zwar mag Ihr Talent-Pool gegenwärtig leer erscheinen, aber Sie werden angenehm überrascht sein, auf wie viele Quellen Sie sich stützen können, um einen externen Pool zu füllen. Viele dieser Quellen lassen sich, sobald Sie mit einem klar formulierten Bild der benötigten Talente auf sie zugehen, sehr rasch mobilisieren, um eine hochwertige Schicht von potenziellen Kandidaten zu erzeugen. Es ist ein mutiges Versprechen, das ich Ihnen geben möchte: **Wenn Sie diesen Abschnitt zu Ende gelesen haben, sollten Sie über alles verfügen, was Sie benötigen, um Ihre externen Pools nicht nur ein erstes Mal zu füllen, sondern über Jahre mit vielversprechenden Kandidaten gefüllt zu halten.**

Wir werden auf den nächsten Seiten die sieben wichtigsten Quellen für Ihre externen Talent-Pools durchgehen. Ihre Eignung für Ihre Organisation wird je nach Ihrer Branche und Ihrem spezifischen Talentbedarf variieren. Ein Bewusstsein für die Existenz jeder dieser Quellen wird Ihnen jedoch helfen zu erkennen, wie Sie von ihnen effektiv profitieren können und wo Ihre Organisation jetzt oder in Zukunft ihre Talentaufspürprogramme ausweiten sollte.

Externe Talent-Pool-Quelle Nr. 1: »Silbermedaillengewinner«

In Ihren gewöhnlichen Rekrutierungsprozessen lässt es sich bei vielen Stellenbesetzungsprozessen nicht vermeiden, dass Sie viele hochqualifizierte Kandidaten überprüfen und interviewen, ohne ihnen ein abschließendes Angebot zu machen. Das sind die Finalisten, die Zweitplatzierten, oder wie ich sie mir vorzustellen pflege: die »Silbermedaillengewinner«.

Ohne Zweifel werden Silbermedaillengewinner in der Welt des Sports immer noch zu den Besten der Besten gerechnet. Häufig entscheiden Sekundenbruchteile oder eine winzige Nachlässigkeit am Wettkampftag über Gold oder Silber. Und aus vielen jungen Silbermedaillengewinnern werden mit der Zeit Goldmedaillengewinner.

Aus diesen Gründen drängt auch kein seriöser Sportausschuss seine Silbermedaillengewinner zur Seite oder gewährt ihnen mangelnde Unterstützung. Sie wissen, dass diese Gruppe echtes und hochgradig wünschenswertes Talent repräsentiert.

Wie aber werden Silbermedaillengewinner in der Welt der Unternehmen behandelt? Was ich da sehe – und Sie haben es vermutlich selbst schon gesehen –, ist die totale Geringschätzung der Silbermedaillengewinner. Zuerst zieht eine offene Stelle ein Menge Interessierter an, die dann zu einem kleinen Pool ernstgemeinter Bewerber für diese Rolle zusammenschrumpft. Dieser Pool wird dann weiter verlesen, bis nur noch eine Handvoll von Top-Kandidaten übrigbleibt – Glassdoor gibt für 2021 einen weltweiten Durchschnitt von vier bis sechs Kandidaten für die meisten Unternehmensrollen an.[12] Sobald diese Finalisten interviewt und gegeneinander abgewogen wurden, wird ein Siegerkandidat ermittelt, der dann ein Angebot erhält. Alle anderen werden weggeschickt. Ein kurzer Telefonanruf (oder auch nur eine automatische E-Mail-Nachricht) setzt sie davon in Kenntnis, dass sich das Unternehmen für einen anderen Kandidaten entschieden hat – sofern eine solche Benachrichtigung nicht komplett unterbleibt. Rund 60 Prozent aller Bewerber, die nicht ausgewählt wurden, hören nach ihren Interviews nichts mehr von dem Unternehmen, was bei den Bewerbern einen sehr schlechten Eindruck von eben diesem Unternehmen hinterlassen kann.[13]

Wenn Sie mich fragen, könnte das der größte Fehler im gesamten Rekrutierungsprozess sein. Stellen Sie sich einen solchen Kandidaten vor. Er hat Ihr Team immerhin so beeindruckt, dass er es bis ins Interviewfinale geschafft hat. Indem Sie Zeit mit ihm verbrachten, haben Sie die Basis für eine zukünftige Beziehung gelegt. Vielleicht haben Sie sich bereits innerlich vorgestellt, wie es sein würde, mit ihm gemeinsam zu arbeiten, und fanden diese Vorstellung durchaus attraktiv. In dem Augenblick, in welchem eine andere Entscheidung fiel, ließen Sie ihn komplett fallen – mit einem brutal kurzen »Auf Wiedersehen« oder indem Sie schlicht nichts mehr von sich hören ließen, womit Sie die Tür zu jeder zukünftigen Partnerschaft zuschlugen.

Würde ein Land seinem die Silbermedaille gewinnenden Athleten ausreden, beim nächsten Olympia noch einmal anzutreten? Würde der Torhüter einer zweitplatzierten Weltmeisterschaftsmannschaft mit einem freundlichen Schlag auf die Schultern in die Wüste geschickt? Natürlich nicht! Trainer und Kapitäne werden auch schon mal für weniger gefeuert. Personalabteilungen und Einstellungs-Manager, mögen sie ansonsten noch so intelligent sein, tun dies jeden Tag.

Anstatt einen solchen »Silbermedaillengewinner« auszusieben, wäre es besser, Sie würden ihn Ihrem externen Talent-Pool hinzufügen. Ganz offensichtlich erfüllt er zwei wichtige Kriterien Ihres Unternehmens – wie hätte er es sonst in die Endrunde schaffen können? Erstens passt er in Ihr Erwartungsmuster von Mitarbeitern, die Sie sich für Ihr Unternehmen wünschen, was Fähigkeiten und Qualifikationen betrifft. Zweitens haben Sie bereits ein bestimmtes Maß an Persönlichkeitskompatibilität festgestellt, nachdem dieser Kandidat erfolgreich diverse Korrespondenzrunden über Telefon, E-Mail und Kurznachrichten absolviert hat, ganz zu schweigen von ein bis zwei Runden persönlicher Begegnungen und Interviews. Statt der typischen Interview-Rückmeldung »Danke, aber kein Bedarf« wäre es besser, ein herzlicheres »Dieses Mal nicht, aber wir möchten für zukünftige Fälle gern mit Ihnen in Kontakt bleiben« anzubieten.

Wenn Sie ihn Ihrem externen Pool hinzufügen – mit seiner Erlaubnis natürlich, um allen Datenschutzgesetzen zu genügen –, sollten Sie einen Plan haben, wie Sie die Beziehung fortführen und Ihren herzlichen Grundton bewahren wollen. Wir werden darüber ausführlicher im nächsten Kapitel sprechen. Denken Sie fürs Erste an die Interviews, die Ihr Unternehmen im Lauf des letzten Jahres geführt hat. Wer waren Ihre Silbermedaillengewinner? Wo befinden sie sich jetzt? Im wettbewerbsgeprägten Talentumfeld von heute haben sie vermutlich neue Rollen, erweitern ihre Fähigkeiten, sammeln Erfahrungen und machen sich noch attraktiver für zukünftige Stellenbesetzungen. Behalten Sie sie im Auge!

Fügen Sie den Rängen dieser Silbermedaillenträger eine weitere Gruppe von »zweitplatzierten« Kandidaten hinzu – Bewerbern, denen Sie ein Angebot unterbreiteten, die sich dann aber ihrerseits für einen anderen Weg entschieden haben. Jeder von ihnen war schon einmal ernsthaft an Ihnen interessiert und hat sich die Mühe gemacht, den gesamten Interview- und Auswahlprozess zu durchlaufen. Auch wenn er sich vorläufig für ein anderes Stellenangebot entschieden hat, ist er möglicherweise empfänglich für Ihre Avancen im Fall einer weiteren zu besetzenden Stelle. Wenn er für eine Rolle qualifiziert war, ist die Wahrscheinlichkeit groß, dass er auch den Anforderungen einer anderen Stelle genügt. Und man kann nie wissen … vielleicht bereut er bereits, dass er Ihr voriges Angebot ausgeschlagen hat, und freut sich über jede neue Chance, die er von Ihrer Seite erhält.

Externe Talent-Pool-Quelle Nr. 2: Soziale Medien

Die sozialen Medien sind zu einer überraschend starken Kraft in der professionellen Netzwerkpflege und im Beziehungsaufbau geworden. Vielleicht haben Sie die Vorstellung, die sozialen Medien wären überwiegend ein Ort, den die Menschen im Freizeit- und Erholungskontext aufsuchen. In Wirklichkeit aber verbringt der durchschnittliche Internetnutzer täglich 145 Minuten in sozialen Medien des einen oder anderen Typs[14] und diese Zeit dient nicht ausschließlich der Suche nach lustigen Katzenvideos oder Sport-Clips. Zunehmend werden diese Plattformen zu Nachrichtenquellen und einem Ort, um interessante berufliche Chancen zu entdecken.

Denken Sie beispielsweise an LinkedIn, eine der weltweit größten, gezielt Berufstätige ansprechenden Social-Media-Plattformen. Im September 2021 hatte sie mehr als 706 Millionen registrierte Nutzer, und während sie ihren Ursprung und ihren Beliebtheitsschwerpunkt in den USA hat, folgen auf den Plätzen zwei bis fünf Indien, China, Brasilien und Großbritannien.[15] Sogar in Deutschland, der Schweiz und Österreich finden wir zusammengenommen rund 14,2 Millionen Mitgliederprofile.[16] Kein Wunder, dass rund 90 Prozent der Personalverantwortlichen berichten, dass sie im Rahmen ihrer Personalsuche wöchentlich bei LinkedIn vorbeischauen (Stand 2021).[17]

Was der Einzelne aus eigenem Antrieb tut oder was Unternehmen offiziell tun, ist mitunter etwas völlig anderes. LinkedIn beispielsweise meldet, dass rund 50 Millionen Unternehmen auf der Plattform präsent sind,[18] was wenig ist verglichen mit der Zahl der auf der Plattform aktiven Einzelpersonen. Ähnlich sieht es bei anderen Plattformen aus. Mögen auch einzelne Beschäftigte auf Facebook, Twitter, Instagram, TikTok und so weiter durchaus aktiv sein, so sind es ihre Unternehmen in der Regel in viel geringerem Ausmaß. Und diejenigen, die Profile auf den wichtigsten globalen Netzwerken – oder auch auf stärker regional ausgerichteten Netzwerken wie XING, das in Deutschland populär ist,[19] oder WeChat in China – unterhalten, nutzen sie weniger zum Beziehungsaufbau als vielmehr als Kundenserviceplattform oder als Ort für Verlautbarungen.

Ich bin überzeugt, dass es sich hier um eine verschenkte Chance handelt – besonders für Unternehmen, die am Aufbau externer Talent-Pools interessiert sind –, weniger, um akut eine Stelle zu besetzen, als vielmehr, um für künftigen Personalbedarf vorzusorgen.

Persona-based talent sourcing (»eine Art der Zielgruppensegmentierung, unter Einbezug der vermuteten/erwarteten Persönlichkeit eines Kandidaten«[20]) ist ein neuerer Ansatz, von dem viele Talent-Mananger mit Erfolg Gebrauch machen. Bei dieser Methode veranstalten Sie Talentplanungssitzungen, um die wichtigsten Fähigkeiten, Erfahrungen und Eigenschaften zu umreißen, die Sie sich in Zukunft für Ihre Organisation wünschen. Wenn Sie anschließend Profile durchgehen oder online Networking betreiben, bauen Sie einen Talent-Pool auf, der Ihnen Kandidaten dafür liefert, »wo wir hinkommen wollen«, und nicht dafür, »wo wir uns gegenwärtig befinden«.

Persona-basiertes Talent-Pooling ist ein sehr guter Ansatz für Unternehmen, die eine zukunftsorientierte Pipeline aufbauen müssen. Zudem können Sie so ein breiteres Spektrum von Kandidaten in Ihren Pool einbringen und Ihre Talent-Community um jüngere, sich in der Entwicklung befindliche Talente anreichern. Weil die Online-Welt tendenziell eher jünger zusammengesetzt ist, ist das eine ausgezeichnete Möglichkeit, um jüngeren Kandidaten und frischen Studienabsolventen dort zu begegnen, wo sie sind, anstatt darauf zu warten, dass sie sich zu einem späteren Zeitpunkt formell bei Ihnen bewerben.

Zögern Sie immer noch, die sozialen Medien zu einem integralen Bestandteil Ihres Talentrekrutierungsprozesses zu machen? Dann hilft vielleicht ein Blick auf folgende Zahlen:

- 79 Prozent aller Stellensucher berichten, dass sie am einen oder anderen Punkt ihrer Jobsuche auf die sozialen Medien zurückgegriffen haben.[21]
- In einer Erhebung von 2019 unter Beschäftigten, die ihren Job erst vor Kurzem angetreten hatten, gab jeder Zehnte an, seine gegenwärtige Stelle über die sozialen Medien gefunden zu haben.[22]
- Wenn Sie diesen Pool auf Jobsuchende zwischen 18 und 34 Jahren verengen, berichten rund 73 Prozent, dass sie ihren letzten Job über die sozialen Medien gefunden haben.[23]
- Die sozialen Medien sind ein wahres Wunderinstrument, um Kontakt zu passiven Kandidaten aufzunehmen, geben doch rund 60 Prozent der »Freizeitnutzer« der sozialen Medien an, dass sie dort schon auf Unternehmen gestoßen sind, die sie dazu verleiten könnten, ihren gegenwärtigen Job aufzugeben.[24]

Wenn Sie also daran interessiert sind, mit passiven Kandidaten, jüngeren Talenten oder jener Art von Talenten in Kontakt zu kommen, die Ihr Unternehmen in der Zukunft benötigen wird, wird es sich für Sie lohnen, die sozialen Medien als Quelle für Ihren externen Talent-Pool zu nutzen.

Externe Talent-Pool-Quelle Nr. 3: Mitarbeiterempfehlungen

Mitarbeiterempfehlungen können sich hervorragend dazu eignen, rasch einen externen Talent-Pool aufzubauen und gleichzeitig sicherzustellen, dass die so erreichten Kandidaten das sind, was Ihr Unternehmen benötigt. Bei richtiger Anwendung können Mitarbeiterempfehlungen den Firmen Rekrutierungskosten von bis zu 7500 US-Dollar ersparen und Kandidaten gewinnen, die mit viermal so hoher Wahrscheinlichkeit am Ende tatsächlich eingestellt werden wie Bewerber aus anderen Quellen.[25] Noch dazu bleiben rund 45 Prozent der so vermittelten Beschäftigten mehr als vier Jahre bei der Organisation, während von denen, die den Weg zur Organisation über Jobvermittlungsagenturen gefunden haben, nur 25 Prozent länger als zwei Jahre bleiben.[26]

Bei Mitarbeiterempfehlungen gilt es jedoch, sich die Quelle genauer anzuschauen. Eine oftmals bestätigte Beobachtung lautet, dass Spitzenkräfte ihrerseits wieder Spitzenkräfte empfehlen, während mittelmäßige Kräfte eher auch wieder mittelmäßige Kräfte benennen. Die Bekannten Ihrer Mitarbeiter pflegen diesen in Einstellung und Befähigung zu ähneln und so gibt es gute Gründe, manchen Empfehlungen mehr Wert beizumessen als anderen.

Unabhängig davon aber gibt es keine besseren Werbeträger für Ihr Unternehmen als glückliche Mitarbeiter, die Spaß und Freude an ihrer Arbeit haben und viel Potenzial darin sehen, auch weiterhin für Ihre Organisation tätig zu sein. Sie repräsentieren jenen Typ von Beschäftigtem, der gute Dinge über seinen Job, seine Führungskräfte und sein Leben bei Ihnen in den sozialen Netzwerken verbreitet. Möglicherweise postet er sogar positive Online-Bewertungen Ihres Unternehmens, die auf Jobsuchende extrem anziehend wirken können – rund 65 Prozent gaben an, sie wären offen für eine Jobalternative, solange sie davon über persönliche Kontakte erführen.[27]

Sobald Sie also die Arten von Talenten identifiziert haben, die Sie Ihren externen Pools gern hinzufügen würden, sollten Sie Ihre bestehenden Mitarbeiter ermuntern, die Nachricht weiterzutragen. Weil ein Mitarbeiter weder bei Ihnen noch bei den von ihm empfohlenen Kandidaten seinen Ruf aufs Spiel setzen will, wird er genau prüfen, welche Namen er hier ins Spiel bringt. Möglicherweise wird er auch ohne Aussicht auf eine Empfehlungsprämie Namen nennen (obgleich es Sie interessieren könnte, dass mit Stand Ende 2019 der durchschnittliche Bonus in den USA für die erfolgreiche Empfehlung eines Neuzugangs durch einen bestehenden Mitarbeiter 2500 US-Dollar betrug).[28]

Externe Talent-Pool-Quelle Nr. 4: Ehemaligennetzwerke

Eine andere Form der Mitarbeiterempfehlung bezieht sich auf Ehemaligennetzwerke. Damit meine ich nicht die Absolventen irgendeiner Schule oder Universität, sondern Ihre eigenen ehemaligen Mitarbeiter.

Während es vor Jahrzehnten noch üblich war, dass Mitarbeiter viele Jahre beim selben Unternehmen blieben, nimmt die durchschnittliche Verweildauer neu eingestellter Mitarbeiter mittlerweile kontinuierlich ab. Zudem weisen die Generationen grobe Unterschiede in der Verweildauer auf. Bei den Über-55-Jährigen beträgt sie im Schnitt 9,9 Jahre,[29] während Millennials womöglich nicht einmal zwei Jahre in einer Rolle bleiben.[30] Auch regionale Unterschiede spielen eine Rolle. Während die durchschnittliche Verweildauer in manchen europäischen Ländern – so auch in Deutschland – mehr als zehn Jahre beträgt, liegt sie in Südkorea bei 5,9 Jahren[31] und in den USA bei gerade einmal 4,1 Jahren.[32]

In der Summe können wir jedoch sagen, dass es normal ist, wenn Beschäftigte Unternehmen den Rücken zukehren – aus den unterschiedlichsten Gründen. Besonders heute, im Zeitalter der »Great Resignation«, verfügt so gut wie jedes Unternehmen über ein wachsendes Heer ehemaliger Mitarbeiter. Wo die Trennung professionell und gütlich erfolgte – wenn beispielsweise ein Mitarbeiter beschloss, sich fortan zu Hause um die Familie zu kümmern, ein eigenes Unternehmen zu gründen, den Beruf zu wechseln oder ein anderes Angebot anzunehmen, und dies seinem Arbeitgeber in gebührender Weise zur Kenntnis brachte –, besteht kein Grund zur Verbitterung und zum Kontaktabriss. Das gilt insbesondere für stärker konzentrierte Talentmärkte und Nischenbranchen, wo die Wahrscheinlichkeit besonders hoch ist, sich bei geschäftlichen Ereignissen oder im Zuge des gewöhnlichen Geschäftsbetriebs wieder über den Weg zu laufen.

Ein erfolgreicher ehemaliger Mitarbeiter kann Ihnen sicherlich helfen, erfolgreiche zukünftige Mitarbeiter ausfindig zu machen. Seine Empfehlung und sein positives Feedback zu seiner Zeit bei Ihrem Unternehmen kann Ihnen Zugang zu einem breiteren globalen Talentnetzwerk verschaffen. Und wenn Sie ein formelles Empfehlungsanreizsystem betreiben, können Sie diese Ehemaligen zu einer permanenten Erweiterung Ihres Talentaufspürsystems machen.

Und das ist noch nicht alles ...

Erfolgreiche ehemalige Mitarbeiter kommen auch selbst als erfolgreiche zukünftige Mitarbeiter in Frage. Besonders unter jüngeren Generationen, in denen Job-Hopping und horizontale Karriereschritte zunehmend üblich werden, stellen Sie möglicherweise fest, dass ehemalige Mitarbeiter als hochwertige »Boomerang«-Kandidaten in Frage kommen. Ein »Ehemaliger« kennt Ihr Unternehmen bereits, ist mit Ihren Prozessen vertraut und weiß, wie sich Ihre Kultur anfühlt. Seine in der Zwischenzeit andernorts gemachten Erfahrungen können die Basis für eine triumphale Rückkehr als gereifter Manager, versierter Spezialist oder fachkundiger individuell Beitragender bilden. Die Pflege des Kontakts zu ehemaligen Mitarbeitern stellt eine einfache Erweiterung Ihres externen Talent-Pools dar, der Ihnen im Bedarfsfall gute Dienste leisten kann.

Externe Talent-Pool-Quelle Nr. 5: Karrieremessen und Job-Events

Karrieremessen und Job-Events sind eine bewährte Methode, den Kontakt zu externen Kandidaten zu pflegen. Es steht außer Zweifel, dass diese Quelle frischer externer Talente in Pandemiezeiten keinen Auftrieb erhielt, als die meisten Präsenzkonferenzen und Netzwerkveranstaltungen abgesagt, verschoben oder in den virtuellen Raum verlegt wurden. Unabhängig davon, ob diese Veranstaltungen in ihrer alten Form wiederaufgelegt oder als Hybridveranstaltungen fortgeführt werden, sollten Sie überlegen, ob Sie Ihr Unternehmen hier nicht präsentieren wollen.

Wie die sozialen Medien können Veranstaltungen wie diese Ihr Unternehmen ins Blickfeld einer größeren Gruppe potenzieller Kandidaten bringen. Sie sind besonders nützlich, um passive »Gelegenheitsbesucher« von Branchenkonferenzen anzulocken oder die Saat unter vielversprechenden Studenten – typischen Kandidaten, die vielleicht nicht sofort für eine Stellenbesetzung benötigt werden, aber in der Zukunft für die Organisation nützlich werden können – auszubringen. Im Interesse des Rekrutierungserfolgs empfiehlt es sich hier möglicherweise, einen Persona-basierten Talent-Pool, oder nennen wir ihn Potenzial- und Kompetenz-basierten Talent-Pool, aufzubauen. Außerdem besteht hier auch immer die Chance, dass Sie unvermittelt vor dem richtigen Kandidaten stehen, der die Anforderungen einer dringend zu besetzenden Stelle erfüllt.

Machen Sie sich jedoch darauf gefasst, dass Sie Ihre Kandidaten im Anschluss an diese Events noch eine Weile – vielleicht sogar zwei bis fünf Jahre – hegen und pflegen müssen. Häufig folgt auf den anfänglichen Enthusiasmus solcher Veranstaltungen wenig. Vielleicht sammeln Sie Dutzende oder sogar Hunderte von Namen und Lebensläufen, nur um sie dann in einer Tabelle einstauben oder im digitalen Äther abtauchen zu lassen. Wenn Sie schon vor der Veranstaltung einen Talent-Pool haben und pflegen, verfügen Sie auch über ein geeignetes System, um die notwendigen Berechtigungen einzuholen, um mit diesen potenziellen Kandidaten in Kontakt zu bleiben und aus Ihrer Veranstaltungsteilnahme eine langfristige Investition in Ihre Talent-Pipeline zu machen. Wir werden über den Prozess der Pipeline-Pflege im nächsten Kapitel ausführlicher sprechen, aber machen Sie sich schon jetzt klar, dass die Einwilligung interessierter Teilnehmer in die zukünftige Kontaktpflege eine offene Tür für wiederholte engagement- und bewusstseinsbildende Maßnahmen zu zukünftigen freien Stellen und Chancen darstellt.

Im Rahmen eines internationalen Trainingsaustauschprogramms unter dem Namen Talentprojekt beispielsweise erhalten vielversprechende junge US-amerikanische Fußballer die Chance, mehrere Wochen lang deutsche Jugendfußballakademien zu besuchen und dort zu trainieren.[33] Diese 14- bis 15-Jährigen sind keine akuten Kandidaten und häufig nicht einmal sicher, dass sie eine professionelle Fußballerkarriere einschlagen wollen. Aber weil sie talentiert und interessiert sind, haben die Klubs einen Raum geschaffen, in welchem sie die Liga kennenlernen können.[34]

Von den vielen, die kommen, wird vielleicht nur eine Handvoll später wiederkommen, um ernsthafter zu trainieren. Am Ende landen vielleicht ein oder zwei von ihnen in einer deutschen Mannschaft und werden zu Top-Spielern. Für die Suche nach einem möglichen millionenschweren internationalen Star lohnt sich dieser Aufwand allemal.

Externe Talent-Pool-Quelle Nr. 6: Externe Empfehlungen

Externe Empfehlungen kommen von Ihren Geschäftspartnern bzw. von Ihrem Branchennetzwerk. Halten Sie die Augen und Ohren offen, wenn Sie Kollegen auf Veranstaltungen, Messen, Kongressen, Meetings und Verhandlungen treffen. Gelegentlich erfahren Sie auch nur beiläufig, wer gerade wo darüber nachdenkt, sich beruflich zu verändern, oder wer gerade als besonders fähig bewertet wird. Beziehen Sie ebenfalls Zulieferer und

Lieferanten mit ein. Sie treffen diese externen Empfehler in der Regel im Rahmen Ihrer normalen Geschäftstätigkeit und müssen dafür oft keinen besonderen oder zusätzlichen Aufwand planen.

Jede Ihrer Interaktionen mit diesen Menschen dient als eine Form der Eignungsprüfung für mögliche zukünftige Rollen. Vielleicht arbeiten Sie an einem Vertrag mit einer Abteilungsleiterin, die ausgesprochen gut strukturiert, pünktlich und umgänglich ist, aber das Reisen hasst. Wenn ihr gegenwärtiger Arbeitgeber von ihr verlangt, jede Woche drei Tage auf der Straße zu verbringen, während Sie damit zufrieden wären, wenn sie nur und ausschließlich von zuhause aus arbeitet, haben Sie gute Karten.

Natürlich möchte niemand seine besten und klügsten Kräfte zur Tür hinausgehen sehen, aber manchmal ist allen Beteiligten klar, dass ein bestimmter Mitarbeiter für höhere Aufgaben oder eine andere Kategorie von Herausforderungen bestimmt ist. Noch dazu ist es in den fließenden Beschäftigungsbeziehungen von heute keineswegs ausgeschlossen, dass der Mitarbeiter, den Sie ziehen lassen, um sein Glück in der Welt zu suchen, eines späteren Tages den Weg zu Ihnen zurückfindet.

Das alles soll sagen: Es zahlt sich aus, auf die Top-Performer um Sie herum zu achten. Während eine »Wilderei«-Liste vielleicht übers Ziel hinausschießt, kann ein Bewusstsein für die talentierten Mitarbeiter Ihres beruflichen Umfeldes und Ihrer Wettbewerber sehr wohl die Grundlage bilden für eine bestimmte Art von externem Talent-Pool.

Externe Talent-Pool-Quelle Nr. 7: Vielfaltsinitiativen

Als die deutsche Fußballnationalmannschaft sich in einem Leistungstief befand, wurde als ein Problem erkannt, dass die Talente auf dem Feld und in der Pipeline sehr homogen zusammengesetzt waren.[35] Die gegnerischen Mannschaften bezogen ihre Talente in weit größerem Maße von unwahrscheinlichen Orten – übersehenen

Jugendkadern, internationalen Listen und so weiter – und um hier mitzuhalten, mussten die Deutschen ihre Suche nach den nächsten Top-Talenten bewusst breiter gestalten. Nur durch größere Vielfalt, was Herkunft, Training und Spielansatz betrifft, konnte die Nationalmannschaft eine dominante Position gegenüber ihren Gegnern einnehmen und verteidigen.

Diese Lektion lässt sich unmittelbar auf die Geschäftswelt übertragen. Häufig gehen Unternehmen großartige Kandidaten durch die Lappen, weil sie zu wenig Augenmerk auf die unterschiedlichen Bevölkerungsgruppen legen, in denen Talente mit hohem Potenzial existieren könnten. Um ehrgeizige Geschäftsziele erreichen und weiter wachsen zu können, benötigen die Unternehmen in ihren Belegschaften mehr Vielfalt in Sachen Erfahrung, Hintergrund und Selbstdarstellung, und das bedeutet, dass sie bewusst in Kandidatengruppen vorstoßen müssen, denen traditionell möglicherweise zu wenig Bedeutung beigemessen wurde.

Das hat nicht nur etwas mit Quoten und Verpflichtungen zu tun. Vielmehr hängen Ihre Ergebnisse unterm Strich und Ihre Aussichten auf eine zukünftige Wettbewerbsfähigkeit davon ab. Global erzielen Unternehmen mit einem überdurchschnittlich hohen Grad an Diversität 19 Prozent mehr innovationsbasierte Erträge und verzeichnen um neun Prozent höhere EBIT-Margen als homogenere Unternehmen.[36] Vielfältige Teams treffen schnellere Geschäftsentscheidungen (insgesamt nur halb so viele Meetings) und ihre Entscheidungen sind in 87 Prozent der Fälle besser.[37] Überdies bezeichnen 76 Prozent der Jobsuchenden von heute eine divers zusammengesetzte Belegschaft als einen wichtigen Faktor für die Bewertung von Unternehmen und Jobangeboten und nahezu ein Drittel würde sich nicht um einen Job in einem Unternehmen bewerben, dem es an Vielfalt mangelt.[38]

Beim einem auf Diversität ausgerichteten Talent-Pooling ist zu bedenken, dass diese Typen von Initiativen ähnlich wie die

Präsenz auf Jobmessen viel anfänglichen Enthusiasmus erzeugen können, der dann häufig keine Fortsetzung findet. Das ist bedauerlich. Schließlich genügte es auch für das deutsche Nationalteam nicht, eine einzige Saison lang eine andere Rekrutierungspraxis zu verfolgen, um die internationalen Spitzenränge zu erobern. Gleiches gilt auch für Sie.

Wie auch immer die Parameter Ihrer Vielfaltsinitiativen aussehen, sollten Sie sie auf mehrere Jahre anlegen. Natürlich können Sie Anpassungen vornehmen, wenn es weitere Stellen zu besetzen gilt oder sich Ihre spezielle Branchensituation ändert – sprechen Sie darüber in Ihren regelmäßigen Talent-Pool-Review-Sessions. Aber hüten Sie sich vor den Mittelkürzungen, die so häufig zu beobachten sind. Was meine ich damit? Dass Unternehmen wie alles andere in der Welt die Tendenz haben, zum Durchschnitt zurückzukehren. Wenn Sie über dem Durchschnitt landen wollen, müssen Sie Dinge tun, die eine Ebene über dem liegen, was Ihre Konkurrenten tun, wenn es darum geht, Partnerschaften mit Frauenfachverbänden, Zielgruppen, Minderheitenorganisationen und Zuwanderer-Communitys zu pflegen. Nur dann werden Ihre Talent-Pools Ihnen jene Art von Wettbewerbsvorteil verschaffen, den nur ein authentischer Diversity-Ansatz erzeugen kann.

Nachdem wir uns jetzt die sieben wichtigsten externe Quellen von Talent-Pool-Mitgliedern angeschaut haben, ist es an der Zeit, unsere Aufmerksamkeit nach innen zu richten. Sogar während Sie Ihre externen Talent-Pools entwickeln, empfiehlt es sich, dass Sie erste große Schritte in Richtung der Entwicklung einer robusten und verlässlichen Gruppe interner Talent-Pools unternehmen.

Wie Sie interne Talent-Pools aufbauen

Der Aufbau interner Talent-Pools unterscheidet sich ein wenig vom Aufbau externer Talent-Pools, weil es hier keine allgemeingültige Methode gibt. Ich kann Ihnen keine Liste von Quellen geben, an der Sie sich in derselben Weise orientieren können wie bei den externen Talent-Pools, die sich aus bestimmten universell verfügbaren Talentinseln aufbauen lassen. In diesem Abschnitt werden Sie stattdessen **die wichtigsten Faktoren kennenlernen, die es beim Aufbau interner Talent-Pools zu berücksichtigen gilt, damit Sie Ihren Ansatz an die spezifischen Gegebenheiten Ihrer Organisationshierarchien, betrieblichen Anforderungen und bestehenden Initiativen der Mitarbeiterentwicklung anpassen können.**

Bevor wir weitergehen, wollen wir auf das größte Problem interner Talent-Pools zu sprechen kommen: Jede Person, die von einem internen Talent-Pool gezogen wird, hinterlässt selbst wieder eine unbesetzte Stelle, die gefüllt werden muss. Interne Kandidaten und interne Kandidaten-Pools werden deshalb mitunter zurückgestellt, wenn gestresste Personalabteilungen den Eindruck haben, interne Beförderungen lösen ein Problem lediglich durch Schaffung eines neuen.

Um ehrlich zu sein: Das ist ein sehr kurzsichtiges Verhalten – verständlich, aber kurzsichtig. Im von starkem Wettbewerb geprägten Talentumfeld von heute, wo ambitionierte und fähige Mitarbeiter Optionen ohne Ende haben, werden diejenigen von ihnen, die den Eindruck erhalten, es ginge mit ihnen nicht aufwärts oder sie würden bei Beförderungen übergangen, schon bald die Organisation verlassen, um sich einen Job zu suchen, bei dem sie den Eindruck haben, dass Wachstum möglich ist. Wenn Sie die freiwerdende Stelle aber ohnehin füllen müssen, ist es viel besser, den erwiesenermaßen fähigen Mitarbeiter zu halten, als ihn an die Konkurrenz zu verlieren.

In Wahrheit zahlen sich Ihre Bemühungen zur Entwicklung interner Talent-Pools sehr viel schneller aus als entsprechende externe Anstrengungen. Das ist nicht zuletzt dem Umstand zu verdanken, dass Ihre Personalabteilung bereits mit jedem einzelnen potenziellen Kandidaten in Kontakt steht und überdies über einen Schatz von Informationen über seine Fähigkeiten, Persönlichkeit und gegenwärtige Leistung »im Job« verfügt. Sie können eine interne Stelle besetzen, ohne einen Cent an Jobbörsen, soziale Medien oder Personalberatungen zu zahlen. Sie verschwenden keine Zeit mit der Sichtung von Lebensläufen oder wiederholten Interviewrunden. Noch dazu sind interne Kandidaten bereits mit Ihrem Unternehmen vertraut und haben ihren *Culture-Fit* mit der Organisation unter Beweis gestellt, so dass das Risiko, dass der horizontale Karriereschritt oder die Beförderung sich teamdynamisch negativ auswirkt, geringer ist als bei einem Neuzugang von außen.

Bei richtiger Handhabe bedeutet ein interner Talent-Pool, dass bei kritischen Vakanzen schon lange im Voraus über Ersatzlösungen entschieden wurde. Wenn die Zeit gekommen ist, kann dann der führende interne Kandidat binnen Stunden kontaktiert und ihm ein Angebot unterbreitet werden. Er ist im Allgemeinen vor Ort und verfügbar, um vom bisherigen Stelleninhaber eingeführt und betreut zu werden, was einen reibungslosen Übergang gewährleistet. Änderungen im Personalbestand – selbst wenn zentrale Rollen und leitende Positionen betroffen sind – sind so nicht länger Krisenereignisse und verursachen keine signifikanten Betriebsstörungen. Wie also kann sich Ihre Organisation in Richtung dieses Idealzustands bewegen, bei dem Ihre internen Talent-Pools so viele Ihrer Stellenbesetzungsbedarfe wie möglich abdecken können?

Erstens müssen Sie bei der Einrichtung Ihrer anfänglichen Pools entscheiden, für welche Rollen Sie sie benötigen. Wie bereits im vorangegangenen Kapitel erwähnt, könnten Sie sich beispielsweise für einen Pool für künftige Manager und einen anderen für Ihre diversen Spezialistenstellen entscheiden. Oder Sie wählen 10 bis 30 Ihrer wichtigsten Rollen oder Positionen aus, für die Sie sich einen ständigen Pool möglicher Nachfolgekandidaten wünschen, um für erwartete (oder befürchtete) Eventualfälle gewappnet zu sein.

Sobald Sie Ihre Entscheidung über Ihre wichtigsten Positionen getroffen haben, möchten Sie vielleicht auch einen Blick auf mögliche Lücken im Bereich der im Unternehmen vorhandenen Fähigkeiten und Erfahrungen (Skill-Gap) werfen. Hierfür benötigen Sie Pools, um sicherzustellen, dass diverse Mitarbeitergruppen Training für bestimmte Fach- oder Führungskompetenzen erhalten. Auch Systeme mit Job-Rotation können zielführend sein. Auch der Blick in die Zukunft ist wichtig. Welche Kompetenzen oder Fähigkeiten müssen Sie in Erwartung zukünftiger Erweiterungs- oder Wachstumsinitiativen schon jetzt ausbauen?

Versuchen Sie in Ihren Planungsteams und mit Ihren Mitarbeitern, Talent-Pools und Talententwicklung nicht länger nur unter dem Aspekt *up or out* (»Aufstieg oder Ausstieg«) zu denken. Horizontale Karriereschritte sind zulässig und wertvoll! Tatsächlich bleiben Mitarbeiter, denen die Möglichkeit geboten wird, sich durch horizontale Wechsel zu entwickeln, mit größerer Wahrscheinlichkeit im Unternehmen als jene, deren Karriereschritte ausschließlich nach oben führen.

Wenn Sie beginnen, Ihre Pools zu bestücken, können Sie eine Datenbank der Fähigkeiten, Bildungsabschlüsse, Lizenzen, Zertifikate und so weiter anlegen, die unter Ihren bestehenden Mitarbeitern vertreten sind. Je nach verwendeter Personalwesen-Software handelt es sich dabei um ein vorgesehenes Feature, das Sie lediglich auf die ursprünglich eingereichten Bewerbungen und die später erworbenen Qualifikationen anzuwenden brauchen.[39]

Reichern Sie diese Rohdaten mit Hinweisen zu Persönlichkeit und Leistung an. Schließlich sind die meisten Mitarbeiter sehr viel mehr, als sie auf dem Papier zu sein scheinen. Wie können Sie das Charisma eines Verkäufers oder die Fähigkeit eines Managers einfangen, schwierige Situationen stets auf wundersame Weise zu entschärfen? Welcher Einzelposten in einem Lebenslauf fängt den Humor, die positive Einstellung oder die unverbrüchliche

Loyalität eines Kandidaten zum Unternehmen ein? Diese Nebennotizen – die »farbigen Kommentare« – sind von entscheidender Bedeutung für den Aufbau eines robusten und nützlichen internen Talent-Pools.

Als Nächstes wird das Talentmanagementteam die Mitarbeiter noch genauer als Menschen kennenlernen wollen. Was sind ihre Hobbys, Interessen und Leidenschaften? Für welches Projekt oder Anliegen können sie sich begeistern? Wie gut harmoniert ihre gegenwärtige Tätigkeit mit ihren beruflichen und privaten Zielen? Unmittelbare Führungskräfte können ebenfalls bei der Beschaffung dieser Informationen helfen – es muss keineswegs alles auf den Schultern eines einzigen Vertreters der Personalabteilung ruhen. Spiele auf Teambildungsveranstaltungen, Mitarbeiterportraits im Unternehmens-Newsletter und Firmenpartys können ebenfalls als Quelle dienen, um zum Beispiel in Erfahrung zu bringen, ob ein individuell Beitragender Lust auf Führungsverantwortung hat oder alles andere lieber täte, als ein Team zu leiten. Vielleicht hat ein Mitarbeiter in Vorbereitung auf einen möglichen Umzug nach Finnland Sprachkurse besucht, während ein anderer sich gerade erst ein großes Haus mit Garten in der Nähe der Firmenzentrale zugelegt hat und froh ist, seine Heimat gefunden zu haben. Solche Informationen tauchen nur selten in formellen Lebensläufen auf, helfen aber sicherlich, ein runderes Bild von den einzelnen Mitarbeitern zu zeichnen, um festzustellen, in welche internen Pools sie am besten passen.

Ein Hinweis zu internen Talentempfehlungen ...

Ein Problem taucht immer wieder auf, und das betrifft die Schwierigkeit, interne Empfehlungen zu erhalten. In fast allen Unternehmen werden die Führungskräfte angehalten, nach Top-Talenten in ihren eigenen Abteilungen Ausschau zu halten und sie für offene oder neu zu schaffende Positionen oder sogar für die Berücksichtigung in Entwicklungs-Pools vorzuschlagen. Viele Führungskräfte sehen diese Aufforderung jedoch mit gemischten Gefühlen. Wenn sie solche Empfehlungen abgeben, riskieren sie, ihre besten Leute »nach oben« zu verlieren, mit möglichen negativen Folgen für die Ergebnisse ihrer eigenen Geschäftseinheit, solange kein passender Ersatz für die frei gewordene Stelle gefunden ist.

Es gibt zwei Möglichkeiten, wie Sie mit Situationen dieser Art im Kontext der Schaffung von Talent-Pools umgehen können …

Erstens sollten Sie im Rahmen Ihrer Suche nach geeigneten Kandidaten für die internen Talent-Pools nach dem Motto »Vertrauen ist gut, Kontrolle ist besser« verfahren: Holen Sie eine zweite Meinung zu den Ambitionen der direkten Mitarbeiter (ihrem Wunsch nach Beförderung oder Entwicklung) und ihrer Leistung im Job ein, so dass das Widerstreben der Führungskraft, sich von ihren besten Kräften zu trennen, nicht dazu führt, dass diese Mitarbeiter ungebührlich übergangen werden.

Überzeugen Sie zweitens die Führungskraft vom Sinn der Talent-Pools. Wenn Ihr Unternehmen über Talent-Pools mit qualifizierten Kandidaten für jede Position verfügt, braucht die Vermittlung eines Mitarbeiters an eine andere Stelle nicht zu einem Leistungsabfall in seiner bisherigen Einheit oder zu einem Nachteil für irgendeinen Abteilungsleiter zu führen. Die Führungskraft, die ihren gegenwärtigen Mitarbeiter weiterziehen lässt, kann dann selbst auf den Talent-Pool zugreifen, um ihre Reihen unverzüglich wieder zu schließen. Und wenn dieses Pool-zu-Pipeline-System erst einmal steht, können diejenigen, die eine Position freimachen, zugleich als Mentoren und Anleiter für ihre Nachfolger dienen, so dass alle Übergänge so reibungslos wie möglich verlaufen.

Im Übrigen rate ich, Ihre internen Evaluationen und Persönlichkeitsprofile durch wissenschaftlich basierte Bewertungen der wichtigsten Fähigkeiten und vorherrschenden Eigenschaften Ihrer Mitarbeiter zu ergänzen. Wir werden im nächsten Abschnitt des Buches, in dem es um hochwertige Methoden der Kandidatenauswahl geht, näher darauf eingehen, welche Art von Bewertungen sich hierfür eignen und was Sie aus ihnen lernen können. Hier, wo wir uns mit dem Rahmenkonzept des Aufbaus eines internen Talent-Pools beschäftigen, genügt es zu wissen, dass objektive Evaluationen von Eigenschaften, Fähigkeiten und Potenzialen Ihnen helfen werden zu erkennen, bis wohin es jeder einzelne Mitarbeiter in Ihrem Unternehmen im optimalen Fall noch bringen kann.

Während Sie sich ein klares Bild vom Potenzial in Ihrem bestehenden Mitarbeiterstamm machen, sollten Sie auch sicherstellen, dass Sie dieselben Assessment-Verfahren auf Ihre Neuzugänge anwenden. Der Aufbau interner Talent-Pools kann in der Tat bereits mit dem allerersten Interview beginnen, das Sie mit einem potenziellen externen Kandidaten führen.

So könnten Sie beispielsweise Ihre Bewerber nicht nur danach fragen, was sie in der Rolle, für die sie sich konkret bewerben, zum Unternehmen beisteuern wollen, sondern auch nach den Chancen, auf die sie längerfristig spekulieren. Wie jeder Personalexperte Ihnen bestätigen wird, denken die ambitioniertesten modernen Jobinteressenten weit über den konkreten Job hinaus – sie überlegen sich, ob das Unternehmen zu ihren persönlichen Plänen für ihre berufliche und private Zukunft passt. Viele können artikulieren, wo sie sich in fünf, zehn oder sogar zwanzig Jahren sehen, nachdem sie diesen ersten Job in Ihrem Unternehmen angetreten haben. Während das bisweilen eine große Zukunftsvision sein kann, ist es ohne Zweifel hilfreich, wenn Sie zwischen Kandidaten unterscheiden, die nach dem richtigen Job »für jetzt« suchen, und solchen, die sich eine längere Karriereentwicklung innerhalb Ihres Unternehmens vorstellen können.

Im Übrigen sollten Sie Neuzugänge einer formellen Bewertung (Assessment) von Eigenschaften und Fähigkeiten unterziehen. Solche Bewertungen lassen sich leichter im Rahmen eines Einstellungsprozesses durchführen als bei bestehenden Mitarbeitern. Und ebenso wie im Fall bestehender Mitarbeiter können diese Bewertungen Ihnen helfen, klarer zu erkennen, welche Talent-Pools für eine bestimmte Person am besten geeignet wären.

Die Zuordnung Ihrer Neuzugänge und Ihrer bestehenden Mitarbeiter zu internen Pools verschafft Ihnen eine Möglichkeit, die externe Talent-Pools nicht bieten: Sie können die menschlichen und fachlichen Fähigkeiten (*Soft Skills* und *Hard Skills*) der Mitglieder dieser Pools strategisch und zielgerichtet pflegen und verbessern.

Manchmal betreffen diese Verbesserungsmöglichkeiten sämtliche Mitglieder eines Pools. Diejenigen beispielsweise, die als potenzielle Kandidaten für die Leitung eines Verkaufsteams identifiziert wurden, können gemeinsam ein Training im Lösen von Konflikten mit Kunden erhalten. Techniker könnten als Gruppe ein Softwarezertifizierungsprogramm besuchen, um sicherzustellen, dass ihre Fähigkeiten nicht stagnieren.

In anderen Fällen müssen die Mitglieder des Pools möglicherweise einzeln gepflegt werden. Wenn schwache Fähigkeiten im Präsentieren der einzige Grund sind, einen talentierten technischen Teamleiter nicht zum Regionalleiter zu machen, kann er in einen entsprechenden Kurs geschickt und/oder individuell gecoacht werden. Internationale Entsendungen oder abteilungsübergreifende Rotationen können dazu dienen, Mitarbeiter mit hohem Potenzial breitere Erfahrungen innerhalb der Organisation sammeln und unterschiedliche Führungskräfte einen bewertenden Blick auf sie werfen zu lassen.

Welche Entwicklungspläne Sie auch immer mit Ihren Talent-Pools verbinden, Sie sollten sie so umsetzen, wie es angesichts

Ihrer eigenen Organisationskultur für sinnvoll erscheint. In manchen Unternehmen werden interne Beförderungen gefeiert und erwartet. In anderen werden sie als »besonders« interpretiert. Gleich ob in der einen oder anderen Kultur: Ein robustes und systematisches Talent-Pooling- und Talententwicklungssystem kann in beiden Umgebungen funktionieren und befreit häufig von der Unsicherheit und der übersteigerten Konkurrenz um offene Stellen.

Von Talent-Pools zu funktionalen Pipelines

Nachdem Sie jetzt die elementaren Prinzipien kennengelernt haben, wie Sie Talent-Pools aufbauen und füllen, ist die Zeit für den nächsten Schritt gekommen. Pools allein lösen nicht in jedem Fall Ihre Personalengpässe oder Qualifizierungslücken. Sie müssen vielmehr in der Lage sein, Ihre Pools in funktionierende Pipelines hochqualifizierter Talente zu übersetzen. Im nächsten Kapitel werden Sie erfahren, wie das geht.

3 Wie Sie Talent-Pools in Talent-Pipelines verwandeln

Talent-Pools gehören zu den besten Tools, um einen Vorsprung vor der Konkurrenz zu gewinnen und im wettbewerbsgeprägten Umfeld von heute wichtige Talente an Land zu ziehen. Bislang haben Sie erfahren, was Talent-Pools sind, wie Sie mit ihrer Hilfe der Rekrutierungsfalle des »Postens und Betens« entkommen und was Sie tun können, um Ihre eigenen internen und externen Talent-Pools mit qualifizierten Kandidaten zu füllen. Jetzt ist Zeit für den nächsten Schritt – die Verwandlung Ihrer Talent-Pools in Talent-Pipelines.

Das ist der Punkt, an dem sich die wahre Magie vollzieht.

Talent-Pipelines sind die Mechanismen, durch die aus den Mitgliedern Ihrer Talent-Pools Mitglieder Ihres Teams werden. So haben Sie nicht nur Namen auf einer Liste, sondern qualifizierte Kandidaten, die rasch in unternehmenskritische Rollen schlüpfen können, die geplant oder unerwartet frei geworden sind. Auf diese Weise verwandeln Sie die Zeit und Energie, die Sie in den Aufbau Ihrer Talent-Pools investiert haben, in sichtbare reale Ergebnisse, die jeder sehen kann.

Und wie sieht das in der Praxis aus?

Auf den nächsten Seiten werden Sie erfahren, wie Sie bedeutsame Beziehungen zu den Mitgliedern Ihrer internen und externen Talent-Pools pflegen und entwickeln, selbst wenn Ihre Talentgemeinde Tausende von Mitgliedern zählt. Sie werden sehen, wie Sie das Interesse qualifizierter Kandidaten über Wochen, Monate oder, wenn erforderlich, sogar über Jahre aufrechterhalten können. Sie werden entdecken, was nötig ist, um als Arbeitgeber erster Wahl im Bewusstsein der Kandidaten zu bleiben. Vor allem aber werden Sie verstehen, wie Sie gewährleisten, dass Sie, sobald es an der Zeit ist, ein Mitglied Ihres Talent-Pools für eine offene Stelle zu gewinnen, eine begeisterte positive Antwort erhalten.

Weil Artisten, Sportler und Unterhaltungskünstler auf die längste Erfahrung in diesem Bereich zurückblicken und über die besten Methoden – angewandt auf die vielfältigsten Kandidatengruppen – verfügen, werden wir wie schon zuvor unsere Beispiele aus ihrer Welt wählen. Das sind Orte, wo es Jahre – oder sogar Jahrzehnte – dauern kann, bis sich eine angehende Spitzenkraft ihren Platz auf dem Rasen, auf der Bühne oder auf der Leinwand verdient hat. Für Top-Talente wäre es ein Leichtes, zwischen Ensembles und Mannschaften hin- und herzuwechseln. Aber viele entscheiden sich dennoch, einer Organisation eisern die Treue zu halten und jede Gelegenheit zu nutzen, um im Bestreben, eine offene Stelle füllen zu können, eine bestehende Beziehung weiter zu vertiefen.

Nehmen wir als Beispiel den Cirque du Soleil. Dessen Talent-Pool umfasste zeitweise bis zu 20 000 Artisten und Techniker aus aller Welt. Nicht jeder von ihnen wird jemals einen Vertrag ergattern, aber dennoch bitten selbst hochkarätige Kandidaten (wie ehemalige Olympiamedaillengewinner und weltberühmte Techniker) um Aufnahme in die Liste.[1] Ein Artist bewarb sich sieben Jahre hintereinander, um nur die Chance auf Aufnahme in The Golden Rolodex (goldene Talentkartei) zu erhalten, und als er später tatsächlich einen Vertrag angeboten bekam, zögerte er keine Sekunde und nannte es einen wahr gewordenen Traum.[2]

Eine der Stärken des Zirkus bei der Rekrutierung von Talenten ist sein Ruf, schlicht der beste von allen zu sein. Erst das erlaubt es ihm, sich bei den Kandidaten als »wahr gewordener Traum« zu positionieren. Glücklicherweise erlauben es die Methoden und Taktiken, die wir Ihnen auf den folgenden Seiten vorstellen werden, sich Ihren wichtigsten Kandidaten und Pool-Mitgliedern in ähnlicher Weise zu präsentieren. Unabhängig von Ihrer Nische, Größe oder geografischen Lage in der Welt haben Sie die Möglichkeit, sich den Mitgliedern Ihres Talent-Pools als »beste Chance von allen« vorzustellen.

Bereit, es zu versuchen? Fangen wir an ...

Sich beim Pipelining die Kompetenz des personalisierten Marketings zunutze machen und Zeit sparen

Ein Bereich, in welchem Talent-Pooling und Pipelining wirklich ein anderes Gefühl für Kandidaten schaffen, ist das Marketing. Ja, das Marketing!

Seit vielen Jahren investieren Unternehmen massiv in Massenmarketinginitiativen. Diesen haften eine gewisse Immergleichheit und Künstlichkeit an, wie Ihnen sicherlich bereits aufgefallen ist. Strahlende, gut gekleidete Schauspieler stehen hinter einer ebenso strahlenden Führungskraft, die uns einredet: »Deine Zukunft erwartet dich bei uns.« Übertriebene Videos, in denen abwechselnd der CEO im Maßanzug und Luftaufnahmen von glänzenden Bürotürmen oder modernsten Fabrikanlagen zu sehen sind. Niemand nimmt diese Werbeclips ernst und die meisten von uns haben gelernt, sie schnellstens wegzuklicken, wenn sie uns in den sozialen Medien über den Weg laufen.

Die Menschen sind heute hungrig nach authentischen Verbindungen. Sie wollen das »wahre Ich« der Unternehmen erleben und die Kultur und die Chancen, die sie bieten, verstehen. Ein gelecktes Massenmarketing kann diese authentische Art des Kontakts nicht bieten und auch keine 1-zu-1-Beziehungen schaffen. Talent-Pooling und Talent-Pipelining hingegen können das.

Im Rahmen des Konzepts von Talent-Pooling und -Pipelining ist personalisiertes Marketing eine Möglichkeit, eine direkte Verbindung zu den Kandidaten aufzubauen, die Ihren Bedürfnissen am besten gerecht werden und die größte Übereinstimmung mit Ihren Werten aufweisen. Wie bei jeder anderen zielgerichteten Marketingaktivität sollte der die Talentkampagne leitende Beziehungsexperte (Talent-Manager) die Zielgruppe definieren (d. h. die gegenwärtig in der Schweiz lebenden Ingenieurinnen, die vor Kurzem ein Zertifikat erworben haben) und eine Multichannel-Kampagne aufbauen, um deren Aufmerksamkeit zu wecken. Das könnten zielgerichtete digitale Anzeigen, Interviews oder Auftritte von wichtigen Influencern in Radio, Fernsehen und Podcasts oder strategisches Event-Sponsoring und Event-Auftritte sein.

Auch wenn es möglicherweise nach mehr Arbeit aussieht und potenziell teurer ist als eine an den Massenmarkt gerichtete Anzeigenkampagne nach dem *Spray-and-pray*-Prinzip, ist die Zielgruppenausbeute in Wahrheit sehr viel größer. Und was wird Ihr Unternehmen wohl vorziehen – eine große Zahl von Bewerbern oder Bewerber von sehr hoher Qualität?

»Mit der Rekrutierung von Talenten ist es nicht anders als mit jeder anderen Herausforderung, vor der Start-ups stehen: Alles dreht sich ums Verkaufen.«[3]

Vivek Wadhwa, Autor und Unternehmer[4]

Können Sie sich die Reaktion eines talentierten Fußballers auf einen Talentscout vorstellen, der ihn anspricht und sagt: »Kommen Sie, spielen Sie für uns, wir sind die Besten und Sie sollten sich glücklich schätzen, dass ich Sie überhaupt frage«? Wie arrogant – fast grob! Man darf bezweifeln, dass dieser Scout damit Erfolg haben wird.

Der Scout, der erfolgreich sein will, muss stattdessen einen personalisierten Verkaufsansatz wählen und dabei insbesondere auf die Vorteile und Chancen verweisen, die das Team bietet. Er könnte beispielsweise sagen: »Sie sind ein sehr talentierter Spieler. Ich habe Sie aufmerksam beobachtet und bin beeindruckt, zu was Sie auf dem Rasen fähig sind. Es ist unglaublich. Ich weiß, dass Sie viele Optionen haben, aber ich möchte Ihnen den Vorschlag machen, zu uns zu kommen. Wir haben gegenwärtig den weltbesten Trainer unter Vertrag und Sie könnten unmittelbar mit ihm arbeiten – ich garantiere Ihnen bis zu 5 Stunden Einzeltraining in der Woche. Wir bieten exzellente Unterkunft in Stadionnähe und Sie bekommen Ihre Privatsuite kostenlos, solange Sie Teil unseres Teams sind. Unsere Ärzte und Reha-Teams sind Spitze; sollten Sie sich also – Gott bewahre – jemals verletzen, helfen wir Ihnen, schneller wieder auf den Rasen zurückzukehren. Und, was Sie vielleicht nicht wissen, unser Top-Spieler XY wird sich in den nächsten zwei Jahren zurückziehen, so dass große Chancen bestehen, dass Sie, wenn Sie zu uns kommen, schnell zu einem Star aufsteigen. Was sagen Sie? Oh, und lassen Sie mich Ihnen meine persönliche Mobilnummer geben. So können Sie mich jederzeit direkt erreichen.«

Dieses Angebot klingt anders, es fühlt sich anders an. Die Wahrscheinlichkeit, dass es auf offene Ohren trifft, ist sehr viel größer. Alles muss sich jetzt um die Chance, das Potenzial, die Möglichkeiten drehen …

Wenn Ihnen der Gedanke an aggressive Verkaufstaktiken missfällt, können Sie sich das so vorstellen, als ob Sie für einen Kandidaten eine einzige Frage auf hundert verschiedene Weisen beantworten. Die Frage: WIDFM?

WIDFM oder »Was Ist Drin Für Mich?« verlangt von Ihnen, dass Sie sich in den Kandidaten hineinversetzen und sich überlegen, was er wirklich will. Und das auf der Basis dessen, was Sie über seine Fähigkeiten, Interessen, Lebenssituation und Ambitionen wissen. Die umgekehrte Frage – was das Unternehmen vom Kandidaten bekommt – lässt sich relativ einfach beantworten. Aber was bekommt der Kandidat? Warum sollte er die Chance, für Sie zu arbeiten, höher bewerten als andere Angebote? Wenn Sie auf diese Frage zumindest eine gut artikulierte Antwort haben, sind Sie vielen Unternehmen voraus. Eine Handvoll Antworten? Noch besser. Bis Sie ein Dutzend oder mehr gute Antworten auf die »WIDFM?«-Frage für Ihre Talent-Pools und Ihre heißen Kandidaten haben, wird sich Ihr Gesprächsansatz verändert haben und es wird für jeden Kandidaten so gut wie unmöglich sein, Ihr Angebot abzulehnen.

Wie Sie aus Ihren externen Pools funktionierende Talent-Pipelines machen

Die Wahrheit über externe Pools lautet: Annähernd so schwierig wie die Talente zu ihrer Befüllung zu finden ist es, das Interesse der Talente für die volle Dauer ihrer Reise vom potenziellen Kandidaten zum eingestellten Mitarbeiter wach zu halten.

Zum Glück ist die Aufgabe nicht unmöglich. Sie erfordert lediglich einen bewussten Ansatz und konsequentes Handeln. Schließlich handelt es sich bei vielen dieser Kandidaten um das, was wir schon häufiger als »passive« Kandidaten bezeichnet haben: Sie sind gegenwärtig mit anderer Arbeit beschäftigt und nicht notwendigerweise aktiv auf der Suche nach einem Jobwechsel oder einer neuen Chance. Sobald Sie sie als wünschenswerte Mitglieder Ihres Talent-Pools identifiziert haben, müssen Sie die Beziehung zumindest so warmhalten, dass die

Kandidaten auf Ihren Telefonanruf reagieren und sich Ihr Angebot anhören, wenn es eine freie Stelle zu besetzen gilt.

Ein erster Schritt ist, für jedes Mitglied Ihrer externen Talent-Pools ein ausführliches Dossier anzulegen. Vielleicht haben Sie bereits eine Akte für den Kandidaten, in der steht, was ihn ursprünglich für die Berücksichtigung in Ihrem Talent-Pool qualifizierte. Jetzt aber müssen wir dazu kommen, dass er nicht nur im Pool schwimmt, sondern bei Ihnen zur Tür hereinspaziert, und dazu müssen wir mehr über ihn in Erfahrung bringen.

Ich höre Sie einwenden: Das erfordert Zeit und Ressourcen. Wie können wir das schaffen, wenn wir ohnehin schon so beschäftigt sind?

Und wieder verweise ich Sie auf die Welt des Sports, der Artisten und der Unterhaltung. Können Sie sich einen Fußballtrainer vorstellen, der ernsthaft daran interessiert ist, ein Erfolgsteam zusammenzustellen, sich aber darüber beklagt, dass er sich das Spiel von Hunderten, wenn nicht gar Tausenden potenzieller Spieler anschauen muss? Schlägt die Besetzungschefin eines größeren Filmstudios entsetzt die Hände über dem Kopf zusammen, nur weil sie sich die Bewerbungsfotos von 10 000 Rollenaspiranten anschauen muss, nur um für einen anspruchsvollen Produzenten das perfekte »frische Gesicht« zu finden? Versteckt sich ein Choreograf am Broadway vor den täglichen Probespielen unterm Tisch oder marschiert er ins Rampenlicht und ruft »Noch einmal«?

Okay, an manchen Tagen sind wir alle nur Menschen. Aber Sie verstehen, was ich sagen will: Das ist ein ernstes Geschäft für alle, die gewillt sind, alles zu tun, um Ergebnisse zu erreichen. Und auch Sie würden dieses Buch nicht lesen, wenn Sie nicht daran interessiert wären, sich und Ihre Erfahrungen mit Talenten zu verbessern. Der Prozess, den ich Ihnen zeigen werde, funktioniert ... wenn Sie ihn nutzen.

Heutzutage gibt es übrigens viele digitale Tools, mit denen Sie Ihre laufenden Erkundigungen zu den Mitgliedern Ihres externen Pools zentralisieren und automatisieren können. Sie können beispielsweise Alerts einrichten, um das Internet nach Pressemitteilungen, Geschäftsabschlüssen und Vertragsberichten von Star-Executives oder Geschäftsteams zu durchforsten. Mit Hilfe von Kontakt-Management-Systemen können Sie detaillierte Interaktionsprotokolle anlegen und zu jedem Kandidaten persönliche Notizen hinterlegen, wie Sie es für Kaufinteressenten machen würden.[5]

Das erfordert laufenden Einsatz, ist aber nicht unmöglich und lohnt sich. Die Details, die Sie so entdecken, liefern Ihnen Erkenntnisse zur Persönlichkeit und verschaffen Ihnen einen Wettbewerbsvorsprung, wenn Sie versuchen, Talente zum Wechsel zu überreden.

Nehmen Sie den Fall des American-Football-Quarterback Tom Brady. Er spielte zwei Jahrzehnte lang für die New England Patriots, brach einen Liga-Rekord nach dem anderen und gewann diverse Super Bowls. Sein Name wurde zum Synonym für die »Pats« und er war so etwas wie das Gesicht des Teams.[6]

Im Sommer 2020 lockte ihn dann eine sehr viel weniger prominente Mannschaft, die Tampa Bay Buccaneers, zu sich. In seinem ersten Jahr dort holte er mit der Mannschaft den Super Bowl, während seine ehemalige Mannschaft es nicht einmal in die Hauptrunde schaffte.[7]

Was war passiert? Wie schaffte es eine unbedeutende kleine Mannschaft in Florida, die bis dahin nur 38 Prozent ihrer Spiele hatte gewinnen können,[8] sich an die Spitze der Liga mit all ihren Talenten zu setzen?

Es waren die Details. Tom Brady hatte schon seit Längerem erklärt, dass er bis zum Alter von 45 Jahren Football zu spielen beabsichtigte. Doch die New England Patriots nahmen dieses Ziel nicht besonders ernst, denn es hätte ihn zum ältesten aktiven Quarterback aller Zeiten gemacht (die meisten Spieler hören irgendwann in den Dreißigern auf).[9] Es wurde erzählt, dass man ihn als »über seine Zeit« behandelte und seine Vorschläge für eine Verbesserung der Spieltaktik ignorierte.[10] Das Wetter in den Wintermonaten der Saison ist notorisch wechselhaft und häufig höchst widrig, was bedeutet, dass die Spieler in Regen, Schnee und Schneematsch spielen müssen. Brady hasste das.[11] Noch dazu ist seine Frau, das Supermodel Gisele Bündchen, geborene Brasilianerin und wünschte sich, näher an ihrem Heimatland zu leben, wo sie eine Umwelt- und Gesellschaftsaktivistin ist.

Das Tampa Bay Team war mehr als bereit, Brady so lange spielen zu lassen, wie er wollte. Es räumte ihm die letzte Entscheidung über die Teamzusammensetzung und die Angriffstaktik ein. Die in einem Seestädtchen im warmen, sonnigen Süden Floridas beheimatete Mannschaft bot Brady zudem ein angenehmes Spielumfeld, ein Zuhause, das sehr viel näher zum Heimatland seiner Frau gelegen war, und ein weniger sportzentriertes gesellschaftliches Umfeld, das entscheidend zu seinem persönlichen Wohlbefinden beitrug, wie er selbst sagte.[12]

War viel Geld im Spiel? Ja, natürlich. Aber als einer der reichsten Football-Spieler ging Bradys Motivation weit übers Geld hinaus. Er wünschte sich eine Situation, die besser zu dem passte, was er sich von seinem Beruf und seinem Leben erwartete.

Ihr Unternehmen hat dasselbe Potenzial, herausragendes Talent an Land zu ziehen, wenn Sie bereit sind, sich ein genaueres Bild von den Menschen in Ihrem externen Talent-Pool zu machen. Betreiben Sie also Forschung. Sie wissen nie, wann ein kleines Detail – Florida hat mehr Direktflüge in das Heimatland seiner Frau als New England! – auf einmal ausschlaggebend ist.

Was sollten Sie noch tun, um Ihren externen Pool in eine Pipeline zu verwandeln?

1. Richten Sie ein Dialogsystem ein

Viele Unternehmen haben einen Newsletter, den sie an die gesammelten Namen regelmäßig verschicken. Das ist ein guter Schritt, der allein aber noch keinen Dialog ermöglicht. Sie benötigen vielmehr eine Plattform oder einen Kanal, über den Sie ein Gespräch in zwei Richtungen führen können.

Dazu müssen Sie sicherstellen, dass diese Kommunikation vertraulich und sicher vonstattengeht. Mittels einer Talent-Relationship-Management(TRM)-Plattform (ähnlich einer Customer-Relationship-Management(CRM)-Plattform) können Sie sicherstellen, dass Sie unmittelbar mit Ihren wichtigsten Kandidaten sprechen und dass sie nicht auf einer öffentlichen Liste stehen, die jeder einsehen kann. Schließlich soll es IHR »goldenes Adressverzeichnis« sein und da zahlt sich Exklusivität aus.

Veranstalten Sie Lunch-&-Learn- oder Happy-Hour-Sitzungen mit branchenrelevanten Präsentationen und Zeit für entspanntes Networking? Auch das kann helfen. Selbst automatisierte regelmäßige E-Mails an interessante Kandidaten zur möglichen Buchung von »lockeren *Catch-Up*-Sitzungen« mit einem Rekrutierungs-Manager kann die Nadel zu Ihren Gunsten ausschlagen lassen. Das ultimative Ziel ist es, potenziellen Kandidaten das Gefühl zu vermitteln, dass Ihr Unternehmen für sie stets offensteht und dass es eine echte Verbindung gibt und auch weiterhin bestehen wird.

Welche Vorteile bringt das für Sie? Einer meiner Klienten aus der Autoindustrie hatte, bevor er zu mir kam, 18 Monate lang eine unbesetzte Stelle im Bereich der Großkundenbetreuung. Die Folgen waren dramatisch für ihn und er schwor sich, es nie wieder so weit kommen zu lassen. Als er sich an uns wandte, tat er es mit dem Wunsch, einen Talent-Pool einzurichten, der alle potenziell qualifizierten Kandidaten in Deutschland umfasste. Das waren 214 Personen und der Kunde holte sich dann auf unseren Rat hin die Erlaubnis, in Erwartung der nächsten Vakanz mit ihnen allen in Kontakt zu bleiben. Nach einigen Monaten galt es dann wirklich eine Stelle neu zu besetzen, aber anstatt 18 Monate und viel Geld aufwenden zu müssen, um die Rolle zu füllen, war das Unternehmen in der Lage, unmittelbar aus seinem eigenen Pool zu schöpfen und einen qualifizierten und interessierten Kandidaten binnen eines Monats auf die Stelle zu setzen.

2. Schaffen Sie exklusive Events und Kontaktanbahnungsmöglichkeiten[13]

Talentierte Mitarbeiter legen viel Wert darauf, dass sie von ihren Arbeitgebern – und von ihren zukünftigen Arbeitgebern – gesehen und wertgeschätzt werden. Selbst wenn Sie gegenwärtig keine offenen Stellen anzubieten haben, können Sie Ihr weiter bestehendes Interesse an einer Gruppe talentierter Kandidaten bekunden, indem Sie spezielle Events oder Kontaktanbahnungsgelegenheiten für sie veranstalten.

Wie kann das in der realen Welt aussehen? Im Fußball erhält gelegentlich eine Gruppe talentierter junger Spieler eine Führung hinter die Stadionkulissen oder durch eine Trainingsakademie, wo sie die Chance haben, Starspielern zu begegnen.[14] Googles »Code Next«-Initiative bringt gegenwärtige Google-Mitarbeiter in traditionell unterrepräsentierte Nachbarschaften, um dort mit vielversprechenden Highschool-Schülern in Kontakt zu kommen und sie in den neuesten Programmiertechniken zu unterrichten.[15] Immer wenn die Kandidatinnen der Show *Legally Blonde: The Musical – The Search For Elle Woods* eine Runde gewannen, gehörte zu ihrer Belohnung eine persönliche Begegnung mit wichtigen Vertretern der Broadway-Branche,[16] was wir branchenübergreifend übersetzen könnten in eine Einladung zum Abendessen mit einer höheren Führungskraft oder einem namhaften Vordenker.

Weniger formell könnten Sie erwägen, bestimmten Führungskräften oder Rekrutierungs-Managern größere oder offiziellere »Spesen-Budgets« zu geben, damit sie Zeit mit Top-Talenten aus

Ihrem Bereich verbringen können. Geben Sie Anreize für solche Kontakte, indem Sie sie in Jahresperformancepläne integrieren. Bitten Sie beispielsweise Ihre Regionalleiter, einen Termin pro Monat einem aufstrebenden Kandidaten als Coach zu widmen oder sich als Gruppencoach für Universitätsstudenten im Rahmen zielgerichteter kompetenzbildender Programme oder von Gründerzentren zur Verfügung zu stellen. Jeder Kontakt kann die Sichtbarkeit Ihres Unternehmens im gesellschaftlichen Gesamtumfeld stärken, ganz zu schweigen von dem, was er den Personen gibt, die unmittelbar von der zusätzlichen Aufmerksamkeit profitieren, und diese Schritte bilden einen weiteren wertvollen Pfeiler für die Brücke zwischen Ihrem Pool und Ihrer Pipeline.

Sie dienen außerdem dazu, Sorgen und Ungewissheit bezüglich unbesetzter Stellen im Unternehmen zu reduzieren. Ich erwähnte bereits den Klienten, der sich jedes Jahr mit den Top-Kandidaten für seine 13 Geschäftsführerposten zum Essen trifft. Wenn – nicht falls – diese Posten dann frei werden, braucht er nicht mehr zu befürchten, dass sie lange Zeit unbesetzt bleiben. Er ist sich sicher, dass er das benötigte Talent zur Hand hat, weil er regelmäßig mit den Kandidaten spricht. Er hat einen gesunden Schlaf – wie übrigens auch seine Essenspartner. Sie wissen genauso gut wie er, dass auf sie eine zukünftige Stelle wartet.

3. Seien Sie auf Branchenveranstaltungen präsent

In vielen Branchen gibt es einen jährlichen Reigen von Events, an denen jeder, der etwas auf sich hält, selbstverständlich teilnimmt: Konferenzen, Messen, bestimmte Festivals … Aber was erzähle ich Ihnen … wahrscheinlich können Sie den Jahreskalender im Schlaf herunterbeten.

Auch wenn es auf diesen Veranstaltungen gedrängt zugehen mag – für Ihr Unternehmen ist es wichtig, dort präsent und sichtbar zu sein. Das heißt nicht, dass Sie unbedingt hohe Sponsoringgelder zahlen oder versuchen müssten, einen Unternehmenssprecher auf

3 Wie Sie Talent-Pools in Talent-Pipelines verwandeln

jeder Bühne zu platzieren. Der Fokus liegt bekanntlich auf dem 1-zu-1-Marketing und der Notwendigkeit, einen Dialog zu ermöglichen, anstatt lediglich Einwegkommunikation zu betreiben. Dennoch lässt sich nicht leugnen: Präsenz und Erreichbarkeit als Teil »der Szene« Ihrer Branche wird Ihnen helfen, jene Art von Feierabend- und Spontangesprächen zu führen, die ein guter Einstieg sein können, um Mitglieder Ihres Talent-Pools rasch in Ihre Organisation zu bringen.

Das American Writers & Artists Institute (AWAI) beispielsweise richtet jedes Jahr in Florida eine Konferenz aus, an der rund 600 Werbetexter aus aller Welt teilnehmen. Im Wissen darum, dass all diese Talente hier zur selben Zeit am selben Ort versammelt sein würden, beschloss ein Medizinverlag, im Zusammenhang mit der Veranstaltung eine exklusive Dinnerparty zu geben.

Der Verlag versuchte, den Sprung vom reinen E-Commerce zur Präsenz im stationären Einzelhandel zu schaffen. Er wusste, dass der Schritt ihm einige Millionen US-Dollar an zusätzlichem Umsatz einbringen konnte, vorausgesetzt, es mangelte ihm nicht an talentierten Werbetextern. Gemeinsam mit einem Talentberater ging er also die Liste der Konferenzbesucher durch und wählte rund zwanzig von ihnen aus, um sie zu seiner Veranstaltung einzuladen.

Obwohl die Texter leise eingeladen worden waren, sprachen sie darüber. In den Tagen bis zur Dinnerparty förderte der Branchenklatsch einige weitere interessierte und qualifizierte Kandidaten zutage. Während des Events flossen mehr als 20 000 US-Dollar in die Verwöhnung der Texter mit einem ketogenen Mahl, exquisiten biologischen Weinen und einem Nachtisch aus sortenreinem Kakao. Während der Mahlzeit wurde den Textern ein Überblick über die zu vergebenden Stellen, die typischen Projekte und die Unternehmenskultur geboten. Alle wurden eingeladen, Testprojekte einzureichen, und zwei wurden schließlich übernommen. Nicht nur wurde aus Natural Health Sherpa wie gewünscht ein Millionengeschäft, sondern die »Sage« von der Rekrutierungsveranstaltung sorgte dafür, dass das Unternehmen auf Jahre hinaus unter seinen Zielkandidaten den Ruf einer Premiumchance genoss.

4. Pflegen Sie aktiv Ihre Social-Media-Präsenz

Das ist in Wahrheit die risikoärmste Möglichkeit, Gespräche in Gang zu bringen und am Laufen zu halten. Wählen Sie einige wenige zentrale Kanäle und Plattformen – was Ihre beste Wahl ist, wird von Ihrer Branche und geografischen Lage abhängen – und verwenden Sie diese Orte als Möglichkeit, um Gespräche mit den Talenten in Ihrem Pool zu fördern, damit Ihre potenziellen Kandidaten in Ihrem Unternehmen weiterhin eine aktive und machbare Wahl für sich sehen.[17]

Wenn schon nichts anderes, so bieten zumindest diese Online-Fußstapfen einen Ort, an dem Sie locker an Sie gebundene Kandidaten einladen können, Ihrem Unternehmen zu folgen und mehr über die Chancen im weitesten Sinne zu erfahren. Kandidaten, die sich im Gespräch hervortun oder in anderer Form wertvolle Beiträge liefern, können leicht für eine direktere Beziehung vorgemerkt werden. Und Sie haben die zusätzliche Möglichkeit zu sehen, wie Talent-Pool-Kandidaten sich selbst online präsentieren – etwas, das immer mehr Unternehmen im Rahmen ihres Kandidatenbewertungsprozesses ernsthaft berücksichtigen.[18]

Das alles geschieht mit dem Ziel, alles so einzurichten, dass Sie, wenn Sie eine freie Stelle haben, nicht »posten und beten«, keine Personalberater bezahlen und nicht kalt auf den Talentmarkt gehen müssen, um von Null anzufangen und einen geeigneten Kandidaten zu suchen.[19] Ganz und gar nicht! Wenn Sie diese Vorbereitungs- und Entwicklungsarbeit leisten und Ihre Talent-Pipelines pflegen, ist die Besetzung einer freien Stelle am Ende nicht schwieriger als ein entspannter Telefonanruf.

Stellen Sie sich vor, wie viel einfacher Ihre Talentmanagementprozesse insgesamt ablaufen würden, wenn Sie Rollen bequem aus Ihrem eigenen Pool interessierter Talente füllen könnten. Wenn Sie eine Führungskraft zum Mittagessen mit einem Top-Kandidaten schicken und sie sagen lassen könnten: »Tim, wie Sie wissen, sind wir seit zwei Jahren in Kontakt mit Ihnen und so möchte ich, dass Sie als Erster von einer Stelle erfahren, die im nächsten Monat frei werden wird. Sie wären dafür wie geschaffen. Lassen Sie mich Ihnen ein paar Details erzählen. Anschließend würde ich mich freuen, wenn Sie mich im Büro besuchen und das Team kennenlernen würden. Wann würde es Ihnen passen?« Oder vielleicht haben Sie eine plötzlich und unerwartet frei gewordene Stelle, und anstatt in Panik zu verfallen, greifen Sie zum Telefon und rufen den Ingenieur an, der bei der Fabrikbesichtigung letztes Jahr all diese guten Fragen gestellt hat, um ihm mitzuteilen, dass er jetzt aus seinem Interesse eine frische Chance machen kann.

Dauer bis zur erfolgreichen Nachfolgebesetzung? Tage oder Wochen anstelle von Monaten. Kosten? Ein Bruchteil dessen, was Sie sonst an Zeit und Mitteln ausgegeben hätten. *Culture-Fit*? Ausgezeichnet, denn Sie hatten bereits Zeit, sich miteinander vertraut zu machen und sich zu vergewissern, dass hier eine gute Beziehung heranwachsen kann.

Es ist möglich. Es kann geschehen. Und nicht nur mit Ihrem externen Talent ...

Nachdem wir uns also angeschaut haben, wie wir externe Talente von ihren Pools bis zu ihrer Stelle in Ihrem Unternehmen pflegen und begleiten, wollen wir uns jetzt Ihren bestehenden Mitarbeitern zuwenden und schauen, was Sie tun müssen, um ihnen dieselbe Aufmerksamkeit zu geben und sie in derselben Weise zu entwickeln.

Wie Sie Ihre internen Pools in robuste Pipelines verwandeln

Die Verwandlung interner Talent-Pools in robuste Pipelines weist Ähnlichkeiten und Unterschiede zu der Art auf, wie Sie externe Pools pflegen müssen. Wie immer ist Kommunikation der Schlüssel, aber was Sie kommunizieren – und warum und wann –, ändert sich, wenn Sie mit Ihren bestehenden Mitarbeitern sprechen.

Denken Sie vor allem daran: Sie müssen stets Ihr Unternehmen als die beste Wahl vermarkten. Ihren externen Kandidaten gegenüber tun Sie es, um sich vor Ihren Wettbewerbern als die bessere Wahl hervorzuheben. Ihren talentierten Mitarbeitern gegenüber tun Sie es, um sie in ihrer Überzeugung zu bestärken, dass sie für sich an diesem Punkt ihrer Karriere die beste Entscheidung getroffen haben. Wenn ein Top-Talent erst einmal die Idee hat, andernorts könnten bessere Optionen auf es warten, können Sie es noch so sehr entwickeln und pflegen – an Ihr Unternehmen binden können Sie es dann nicht mehr. Sie müssen also eine schlüssige und kontinuierliche Botschaft, »warum wir für Sie die beste Wahl sind«, in jede Kommunikation und jedes Gespräch mit Ihren internen Talent-Pools einweben.

Sie können sich das so ähnlich vorstellen wie die Aufgabe einer Investor-Relations-Abteilung. Neues Geld ist immer willkommen, aber bestehende Aktionäre und Eigenkapitalpartner müssen ebenfalls gehalten werden. Diese Sicherung investierten Kapitals ist sogar einer der Eckpfeiler unternehmerischer Stabilität. Folglich ist ein steter Strom positiver Verlautbarungen zu Wachstumsinitiativen, Rentabilität, Auszeichnungen, neuen Marktentwicklungen, Fabrikeröffnungen, Wohltätigkeitsaktivitäten, Sozial- und Umweltpartnerschaften, großer Diversität und so weiter unglaublich nützlich.

Falls Sie noch keinen internen Newsletter haben, der diese Art von Dingen Ihren Mitarbeitern nahebringt, sollten Sie erwägen, so bald wie möglich einen aufzusetzen. Wenn Sie bereits ein Corporate-Communications-Programm haben, sollten Sie seine Präsentation überprüfen, um sicherzustellen, dass sie regelmäßig positives Marketing zum Unternehmen enthält. Das muss keine »offensive« Werbung oder offensichtliche Propaganda sein – es genügt, wenn Sie die Aktivitäten und Geschichten Ihres Unternehmens so präsentieren, dass die Qualität des Unternehmens und sein Potenzial für zukünftiges Wachstum gefeiert werden. Auf diese Weise erhält Ihr Humankapital – welches nicht weniger in Gefahr ist, plötzlich abgezogen zu werden, als irgendwelches Finanzkapital – eine kontinuierliche Erinnerung, warum es hier ist und warum es wert ist, dabei zu bleiben.

Der nächste Schritt ist etwas, das sich nur schwer mit externen Pools machen lässt, das Sie aber unbedingt mit jedem Mitglied Ihres internen Talent-Pools machen sollten. Es handelt sich um eine gründliche Bestandsaufnahme von Persönlichkeit und Fähigkeit mit Hilfe wissenschaftlich begründeter Assessments. Nicht nur hilft Ihnen dies, jeden Mitarbeiter und sein Potenzial besser zu verstehen, sondern Sie erhalten auch ein klareres Bild davon, welcher zukünftige Weg für jeden von ihnen der beste ist.

Sie können diese Assessments online im Rahmen Ihrer fortlaufenden Mitarbeiterentwicklungsbemühungen durchführen. Für die Mitarbeiter kann das ein großes Geschenk sein, weil ihre persönlichen Ergebnisse ihnen helfen, sich selbst gründlicher zu verstehen und ein Bewusstsein für ihre Stärken und Chancen, Beweggründe und Methoden zu entwickeln, um für sich selbst einen befriedigenderen Karriereplan zu entwickeln.

Bevor Sie irgendeinen bestehenden Mitarbeiter – oder externen Kandidaten – in ein Trainingsprogramm oder einen Entwicklungs-Pool stecken, sollten Sie sich vergewissern, dass auch eine Potenzialanalyse (Soft Skills) gemacht wurde.

Auch wenn Sie einen Mitarbeiter gut zu kennen glauben, sollten Sie nicht vergessen, dass Sie ihn lediglich in seinem gegenwärtigen

Job beobachten. Sie wissen noch nicht, wie er sich in einer zukünftigen Rolle unter veränderten Umständen bewähren wird.

In Organisationen führen Beförderungen, die auf aktuellen Jobübereinstimmungen und aktuellen Rollenbeobachtungen basieren, häufig nicht zu den gewünschten Ergebnissen. Ich habe erlebt, wie großartige Verkäufer zu Vertriebsleitern befördert wurden, mit dem Erfolg, dass das Unternehmen einen wunderbaren Verkäufer verlor und dafür einen schlechten Vertriebsleiter erhielt. Das kann von einer Rolle zur nächsten passieren oder aber, wenn Sie einen Mitarbeiter von einem Team in ein anderes oder von einem Standort an einen anderen versetzen. Wie oft haben Sie schon erlebt, dass ein wunderbarer Mitarbeiter nach so einer Veränderung zum Problemfall wurde? Viel zu häufig!

Das gilt nicht nur für die Welt der Unternehmen. Sportlertransfers oder Veränderungen in Showtruppen können dazu führen, dass die talentiertesten Top-Kandidaten plötzlich enttäuschen – aus den unterschiedlichsten Gründen. Wir wollen darauf in den nachfolgenden Kapiteln näher eingehen. Vorläufig genügt es zu wissen, dass alle Veränderungen sorgfältig bedacht sein müssen, um sicherzugehen, dass die richtigen Personen die richtigen Stellen besetzen … im richtigen Umfeld, im richtigen Team … zur richtigen Zeit. Kein Druck, nicht wahr? Und deshalb zahlt es sich aus, das Talent, auf das Sie Zugriff haben, gründlich zu bewerten und damit besser zu verstehen.

Nachdem Sie diese Analyse durchgeführt haben, werden Sie sehen, wie Sie Ihre internen Talente pflegen und coachen müssen. Sie haben dann auch ein klares Bild von der Vielfalt, die innerhalb Ihrer Talent-Pools existiert, was es Ihnen gestattet, maßgeschneiderte Trainingspläne zu erstellen und bis zu einem gewissen Grad ein diskretes Talentranking durchzuführen.

Jetzt ist es an der Zeit, für jede Person auf Grundlage der Analyse einen individuellen Entwicklungsplan zu entwerfen. Die Mitarbeiter können diese Pläne zusammen mit ihren unmittelbaren

Führungskräften oder Abteilungsleitern erstellen und diese Pläne können dann in einer Geschwindigkeit umgesetzt werden, die im Einklang steht mit dem Potenzial des Mitarbeiters und der Personalplanung des Unternehmens. Es könnte sein, dass einige Mitarbeiter eine Entwicklung von drei bis fünf Jahren vom Top-Performer zur neuen Führungskraft durchlaufen. Andere bewegen sich möglicherweise schneller auf ihrem horizontalen Weg durch die Organisation oder mit lediglich einigen Entwicklungs-Checkpoints und Trainingseinheiten bis zum Erreichen ihrer nächsten Rolle.

Diese individuellen Pläne liefern Datenpunkte, die in die HR-Systeme einfließen können, um so das Talentbild und die Talent-Pool-Planung des Gesamtunternehmens auf den aktuellen Stand zu bringen. Dashboards zu Fluktuationsraten, Beförderungsraten, Bedarfsschwerpunkten und so weiter können auf der Grundlage dieser Pläne entwickelt, gepflegt und für alle Arten von strategischer Planung auf der Abteilungs- und Unternehmensebene genutzt werden.

Auch die Mitarbeiter profitieren von diesen Plänen. Zum einen erzeugt ein individueller beruflicher Entwicklungsplan in ihnen das Gefühl, dass sich das Unternehmen um sie kümmert und möchte, dass sie Erfolg haben. Studie um Studie zeigt, dass sich dies positiv auf Treue, Engagement und Produktivität am Arbeitsplatz auswirkt.[20] Mitarbeiter, die anhand erreichter Entwicklungsmeilensteine sehen, dass sie in ihrer Karriere vorankommen, kündigen selbst dann nicht so schnell, wenn Beförderungen selten sind. Eine Erhebung von CareerAddict aus jüngerer Zeit ergab, dass Entwicklung (*progression*) für die Frage, ob jemand beschließt, in einer Organisation zu bleiben oder sie zu verlassen, eine größere Rolle spielt als die Bezahlung – besonders für Millennials und Vertreter der Generation Z.[21]

Erinnern Sie sich noch? 54 Prozent aller Mitarbeiter haben keine Vorstellung davon, wie ihre weitere Karriere verlaufen wird.[22]

Diese Ungewissheit hinsichtlich der beruflichen Zukunft ist ein Problem – für Sie! Wenn ein leistungsstarker Mitarbeiter mit Blick auf seine berufliche Tätigkeit nicht sagen kann: »WIDFM?«, ist er schon halb zur Tür hinaus. Indem Sie Ihre Mitarbeiter bewerten und für sie Pläne erstellen, tun Sie viel mehr, als Ihren Talent-Pool in eine Pipeline zu verwandeln, die Ihnen die Stars von morgen entwickelt. Sie halten Ihre Mitarbeiter länger und Ihr Unternehmen bleibt für sie länger ihr Arbeitgeber erster Wahl.

Der abschließende Schritt auf dem Weg vom Pool zur Pipeline ist, dass Sie sich als Erstes an Ihre Talente wenden, wenn Sie eine offene Stelle haben. Sie haben sich die Mühe gemacht, den Pool anzulegen. Sie vermarkten das Unternehmen Ihren Mitarbeitern als eine Top-Option, damit sie das gute Gefühl haben, am richtigen Ort zu sein. Sie haben in ihre Entwicklung investiert, sie getestet und Wachstumspläne entworfen, die auf ihre Bedürfnisse und die größeren strategischen Ziele des Unternehmens abgestimmt sind. Die Kandidaten machen Fortschritte und freuen sich auf eine Zukunft mit Ihrer Organisation. Wenn also eine Stelle frei wird, sollte alles bereit sein, damit Sie nur noch auf den richtigen Vertreter des Pools zugehen und sagen müssen: »Gratulation. Jetzt ist die Zeit gekommen.«

Alles zusammenführen

Die Verwandlung Ihrer internen und externen Talent-Pools in effektive Pipelines stellt eine absichtsgesteuerte, bewusste Investition von Zeit und Ressourcen durch Ihr Unternehmen dar. Sobald diese Pipelines jedoch in Aktion treten, profitieren Sie massiv von ihnen.

Dank Ihrer Pools und Pipelines können Sie selbst in den wettbewerbsstärksten Umgebungen auf eine ganze Riege hochqualifizierter Kandidaten für sämtliche zu besetzenden Stellen zugreifen. Angesichts von Mitarbeitern, die Sie intern entwickelt haben, und hochqualifizierten externen Kandidaten stellen unbesetzte Stellen keine Krisenereignisse mehr dar, sondern werden zu Chancen – zu Momenten, in denen Ihr Unternehmen talentierte Kandidaten mit den Rollen belohnen kann, für die sie geschaffen sind. Und weil Sie dabei auf Ihre eigenen Pools zurückgreifen können, geschieht dies schneller – in Stunden oder Tagen statt in Wochen oder Monaten und zu einem Bruchteil der Kosten, die Ihnen entstünden, wenn Sie professionelle Personalvermittler oder Personalberater damit beauftragen müssten.

Und sobald Ihre Pools und Pipelines Ihnen mehr Auswahlmöglichkeiten bieten, ist es an der Zeit, dass Sie sich auf die nächste Ebene des Talentmanagements fokussieren und sicherstellen, dass Sie wirklich die richtigen Talente auf die richtigen Stellen setzen. Der nächste Abschnitt des Buches beschäftigt sich mit dieser Herausforderung und gibt Ihnen die Tools an die Hand, mit denen Sie sicherstellen können, dass Sie Ihre offenen Stellen mit Kandidaten besetzen, die nicht nur von den Fähigkeiten her passen, sondern auch motiviert sind für den Job und kulturell in Ihre Organisation passen.

Zusammenfassung: Qualifizierte Kandidaten für Ihre Pools und Pipelines finden

Wir leben in einer beispiellosen Zeit des Wandels und der Herausforderungen, wenn es darum geht, Kontakt zu Talenten aufzunehmen und sie für uns zu gewinnen. Die Unternehmen, die sich an diese Situation anzupassen versuchen, haben es hier mit vier größeren Herausforderungen gleichzeitig zu tun:

- einer **demografischen Herausforderung,** wie wir sie zu unseren Lebzeiten noch nicht erlebt haben;
- einer philosophischen Herausforderung, nach der jüngere Generationen *New-Work*-Idealen anhängen und traditionelle Beschäftigungsmodelle ablehnen;
- einer **Qualifizierungslücke (Skill Gap)**, die in einem krassen Mangel an qualifizierten Mitarbeitern weltweit zum Ausdruck kommt (besonders auf hochtechnischen und innovativen Feldern);

- einer internationalen Gesundheitsherausforderung in Gestalt der COVID-19-Pandemie, die unsere Arbeitsweise auf den Kopf stellt und Millionen animiert, sich der weltweiten **Great-Resignation**-Bewegung anzuschließen.

Aber noch ist nicht alles verloren. **Allen diesen Herausforderungen zum Trotz können Sie und Ihr Unternehmen diese Zeit in eine große Chance verwandeln.**

Einer der ersten Schritte ist, sich klarzumachen, dass die Talent-Gewinnungs-Zeitleiste viel früher beginnt, als allgemein angenommen wird. Wir müssen deutlich früher proaktiv in die zukünftige Personalgewinnung einsteigen. Um vom »reaktiven und verzweifelten« Rekrutierungsmodus in einen stärker proaktiv und strategisch ausgerichteten Ansatz zu wechseln, müssen die Unternehmen zuerst verstehen, dass sie aktiv werden müssen, sobald ihnen klar ist, dass ein bestimmter Bedarf nur eine Frage der Zeit ist. Wenn wir also davon ausgehen, dass die Daseinsberechtigung des Talentmanagements damit begründet wird, dass die richtige Person zur richtigen Zeit am richtigen Platz ist, können Sie Ihre Chancen damit verbessern, indem Sie zu dem zukunftsgewandteren und strategischeren Modell wechseln, welches in wettbewerbsbetonten Umgebungen wie dem Sport oder der Bühnenkunst übliche Praxis ist: Talent-Pools.

Talent-Pools bieten Unternehmen jeder Größe, jeder Branche und jeder geografischen Lage viele Vorteile:

- **Zeitersparnis:** In der schnelllebigen Welt von heute gilt mehr denn je: Zeit ist Geld. Angesichts wachsender *Time-to-fill*-Metriken und steigender durch Vakanzen verursachter Kosten brauchen die Unternehmen jeden Vorteil, dessen sie habhaft werden, um zu überleben oder gar zu gedeihen. Talent-Pools helfen, Lücken zu füllen und sicherzustellen, dass unternehmenskritische Rollen rasch wieder gefüllt werden.
- **Reduzierte Rekrutierungskosten:** Unter dem starken Zeitdruck des »reaktiven und verzweifelten« Rekrutierungsmodells

getroffene Entscheidungen sind in der Regel sowohl kurz- als auch längerfristig teuer für das Unternehmen. Indem sich Unternehmen für Talent-Pools entscheiden, können sie ihre Rekrutierungs- und Einstellungskosten deutlich reduzieren und gleichzeitig die Qualität ihrer Mitarbeiter verbessern.

- **Verstärkter Zugang zu passiven Kandidaten in den Zielmärkten:** Die besten Kandidaten sitzen nicht zu Hause und warten auf das Klingeln ihres Telefons, sondern sind andernorts aktiv beschäftigt. Aber Ihre Talent-Pools (und die Aussicht auf eine Karriereentwicklung, die denen winkt, die Teil davon sind) eröffnen Ihrer Organisation die Chance, die Besten, die der Markt zu bieten hat, abzuwerben.

- **Pflege und Bindung von früheren »guten« Kandidaten:** Die »Silbermedaillengewinner« des Einstellungsprozesses wurden viel zu lange einfach verworfen, was nicht nur unfair, sondern auch ungeschickt ist. Aus meiner Sicht ist das einer der größten Fehler im Rekrutierungsprozess, aber mit dem Talent-Pool-Modell haben Sie die Chance, mit diesen Top-Talenten in Verbindung zu bleiben bis zu dem Tag, an dem Sie sie in Ihrer Organisation einsetzen (externe Kandidaten) oder so befördern (interne Kandidaten) können, wie sie es verdienen.

- **Mehr Engagement, Produktivität und Loyalität von bestehenden Mitarbeitern:** Viele Unternehmen lassen ihre Mitarbeiter im Unklaren über ihr Entwicklungspotenzial im Unternehmen, was zu Angst, Ungewissheit und einem vorzeitigen Abschied von Spitzenkräften führt. Mit Talent-Pools können Mitarbeiter sehen, dass sie im Unternehmen gute Zukunftsaussichten und eine klare Orientierung haben, was zu mehr Engagement, Produktivität, Leistungsbereitschaft und Loyalität führt.

- **Weniger »Markennamen«-Abhängigkeit:** Talent-Pooling ermöglicht den Aufbau authentischer 1-zu-1-Beziehungen zu Kandidaten – etwas, das in unserer zur Oberflächlichkeit und Unverbindlichkeit neigenden modernen Welt hoch im Kurs steht. Es gibt beiden Seiten die Chance, sich so zu zeigen, wie sie sind, und den Wert der tieferen Qualitäten des jeweils anderen auf eine Art und Weise kennenzulernen, die eine nachhaltige Beziehung und loyale zukünftige Mitarbeiter ermöglicht.

- **Dramatische Verbesserungen in dem, wie Kandidaten das Unternehmen erleben, und entsprechende Reputationsgewinne:** Dank der größeren Aufmerksamkeit, die den Kandidaten im Rahmen des Talent-Poolings geschenkt wird, erleben diese das Unternehmen von einer viel besseren Seite – und glückliche Kandidaten reden. Online-Bewertungsseiten und der »Kleine Welt«-Charakter vieler Branchen bedeuten, dass Mundpropaganda Ihnen Reputationsgewinne bescheren kann, die kein Branding jemals kaufen könnte.

Jedes Unternehmen an jedem Ort und in jeder Branche kann von Talent-Pools für interne und externe Rollen profitieren. Der Prozess beginnt mit der Definition, welche Rollen am besten fürs Pooling geeignet sind, weil sie unternehmenskritisch, für das weitere Wachstum des Unternehmens unerlässlich oder von großen Fluktuationsraten gekennzeichnet sind und sich mit einem stehenden Pool bereitstehender Talente verbessern ließen.

Sobald die wichtigsten Rollen als Pool-Ziele identifiziert wurden, können die Pools auf vielfältige Art und Weise gefüllt werden. Dazu gehören »Silbermedaillengewinner« aus früheren Stellenbesetzungen, Social-Media-Plattformen, Mitarbeiterempfehlungen, Ehemaligen-Netzwerke, Karrieremessen und Jobsucher-Events, externe Empfehlungen und Vielfaltsinitiativen. Für interne Pools bieten sich zwei Schienen an: die Leitungsebene und die Spezialistenebene. Sie können Talent auf Basis von *Soft-Skills*-Bewertungen, internen Empfehlungen und Persönlichkeits- und Leistungsnoten aus ihren gegenwärtigen Rollen auf diese Spuren setzen (und dabei stets berücksichtigen, dass die Leistung unter veränderten Bedingungen anders aussehen könnte).

Nachdem die Pools gebildet wurden, ist es an der Zeit, sie in funktionelle Pipelines zu verwandeln. Dabei machen wir uns den personalisierten 1-zu-1-Marketingaspekt der poolbasierten Rekrutierung zunutze. Die Kandidaten sehnen sich nach authentischen Verbindungen und wollen jenseits des Massenmarketings die »wahre Persönlichkeit« eines Unternehmens sehen, damit sie die bestmögliche Entscheidung treffen können, wo sie sich voll und ganz einbringen können.

Pipelines mit externen Kandidaten können folgendermaßen gebildet werden:

- Ihr Unternehmen schafft ein Dialoginstrument, das persönliche Verbindungen ermöglicht.
- Das Unternehmen produziert exklusive Events und Gelegenheiten für die Netzwerkpflege und das Knüpfen von Beziehungen, wie beispielsweise spezielle Mittagessen oder privilegierte Vor-Ort-Besichtigungen.
- Ihr Unternehmen präsentiert sich auf den richtigen Branchen-Events und Konferenzen und schafft so Raum, um zu sehen, gesehen zu werden und im Puls der Branche präsent zu sein.
- Das Unternehmen ist auf relevanten Social-Media-Plattformen aktiv und stärkt damit seinen Ruf als engagierter und interessierter Arbeitgeber.

Pipelines mit internen Kandidaten können folgendermaßen gebildet werden:

- Eine gute interne Kommunikation unterstreicht ununterbrochen die Botschaft an die Mitarbeiter, dass eine Zukunft im Unternehmen eine gute Wahl darstellt.
- Entwicklungspläne werden geschaffen, die Loyalität und Engagement fördern und gemeinsam mit *Soft-Skills*-Bewertungen erkennen lassen, welches der beste Weg vorwärts ist.
- Die Einstellungsbeauftragten suchen zuerst nach internem Talent für die Neubesetzung freier Stellen und unterstreichen die Botschaft, dass Mobilität innerhalb des Unternehmens möglich ist, so dass die Mitarbeiter einen Anreiz haben zu bleiben.

Die Einrichtung und Inbetriebnahme dieser Pipelines kann bewusste Anstrengung und Zeit erfordern. Sobald sie aber existieren, bringen sie unglaubliche Vorteile.

Pools und Pipelines sind Ihre Chance, von der Verzweiflungsrekrutierung unter immensem Zeitdruck wegzukommen und sich einem strategischen Talentbeziehungs-Management zuzuwenden. Selbst im härtesten Talentumfeld ermöglicht Ihnen der Besitz eigener Pools, einen Bogen um den brutalen Wettbewerb des offenen Marktes zu machen und stattdessen »in ihren eigenen Gewässern zu fischen«, um auf diese Weise schneller Zugriff auf die besseren Kandidaten zu erhalten. Wenn Sie binnen Stunden oder Tagen statt Wochen oder Monaten eine Auswahl hervorragender Kandidaten versammeln können, können Sie mehr Aufmerksamkeit der nächsten Stufe widmen: sicherzustellen, dass das Talent, das Sie identifiziert haben, bestmöglich dem entspricht, was Sie gegenwärtig benötigen – ein Prozess, auf den wir im nächsten Teil näher eingehen wollen.

Teil II
WIE SIE TOP-KANDIDATEN AUSWÄHLEN,
DIE WIRKLICH IHREM BEDARF
ENTSPRECHEN

Einleitung: Spitzenleistung hängt vom *Talent-Fit* ab

»Nicht Mitarbeiter per se sind das wichtigste Kapital, sondern die richtigen Mitarbeiter sind es.«

Jim Collins, Der Weg zu den Besten

Wenn für Sie die Zeit gekommen ist, eine Entscheidung zu treffen, wen Sie einstellen wollen, reicht es häufig nicht, einfach nur einen talentierten Kandidaten zu finden und ihm ein Jobangebot zu machen. Damit füllen Sie zwar vielleicht Ihre vakante Stelle mit einem talentierten Mitarbeiter, aber das garantiert noch lange keinen Erfolg. Sie müssen stattdessen die richtige Art von Talent für die konkrete Tätigkeit finden, die es zu verrichten gilt – und die Art von Talent, die in der Lage ist, für Ihre Art von Unternehmen in Ihrer geografischen Lage zusammen mit Ihrem einzigartigen Team Außergewöhnliches zu vollbringen.

Kürzlich konnte ich beispielsweise beobachten, wie sich ein Unternehmen bei der Einstellung eines neuen Digital Transformation Managers verkalkulierte. Es war ein kleines Unternehmen mit wenigen Mitarbeitern und begrenzten Ressourcen. Es entschied sich für die versierteste und bestqualifizierte Person, die es finden konnten – einen Mann, der mehrere Jahre lang dieselbe Funktion in einem großen Unternehmen innegehabt hatte. Er schien die ideale Wahl zu sein.

Doch schon bald kristallisierte sich das Problem heraus. Der Mann war intelligent und hochgradig qualifiziert. Zugleich aber war er es gewohnt, auf die Systeme und Ressourcen eines Großunternehmens zurückgreifen zu können. Viele Programme, die er kannte und verwenden wollte, eigneten sich nicht für seinen neuen, kleineren Arbeitgeber oder ließen sich nicht in der Weise implementieren, wie er es erwartet hatte. Außerdem war er es gewohnt, diverse Tätigkeiten an andere zu delegieren, anstatt alles von Anfang bis Ende selbst umzusetzen. Entsprechend schwer tat er sich mit seiner neuen Rolle. Das frustrierte sowohl ihn selbst als auch seinen neuen Arbeitgeber, der erkennen musste, dass alle Erfahrung am Ende wenig half.

Von außen erkennen wir natürlich leicht, dass hier ein Fehler gemacht wurde. Im Nachhinein ist man immer klüger. Aber wenn es um die Rekrutierung und den Einsatz von Talenten geht, wird der Fit-Aspekt in der Hitze des Augenblicks nur allzu häufig übersehen.

Viele Manager und Personalabteilungen, die eifrig oder geradezu verzweifelt bemüht sind, eine freie Stelle neu zu besetzen, unterbreiten dem erstbesten hochgradig talentierten Kandidaten, dessen sie habhaft werden, ein Jobangebot. Sie lassen sich von großartigen Lebensläufen und einem charismatischen Eindruck im Einstellungsgespräch blenden, ohne wirklich zu überlegen, ob diese spezielle Person die richtige Art von Talent für die täglichen

Anforderungen des Jobs oder überhaupt die richtige Persönlichkeit für diese Rolle mitbringt.

Manchmal zeigt sich der Fehler schon bald, wenn etwa der Neuzugang so offensichtlich nicht mit der Rolle oder der Unternehmenskultur harmoniert, dass das Vertragsverhältnis sofort (oder so schnell es rechtlich möglich ist) aufgelöst werden muss. In anderen Fällen leidet Ihr Unternehmen unter dem schwelenden Frust, einen Kandidaten eingestellt zu haben, der die an ihn gerichteten Erwartungen nicht erfüllt. Vielleicht haben Sie wie unser kleines Unternehmen eine Wechselprämie für einen hochqualifizierten Kandidaten gezahlt, von dem sich schon bald herausstellt, dass er die erwartete Leistung ohne die Infrastruktur eines Großunternehmens gar nicht erbringen kann. Oder Sie dachten, Sie hätten einen starken, extrovertierten Account Manager eingestellt, nur um festzustellen, dass er im Alltagsbetrieb gegenüber Ihren größten Kunden zu weich auftritt und Ihnen die Gewinnmargen ruiniert. Solche unterschwelligen Fehler werden häufig erst nach längerer Zeit sichtbar und führen zu einer Schwachstelle in Ihrem Unternehmen, die Ihnen häufig für Monate oder Jahre zum Wettbewerbsnachteil gereicht.

Für die Kandidaten ist es natürlich häufig ebenfalls frustrierend und enttäuschend, wenn ihre neue Rolle nicht zu ihren Fähigkeiten, ihren Zielen und ihrer Persönlichkeit passt. Hart für einen Job zu kämpfen und dann festzustellen, dass er ihnen nicht gefällt, ist eine besonders bittere Erfahrung. Niemand möchte in einem Job sein, in dem die Erfolgsaussichten gering sind, oder sich in einer Organisation gefangen fühlen, deren Werte nicht mit den eigenen harmonieren. Kaum jemand ist elender dran als derjenige, der über seine eigenen Fähigkeiten hinaus in eine neue Position befördert oder von Projekten und Kollegen abgezogen wurde, bei denen er sich gut aufgehoben fühlte. Viele – zu viele! – Beschäftigte leben in einer Art Albtraum, weil sie nicht bereit sind, sich einzugestehen, dass sie eine Stelle angenommen haben, die ihnen keinen Spaß macht oder der sie sich nicht wirklich gewachsen fühlen.

So viel Leid auf beiden Seiten ... aber es muss nicht so laufen. Ganz und gar nicht!

Sie können großartige Einstellungsentscheidungen treffen. Sie können hochgradig engagierte, zufriedene und produktive Spitzenkräfte in allen Rollen haben. Sie können erleben, wie Arbeitsmoral, Enthusiasmus und Ergebnisse dramatisch zunehmen.

Was müssen Sie dafür tun? Setzen Sie die richtige Person auf die richtige Stelle!

In den nächsten Kapiteln werden Sie lernen, wie Sie den Auswahlprozess so gestalten, dass Sie die »schlechten« Stellenbesetzungen minimieren. Sie werden entdecken, wie Sie Zeit – und ein Vermögen in Gestalt von Desengagement und vermeidbarer Fluktuation – einsparen, indem Sie aussagekräftigere Anforderungsprofile verfassen und Ihren Kandidatenüberprüfungsprozess um eine Reihe bewährter, wissenschaftlich fundierter Assessment-Methoden bereichern. Sie werden sogar erkennen, wie diese Veränderungen zu einer permanenten Verbesserung der Qualität Ihrer Belegschaft führen können.

Sie haben bereits die unglaublichen Vorteile gesehen, die es für Sie haben kann, wenn Sie auf die reaktiven und verzweiflungsgetriebenen Einstellungsmethoden verzichten und stattdessen zum strategischen Talent-Pooling und zum Pipelining übergehen. Jetzt es ist an der Zeit, dass Sie diese Vorteile einen Schritt weitertreiben, indem Sie sie mit effektiven Auswahlmethoden paaren. Auf diese Weise können Sie sicher sein, dass Sie die für Sie verfügbaren internen und externen Talente in die jeweils optimalen Rollen bringen und das Potenzial jedes Kandidaten bestmöglich ausschöpfen.

Dabei werden Sie lernen ...

- warum die Kosten einer schlechten Kandidatenwahl so überraschend hoch sind – und mit welchen bewährten Systemen Sie diese vermeidbaren und bedauerlichen Kosten ab sofort vermeiden können.

- was ich unter Right-Fit verstehe und warum dieses einzigartige Konzept sich so nachhaltig und so positiv auf Ihre Einstellungsprozesse auswirkt.
- wie die entscheidenden Bestandteile des *Right-Fit*-Konzepts – *Job-Fit*, *Skill-Fit* und *Culture-Fit* – Ihre Auswahlsysteme robuster und effektiver machen, wenn es darum geht, die Kandidaten in Stellen zu bringen, in denen sie ihre wahren Stärken zeigen können.

In jeder Phase werden Sie Beispiele aus den Welten des Sports, der Artisten und der Unterhaltung sehen, wo diese Systeme bereits seit vielen Jahren Wettbewerbsvorteile schaffen. Dazu kommen Beispiele von Unternehmen, die bereits verstanden haben, wie die Dinge laufen, und zu den wissenschaftlich fundierten Auswahlinstrumenten und -methoden gewechselt sind. Bis Sie diesen Teil zu Ende gelesen haben, sollte Ihnen klar geworden sein, wie Sie einen beliebigen Beschäftigten oder externen Kandidaten in eine Rolle bringen, in der sein Erfolg praktisch garantiert ist.

Bereit? Dann lassen Sie uns beginnen …

4 Die überraschend hohen Kosten einer schlechten Einstellungsentscheidung

> »Als Firmeninhaber oder Führungskraft wissen Sie, dass Sie kein Fehler teurer zu stehen kommt, als wenn Sie die falsche Person einstellen.«
> Brian Tracy, Die ewigen Gesetze des Erfolgs – 100 goldene Regeln für Beruf und Leben

Die meisten Unternehmen haben schon einmal suboptimale Einstellungsentscheidungen getroffen. »Schlechte« Neuzugänge sind sogar ein schockierend häufiges Phänomen. In einer Erhebung aus dem Jahr 2020 gaben 76 Prozent der befragten höheren Führungskräfte zu, bereits mindestens eine schlechte Einstellungsentscheidung getroffen zu haben.[1]

Wenn aber bei Neueinstellung in aller Welt so häufig danebengegriffen wird, warum wird dann nicht mit mehr Nachdruck nach einer Lösung gesucht? Ich vermute hier mehrere Gründe, doch der Hauptgrund dürfte sein, dass nur wenigen bewusst ist, wie hoch die Kosten schlechter Einstellungsentscheidungen wirklich sind. Diese Kosten entstehen in so vielen Teilen des Unternehmens und betreffen so viele unterschiedliche Prozesse und Personen, dass sie häufig schlicht deshalb nicht ins Auge fallen, weil sie so verstreut sind.

Wir wollen diese Kosten hier nun zusammenführen, um sie ehrlich einschätzen zu können. Mir geht es nicht darum, Ihnen einfach nur etwas Unerfreuliches vor Augen zu führen. Mein Ziel ist es, Sie zu motivieren, alles zu tun, um diese Kosten in Zukunft zu vermeiden, weil ich möchte, dass Ihnen bewusst wird: Diese bedauerlichen Ausgaben sind fast vollständig vermeidbar. Durch eine Veränderung der Art und Weise, wie Sie Ihre Auswahl an internen oder externen Kandidaten für Ihre offenen Stellen finalisieren, können Sie viele der harten und weichen Kosten schlechter Einstellungsentscheidungen eliminieren.

Ich will Ihnen zeigen, was ich damit meine ...

Was macht eine »schlechte« Einstellungsentscheidung aus?

Eine Bemerkung vorab: Es gibt keine »schlechten« oder »falschen« Kandidaten, auch wenn wir häufig so reden. Nicht die Kandidaten sind das Problem, sondern die Rolle, für die wir sie vorsehen, und das Umfeld, in das wir sie zu setzen gedenken. **Die Kandidaten sind also – in der Regel - nicht »schlecht«, sondern eben oft nicht »passend«.**

Manche Menschen passen schlicht besser zu bestimmten Jobs als andere. Manuel Neuer vom FC Bayern München beispielsweise ist einer der besten Torwarte der Welt.[2] Sein großes Torwarttalent wäre jedoch verschenkt, würde er im Mittelfeld spielen, und in Anbetracht seiner spezifischen sportlichen Begabung erscheint es wenig wahrscheinlich, dass er ebenso viele internationale Preise gewonnen hätte, wäre er im Frühstadium seiner Karriere auf eine andere Position gesetzt worden. Nicht anders verhält es sich in der Welt der Unternehmen: Der beste Inbound-Call-Center-Kundenberater hätte im aktiven Präsenzverkaufsgespräch möglicherweise ebenso viel Mühe, wie wenn er auf eine Leitungsposition befördert werden würde. Ihr bester Betreuer mittelgroßer Kunden wäre möglicherweise überfordert mit der Betreuung sehr großer oder sehr kleiner Kunden, geschweige denn Individualkunden. Unsere Geschäftswelt ist voller Nischen, wo Spitzenleistung möglich ist, aber viele Top-Talente erweisen sich außerhalb ihrer Idealposition als alles andere als eine Idealbesetzung.

Unternehmen können drei Arten von Fehlern machen, wenn es darum geht, Talente zu identifizieren und auf die richtigen Stellen zu setzen:

- **Inklusionsfehler (falsch positiv):** Sie identifizieren die falsche Art von Kandidaten als qualifiziert und investieren Zeit und Geld in jemanden, der nicht über die erforderlichen harten und/oder weichen Fähigkeiten für die Rolle verfügt.
- **Ausschlussfehler (falsch negativ):** Bestimmte Top-Talente fallen durch das Raster Ihrer Einstellungssysteme oder -methoden. Vielleicht zeigt ein Kandidat im Einstellungsgespräch zu wenig Charisma oder Ihre Software zur automatischen Kandidatenfilterung verwirft zu viele Bewerbungen.
- **Kandidat passt nicht ins Umfeld:** Sie haben einen guten Kandidaten mit den richtigen Fähigkeiten eingestellt, aber das Unternehmensumfeld (oder vielleicht auch nur der unmittelbare Vorgesetzte) harmoniert nicht mit ihm.

Diese Fehler führen zu unbefriedigender Leistung, Unzufriedenheit im Job und vermeidbarer Fluktuation.

Sie haben Besseres verdient ... und Ihre Kandidaten ebenso. Nur indem Sie Kandidaten auf genau die Stellen setzen, für die sie gut geeignet sind, vermeiden Sie die harten Kosten und die weicheren, menschlicheren Kosten »schlechter« Einstellungsentscheidungen.

Die harten finanziellen Kosten schlechter Einstellungsentscheidungen

Obgleich Talentmanagement wie auch alle übrigen Bestandteile des Einstellungsprozesses ein zutiefst menschlicher Vorgang sind, besteht in vielen Unternehmen die Tradition, es wie eine Kapitalressource zu messen. Das ist die bereits erwähnte »Einkäufer-Mentalität« – die Tendenz, Mitarbeiter letztlich als Teile einer Maschine zu betrachten, die sich jederzeit ersetzen lassen und die es als »harte Kosten« zu kontrollieren gilt.

Grundsätzlich ist dieser Ansatz nicht falsch. Gehälter und Zusatzleistungen stellen in jedem Unternehmensbudget einen der größten Kostenposten dar. Schlechte Einstellungsentscheidungen vergrößern diese Kosten häufig dramatisch und ohne den Luxus eines Kostenvoranschlags.

Sie können die Gesamtkosten schlechter Einstellungsentscheidungen unter verschiedenen Blickwinkeln betrachten. Sie können beispielsweise versuchen, alles zu einem Gesamtindex – der *bad hiring rate* – zusammenzufassen. Diese Zahl setzt sich aus Ihrer Gesamtfluktuation und dem Anteil der Neueinstellungen zusammen, die Sie anschließend revidieren, multipliziert mit den Gehältern, die Sie diesen Kandidaten zahlen. Als erster Überschlag ist das kein schlechter Ansatz, um jene großen Zahlen zu generieren, die Sie nachdenklich stimmen sollen.

Oft richten wir den Blick zu sehr auf einen einzigen Aspekt der Einstellungskosten – die direkten Gehälter. Es gibt jedoch noch eine Reihe weitere Kosten, die sich nicht so einfach in diese Art von Gleichung integrieren lassen und die die Gesamtsumme rasch in die Höhe treiben.

Laut CareerBuilder belaufen sich die Kosten für eine schlechte Einstellungsentscheidung im Schnitt über alle Unternehmenstypen auf 14 900 US-Dollar pro Fall.[3] Würden wir hier einige Branchen

4 Die überraschend hohen Kosten einer schlechten Einstellungsentscheidung

mit notorisch hohen Fluktuationsraten herausnehmen, fällt dieser Durchschnitt jedoch viel höher aus. Jörgen Sundberg, der CEO von Link Humans, schätzt die Kosten für die Einstellung und Einarbeitung neuer Mitarbeiter eher auf 240 000 US-Dollar pro Person ein.[4]

Ihre eigenen Zahlen liegen möglicherweise irgendwo dazwischen. Um Ihnen zu helfen, die korrekte Gesamtsumme zu bilden, gebe ich Ihnen hier einige Beispiele von monetären Kosten, die Sie berücksichtigen sollten.

- **Kosten für die Suche:** Zu den harten Kosten zählt der Aufwand, den Sie treiben müssen, um mögliche Kandidaten auf Ihr Unternehmen aufmerksam zu machen, wie beispielsweise Werbekosten in Social-Media-Plattformen, Unternehmens-Netzwerken und Jobbörsen, die Kosten für Talentempfehlungsprogramme und die Aufwendungen von Personalberatern und Personalvermittlungsagenturen. Ein Personalberater beispielsweise berechnet Ihnen für die Vermittlung von Kandidaten schnell mal 10 bis 30 Prozent des Jahresgehalts.[5] Bei der Suche nach Spezialisten und/oder Kandidaten für besondere Leitungspositionen steigen die Kosten oft dramatisch an – in Form von Vermittlerhonoraren und -prämien, die gut und gern ein volles Jahresgehalt der zu besetzenden Stelle erreichen oder gar übertreffen können.

- **Kosten für Interviews und Evaluation:** Nur wenige Unternehmen versehen den Zeitaufwand von Personalabteilung, Managern, Mitarbeitern, Regionalleitern und – mitunter – Vertretern der Unternehmensleitung für Interviews und Evaluation der Kandidaten mit einem Preisschild. Dabei können hier substanzielle Stundenzahlen zusammenkommen. Schätzungen zufolge geht in manchen Unternehmen bis zu 40 Prozent der Zeit für nicht Gewinn erzeugende Tätigkeiten wie Interviews, Evaluation und Selektion von Einstellungskandidaten drauf.[6] Im Fall von hochrangigen Stellen wie beispielsweise auf Board-Ebene sind unter Umständen mehrere volle

Tage mit Gruppeninterviews oder Bewertungssitzungen erforderlich, ganz zu schweigen von den Kosten für Essensinterviews, gesellige Ausflüge und Reisen zu relevanten Standorten.

- **Kosten für Zusatzangebote:** Ein Angebot zu machen könnte erscheinen, als würde es nichts kosten, aber in den umkämpften Talentmärkten von heute hat es seinen Preis, von Kandidaten ernst genommen zu werden: Einstellungsprämien, Firmenwagen, Zuschüsse z. B. für Umzug, Dienstwohnung, Schulen, Kindergärten, Clubs und Fitnessaktivitäten, Übernahme von Vertragsaufhebungen und mehr können erhebliche Kosten produzieren, bevor ein neuer Mitarbeiter überhaupt seinen ersten Tag im neuen Job angetreten hat.

- **Orientierungs- und Einarbeitungskosten:** Neue Mitarbeiter – selbst wenn sie von innerhalb der Organisation transferiert oder befördert wurden – durchlaufen oft eine Orientierungs- und Einarbeitungsphase für ihre neue Rolle. Diese Anpassungsphase kann von wenigen Tagen bis zu mehreren Monaten dauern. Es kann sich um ein offizielles Programm Ihres Unternehmens handeln (etwas von der Art eines »Die ersten 90 Tage«-Programms[7]) oder der neue Mitarbeiter durchläuft es in Eigenregie. Die Schätzungen schwanken, aber im Schnitt geht man von Programmen zwischen zwei bis sechs Monaten aus, bis ein neuer Mitarbeiter in seine neue Rolle eingearbeitet ist.[8] Während dieser Zeit bezahlen Sie ihn für eine Rolle, die er noch nicht wirklich ausfüllt, und für die Gehälter, Reise- und Trainingskosten, die anfallen, wenn Kollegen und Führungskräfte den neuen Mitarbeiter anleiten, anstatt sich um ihre eigentliche Arbeit zu kümmern.

- **Gebühren für jobspezifische Trainingsprogramme und Lizenzen:** Nicht nur muss der neue Mitarbeiter in seine neue Rolle und in vielen Fällen in eine komplett neue Unternehmenskultur eingeführt werden, sondern es fallen auch Gebühren für Trainingskurse und Lizenzen an. Das können einfache

Kosten sein wie für die Übersetzung und Beglaubigung von ausländischen Universitätsabschlüssen. Vielleicht aber müssen Sie auch größere Summen in Trainingsprogramme investieren, wenn der Kandidat beispielsweise missverständliche Angaben zu seinen Qualifikationen und Fähigkeiten gemacht hat.

- **Vergütung während Training und Zulassung:** Immer häufiger verlangt der Gesetzgeber eine gewisse Sachkunde und/oder Zuverlässigkeit der Mitarbeiter, die auch nachgewiesen werden muss. Hier fällt mir z. B. der Anlagenberater ein. In Zeiten, in denen immer mehr Quereinsteiger in Betracht kommen, werden in der Praxis auch oft Kosten für solche Ausbildungen, Zulassungen und Zertifizierungen vom Arbeitgeber übernommen. Es entstehen dadurch teilweise enorme Kosten, während Mitarbeiter die Rolle nicht oder nicht ganz ausfüllen, für die sie eingestellt wurden, bis der Mitarbeiter entweder seine Zertifizierung oder seine Zulassung erhalten oder das Unternehmen wieder verlassen hat.
- **Ausstiegskosten:** Die Beendigung eines Beschäftigungsverhältnisses stellt häufig nur den Beginn einer neuen Kostenrunde dar. Das gilt besonders, wenn die Trennung nicht im Einverständnis erfolgt. Sie müssen für die Abkopplung des Mitarbeiters von allen Ihren Systemen und Standorten bezahlen, ihm seine vom Gesetz vorgesehenen oder vertraglich zustehenden Gehälter und Abfindungssummen zahlen, Leasingverträge, Mobilfunkverträge, Abonnements und Versicherungen weiter bedienen, die sich nicht von einem Tag auf den nächsten kündigen lassen, und vielleicht sogar Anwaltskosten im Zusammenhang mit der Vertragsauflösung aufbringen. Je nach Vergütungspaket bleiben Sie am Ende z. B. auch auf Umzugszuschusskosten und anderen eingegangenen Verpflichtungen sitzen.
- **Temporäre Personalkosten:** Manche Rollen können schlicht nicht unbesetzt bleiben. Während ein Mitarbeiter das Unternehmen verlässt und Ersatz noch nicht gefunden ist, müssen

Sie jemanden dafür bezahlen, dass er die Rolle vorübergehend übernimmt. Das kann eine vergleichsweise günstige Zeitarbeitskraft sein. Vielleicht aber benötigen Sie auch einen Spezialisten oder einen externen Berater, der nur für den mehrfachen Preis einer hauseigenen Vollzeitkraft zu haben ist.

- **Kosten für längere oder wiederholte Vakanzen:** Wir sprachen bereits über die hohen Kosten vakanter Stellen – wir haben es hier mit dem Ein- bis Dreifachen des normalen zeitanteiligen Gehalts für die Stelle zu tun (und die durchschnittliche Zeit, während derer Stellen unbesetzt bleiben, ist in den letzten Jahren stetig gestiegen).[9] In Fällen jedoch, in denen eine Rolle plötzlich oder wiederholt unbesetzt ist, liegen die Kosten häufig über dem Durchschnitt. Je nach den Umständen des letzten Weggangs handelt es sich hier womöglich nicht einfach nur um eine unbesetzte Stelle, sondern um einen rauchenden Krater, der wie ein schwarzes Loch Zeit und Ressourcen aus dem Rest der Abteilung verschlingt.

Mir ist bewusst, dass der Gedanke an alle diese Kosten erschlagend wirken kann. Es fällt schwer, sich im Abstrakten vorzustellen, wie eine einzige Stelle so viele Rechnungen für Ihre Organisation erzeugen kann. Lassen Sie uns deshalb zwei Beispiele anschauen.

Betrachten wir zuerst den Fall einer Einstiegsposition in einer fiktiven Bank. Vermutlich stellen Sie einen jungen Menschen für diese Art von Stelle ein, beispielsweise einen Universitätsabsolventen (rund 57 Prozent sämtlicher Kandidaten für Stellenneubesetzungen sind frische Universitätsabsolventen).[10] Aufgrund ihres Alters verfügen sie nur über begrenzte Praxiserfahrung, aber wenn sie eine gute Ausbildung genossen haben, ist die Wahrscheinlichkeit groß, dass sie gut gecoacht wurden, wie man sich in einem Einstellungsgespräch verhalten sollte. Da passiert es leicht, dass Sie sich von den vorgelegten Zeugnissen und dem persönlichen Charisma im Interview überzeugen lassen, ihnen eine Chance in Ihrem Unternehmen zu geben, ohne ihren Hintergrund, ihre

Fähigkeiten und ihre Persönlichkeit allzu genau unter die Lupe zu nehmen.

Ein Beispiel:

Die in New York beheimatete Bank ABC Credit Union bezieht ihre Kandidaten von den besten Wirtschaftsschulen des Landes, wenn es Analystenstellen auf der Einstiegsebene zu besetzen gilt. Sie zahlen für den Besuch diverser Jobmessen, bieten rund um die offenen Stellen des Unternehmens Webinare an und schalten markenbildende Anzeigen auf Social-Media-Plattformen und auf bei Wirtschaftsstudenten beliebten Jobseiten.

Sobald die Namen und Lebensläufe der Studenten in ihr System eingegeben sind, lassen sie ein Softwareprogramm darüber laufen, das eine Liste von Kandidaten erstellt, die für ein 15-minütiges Telefoninterview in Frage kommen. Wer dieses Telefoninterview besteht, wird von einem unternehmenseigenen Recruiter in einer Videokonferenz weiter interviewt. Die besten 25 Prozent kommen schließlich in die nächste Runde. In ausgewählten Wirtschaftsschulen finden daraufhin einstündige Präsenz-Einzelinterviews statt. Den zehn besten Kandidaten werden schließlich im Dezember Angebote unterbreitet mit dem Ziel, im Juni des folgenden Jahres vier bis sechs neue Analysten ins Unternehmen aufzunehmen.

Reginald Jones, von seinen Freunden Reggie genannt, kam über diesen Prozess zu seiner Stelle als neuer Analyst in der Brooklyner Filiale der Bank. Der extrovertierte und attraktive junge Mann hatte eine kleine Privatschule in Kalifornien mit Bestnoten absolviert. Er freute sich auf den Wechsel nach New York und das Recruiter-Team war so beeindruckt von seiner Energie, dass es enthusiastische Berichte an die Leitung der Brooklyner Filiale übermittelte.

Wie die übrigen Kandidaten seiner Gruppe erhielt Reggie eine Vertragsunterzeichnungsprämie von 10 000 US-Dollar und ein komplettes Umzugspaket. Neben einem Jahresgehalt von 87 146 US-Dollar (dem im ersten Quartal 2022 für das erste Jahr eines Bankanalysten in New York gemeldeten Durchschnitt)[11] beinhaltete Reggies Vergütung noch den kompletten Krankenversicherungsschutz, vier Wochen bezahlten Urlaub zusätzlich zu den gesetzlichen Feiertagen, Fahrtkostenerstattung und die Gratismitgliedschaft in einem privaten Fitnesscenter.

Reggies erster Tag in der Filiale gab erste Hinweise darauf, dass er vielleicht nicht der Richtige für die Rolle war. Es war der erste Dienstag nach dem 1.-Mai-Wochenende und Reggie erschien etwas zerknautscht im Büro. Seine Führungskraft hatte sogar den Verdacht, dass er seinen Rausch vom Abend zuvor noch nicht ausgeschlafen hatte. Während der eng getakteten, von der Zentrale vorgegebenen Einführungsaktivitäten war jedoch wenig Raum, um Reggie beiseitezunehmen, während seine Gruppe eine Vielzahl von speziellen Trainings, Videos und IT-Stationen absolvierte.

Im Lauf der nächsten Wochen schloss Reggie viele Freundschaften mit anderen jüngeren Mitarbeitern der Filiale. Er war gesprächig und witzig und immer für eine gemeinsame Mahlzeit oder einen gemeinsamen Umtrunk zu haben. Man konnte sehen, dass er und seine anderen jüngeren Kollegen auch außerhalb der Arbeit Zeit zusammen verbrachten und dass sie die Wochenenden zur ausführlichen Erkundung des New Yorker Nachtlebens nutzten.

Das Problem war Reggies tatsächliche Arbeit. Es mangelte ihm nicht an Intelligenz und auch nicht an der Fähigkeit zur eigenständigen Arbeit. Dennoch zog er es vor, mit anderen zusammenzuarbeiten und die Arbeit stets mit einer gehörigen Portion von Geselligkeit zu verbinden. Mit seinen eigenen Aufgaben geriet er so rasch ins Hintertreffen, wie auch die Kollegen, die mit ihm zusammenhockten. Die Führungskräfte mussten des Öfteren einschreiten und der Gruppe helfen, das Versäumte nachzuholen, und mehrere wichtigen Fristen wurden verpasst.

Nach ein paar Monaten war es klar. Reggie mochte ein unterhaltsamer und talentierter Mitarbeiter sein, aber Geselligkeit war mit Sicherheit eher seine Stärke als die stundenlange Beschäftigung mit Daten und Formularen, die seine Position als Analyst von ihm verlangte. Als seine Filiale die kritische Periode zum Jahresende erreichte, wo jede Frist zählt, konnte man sich schlicht nicht darauf verlassen, dass Reggie seinen Beitrag pünktlich leistete. Seine Kollegen versuchten nach Kräften in die Bresche zu springen und ihm geschäfts- und zeitkritische Aufgabe abzunehmen.

Als die Bücher geschlossen wurden, fiel seiner unmittelbaren Vorgesetzten auf, dass er es versäumt hatte, einen wichtigen Darlehensbeleg fristgerecht einzureichen – ein Regelverstoß, der der Filiale eine heftige Strafe einbringen würde. Höchstwahrscheinlich würde sich

4 Die überraschend hohen Kosten einer schlechten Einstellungsentscheidung

auch der Technische Direktor in seinem Frühjahrsgutachten diesen kostspieligen und vermeidbaren Fehler vorknöpfen und Konsequenzen fordern. Aus Sorge, dass im Zweifelsfall ihr eigener Posten gefährdet sein könnte, zögerte Reggies Vorgesetzte nicht, ihn zu sich zu zitieren und ihn auf der Stelle zu entlassen.

Wie teuer kamen die Filiale die nicht einmal sechs Monate, in denen Reggie für sie arbeitete, zu stehen? Da sind die Kosten für die Pflege von Campus-Beziehungen und den Besuch von Präsenz- und Online-Jobmessen. Ferner die Kosten von mehreren Interview-Runden mit Mitarbeitern mehrerer Ebenen. Selbst wenn sein Vertrag Rückholklauseln für den Antrittsbonus enthielt, bestanden für das Unternehmen wenig Chancen, diese Ausgaben oder Reggies Umzugskosten erstattet zu bekommen. Seine Einführungs- und Trainingskosten sind ebenso verloren wie die Stunden, die seine Kollegen investierten, um Arbeit für ihn mit zu erledigen. Und weil der Rekrutierungszyklus auf das Schuljahr abgestimmt ist, muss seine zur Unzeit freigewordene Stelle überbrückungsweise mit einer Zeitkraft besetzt werden oder nahezu neun Monate unbesetzt bleiben.

Reggie erwies sich mit anderen Worten als sechsstelliger Fehler.

Ist er eine Ausnahme? Leider nein. Und je höher Sie die Karriereleiter klettern, desto kostspieliger werden solche Einstellungsfehler allein schon wegen der Zahl der betroffenen Mitarbeiter und der Größe der betroffenen Einheiten. Schauen wir uns eine andere Situation an, die sich in einem Unternehmen ereignete, das später mein Klient wurde:

Ein international operierendes Serviceunternehmen hatte einen sehr erfolgreichen Global Sales Manager. Unter seiner Ägide liefen die Dinge sehr stabil. Der Vertrieb lief gut und er hatte ein engagiertes Team von Mitarbeitern, die gern für ihn arbeiteten. Folglich ging man davon aus, dass er noch viele Jahre seinen Posten behalten würde. Eines Tages jedoch verschied er unerwartet.

Niemand im Unternehmen war auf diesen plötzlichen Schicksalsschlag vorbereitet. Es gab keine Talent-Pipeline mit einem startbereiten Ersatzkandidaten und weder einen internen noch einen externen Talent-Pool von bereits umworbenen Kandidaten. Die Stelle war absolut geschäftsentscheidend für den Betrieb des Unternehmens und musste unverzüglich wieder besetzt werden. In seiner Not wandte sich das Unternehmen an mehrere Personalberater spezialisiert auf gehobene Positionen und beauftragte sie mit der schnellstmöglichen Suche nach einem Ersatz.

Das war keine einfache Aufgabe, wie Sie sich vorstellen können. Es dauerte mehrere Monate, um mehrere qualifizierte Kandidaten zu finden und zu interviewen. In der Zwischenzeit litt das Unternehmen unter den gewaltigen Kosten der Vakanz. Der Umsatz brach ein, Geschäftschancen mit größeren Kunden wurden verpasst und die Moral der Mitarbeiter verschlechterte sich zusehends.

Zuletzt entschied sich die Unternehmensführung für einen Kandidaten. Der neue Global Sales Director wies einen sehr starken Hintergrund und eine eindrucksvolle Erfolgsbilanz auf. Seine Persönlichkeit schien bestens zur Position zu passen und sämtliche Vertreter der Unternehmensführung waren guter Hoffnung, dass die globale Vertriebsabteilung – endlich – wieder an die erfolgreichen Zeiten der Vergangenheit anknüpfen könnte.

Leider erlosch die warme Glut der gelungenen Stellenbesetzung schon rasch, als ein Mitarbeiter nach dem anderen kündigte. Das ließ die Alarmglocken schrillen, war doch die Fluktuation im Vertriebsteam seit Jahren äußerst gering gewesen. Auf einmal aber verließen die Vertriebskräfte in Scharen das Unternehmen.

Die Personalabteilung beschloss, eine Umfrage unter den Mitarbeitern zu starten, um auf diese Weise möglicherweise auf die Quelle des Problems zu stoßen. Sie entdeckten, dass der neue Global Sales Manager als dominant und arrogant empfunden wurde. Es wurde kritisiert, dass er nicht zuhörte, und er kam als »Besserwisser« herüber. Ein solches Verhalten stand im krassen Widerspruch zur Unternehmenskultur. In dieser war es üblich gewesen, dass Führungskräfte ihren Mitarbeitern aktiv zuhörten und ihnen die Chance und die Gelegenheit boten, ihre Ideen und Meinungen einzubringen.

Diese Entdeckung brachte die Unternehmensführung in eine Zwickmühle. Der Erfolg des Unternehmens basierte auf seiner klaren und bewährten Unternehmenskultur. Es war die Absicht gewesen, jemanden hereinzuholen, der die Dinge als Change Agent – aber nicht als Disruptor – weiter verbessern und neue Ideen und Technologien einbringen konnte. Unglücklicherweise hatte man es versäumt, die Kandidaten auf hinreichenden Culture-Fit hin zu überprüfen. Trotz langwieriger und kostspieliger Suche hatte man folglich diese so wichtige Stelle mit einem »talentierten« Kandidaten besetzt, der die Situation des Unternehmens aktiv verschlechterte.

Und wie steht es um die Gesamtkosten dieser Fehlbesetzung? Millionen Euro an entgangenem Umsatz, ganz zu schweigen von den Tausenden für den Personalberater, der diesen Kandidaten zutage gefördert hatte. Finanziell kann so ein Missgriff ein Unternehmen um Jahre zurückwerfen.

Schlimmer noch: Neben diesen harten Kosten sind hier auch noch signifikante immaterielle und menschliche Kosten im Spiel.

Die immateriellen und menschlichen Kosten »schlechter« Einstellungsentscheidungen

Jedes Mal, wenn Sie bei einer Einstellung danebengreifen, geht die Wirkung weit über die finanzielle Seite hinaus. Die meisten dieser immateriellen und menschlichen Kosten bleiben nicht ohne Konsequenzen, und wenn Sie nichts gegen sie unternehmen, entwickeln sie sich leicht zu einer tödlichen Wunde, die Ihr Unternehmen schlicht verbluten lässt.

Finden Sie, dass ich überdramatisiere? Denken Sie nur an die langfristigen Folgen folgender Kosten:

- **Verminderte Produktivität:** Neueinstellungen und Fluktuation führen fast immer zu einem Verlust an Produktivität. Sie können die Stunden messen, die Sie in Interviews investieren, und dieser Zeit einen Eurobetrag zuordnen. Schon schwerer fällt es, den Wert der Arbeit zu bestimmen, die stattdessen geleistet hätte werden können. Und auch die Unterbrechungen, zu denen es kommt, wenn Rollen längere Zeit unbesetzt sind oder nach einer verfehlten Einstellungsentscheidung plötzlich vakant werden, resultieren in gewaltigen Produktivitätsverlusten, die sich nur schwer quantifizieren lassen, so deutlich sie auch zu spüren sein mögen.

- **Qualitätsprobleme:** Neue Mitarbeiter, die noch nicht wissen, was sie tun, denen die nötigen Fähigkeiten fehlen, um ihre Arbeit gut zu machen, oder denen es an der Motivation fehlt, gute Arbeit zu leisten, können alle Arten von Fehlern und betrieblichen Engpässen verursachen. Dasselbe gilt für erfahrene Mitarbeiter, die neue Rollen übernehmen. Sie mögen in ihren vorigen Rollen hochgradig kompetent gewesen und dennoch ungeeignet sein für ihren neuen Standort oder ihre neue Position. Schlecht geleistete Arbeit ist mitunter schädlicher als überhaupt nicht geleistete Arbeit und Korrekturen oder Entschädigungen kosten Zeit und Ressourcen.
- **Unzufriedene Kunden:** Sie denken vielleicht zuerst an externe Kunden – die Endverbraucher der Waren und Dienstleistungen Ihres Unternehmens. Sie können ihre Unzufriedenheit lautstark kundtun – und tun dies häufig auch –, wenn Veränderungen in der Belegschaft Auswirkungen auf ihr Kundenerlebnis haben. Interne Kunden (Weisungsketten, andere Abteilungen) können aber ebenso unzufrieden sein mit den Erfahrungen, die sie in der Arbeit mit einem schlecht platzierten Mitarbeiter des eigenen Unternehmens haben. Diese Kosten können dramatisch wachsen, wenn es sich um öffentlich sichtbare Rollen handelt, wie beispielsweise im Vertrieb und im Kundenservice, wo unzufriedene Kunden nicht zögern, in den sozialen Medien über ihre Erfahrungen zu berichten. Aber auch die intern empfundene Unzufriedenheit sollte nicht auf die leichte Schulter genommen werden, denn sie kann zu Desengagement und zusätzlicher unerwünschter Fluktuation führen.

- **Verlust an Fachwissen:** Für Unternehmen, die stark von technischer Expertise und dem Fachwissen ihrer Mitarbeiter abhängen, können falsche Einstellungsentscheidungen den Abschied von dringend benötigtem Wissen bedeuten. Vielleicht lässt es sich ersetzen – gegen Gebühr. Vielleicht aber ist es auch das Ergebnis jahrelangen Trainings und praktischer Erfahrung und als solches schlicht unersetzlich. Ein durch Fluktuation verursachter Verlust von Wissen ist jedenfalls ein echtes Problem, das Sie nicht ignorieren dürfen.
- **Verlust an institutionellem Wissen:** Neben der technischen Expertise benötigen viele Beschäftigte auch ein erhebliches Maß an institutionellem Wissen, um ihren Rollen gerecht werden zu können. Diese Form des Wissens – zu wissen, an wen sie sich in der IT-Abteilung wenden müssen, wenn sie Hilfe bei einem bestimmten Programm benötigen – lässt sich einem neuen Mitarbeiter nur schwer im Rahmen eines Trainings vermitteln. Mitarbeiter, die gehen – besonders, wenn die Trennung nicht einvernehmlich erfolgt –, hinterlassen in der Regel keine detaillierten Memos. Ihre Nachfolger brauchen mitunter Jahre, um ein ähnliches Wissens- und Leistungsniveau in ihrer Rolle zu erreichen, solange sie kein kulturelles Training und keinen institutionellen Wissenstransfer erhalten.
- **Verlust an Moral und/oder Engagement:** Eine schlechten Einstellungsentscheidungen geschuldete Fluktuation ist mehr als eine Stressquelle – häufig ist sie eine Quelle des Frusts und der Scham. Kein Kandidat möchte aus dem Stand gefeuert werden und keine Führungskraft möchte verantwortlich sein für den Kandidaten, der jetzt gefeuert werden muss. Für einen Mitarbeiter, der seiner Rolle nicht gewachsen ist, einspringen zu müssen, zieht ganze Teams herunter, schafft Verstimmung und sät Zweifel bezüglich der Taktik der Personalabteilung und der Intelligenz der Unternehmensführung. Hohe Fluktuationsraten um sie herum ermüden selbst die besten und loyalsten Mitarbeiter und verleiten sie dazu, sich andernorts nach Gelegenheiten umzuschauen.

Je länger diese Formen von »weichen Kosten« andauern, desto stärker tragen sie zu einer Art von selbsterfüllender Prophezeiung bei: Eine hohe Fluktuation resultiert in Problemen mit der Arbeitsqualität, die wiederum auch die Moral beeinträchtigen, was sich dann in höheren Fluktuationsraten niederschlägt, und so weiter.

Es kann hart sein, die Spirale zu brechen, aber es ist nicht unmöglich. Selbst wenn die Dinge gegenwärtig in die falsche Richtung laufen, ist ein Umschwung möglich. Im nächsten Abschnitt werden Sie die bewährten Systeme aus der Welt der Artisten, des Sports und der Unterhaltung kennenlernen, die schlechte Einstellungsentscheidungen minimieren und helfen, dysfunktionalen Arbeitsumgebungen ein Ende zu setzen.

Die bewährten Systeme, die schlechte Einstellungsentscheidungen minimieren

Der Pfad, der von schlechten Einstellungsentscheidungen wegführt, ist derselbe, der Unternehmen von der unrealistischen Suche nach dem »perfekten« Kandidaten befreit. In Wahrheit ist niemand perfekt. Aber es ist möglich, unter den Milliarden nicht perfekter Menschen in der Welt jene zu finden, die genau jene unverwechselbare Kombination von Talenten, Persönlichkeitseigenschaften, Motivationen und Lebenszielen mitbringen, die Ihr Unternehmen benötigt.

Werden Sie diese »für Sie genau richtigen« Kandidaten auf den ersten Blick erkennen? Nein. Mit Sicherheit nicht.

Wie Sie sich denken können, bin ich in meiner langen Beratertätigkeit in den Bereichen Einstellung und Profiling vielen Menschen begegnet, die behaupteten, dass sie, kaum dass jemand zur Tür hereinkommt, bereits wissen, wie der Mensch tickt und ob er ein guter Kandidat für die Position ist. Ob es dieses Talent wirklich gibt oder nicht – im realen Leben habe ich es bislang noch bei niemandem beobachten können. Ich selbst habe Eignungsdiagnostik von der Pike auf gelernt. Bereits als junger Mensch wurde ich in der Sicherheitsabteilung der Fluggesellschaft Pan Am von Ex-Geheimdienst-Agenten in diversen Frage-Techniken trainiert und habe inzwischen mehr als 30 Jahren Erfahrung. Bis heute kann ich nicht behaupten, diese Kompetenz zu besitzen. Vielen Unternehmen, die für eine miserable Einstellungspraxis in Verruf stehen, wird in Online-Rezensionen genau dieses Verhalten von Ex-Mitarbeitern attestiert, wenn sie beispielsweise berichten: »Die Führungskraft dachte, sie wüsste alles über mich, als ich den ersten Fuß in die Tür setzte, und von da an saß ich in dieser Schublade fest, in die sie mich gesetzt hatte, noch bevor ich meinen ersten Arbeitstag absolviert hatte.«

Denken Sie an den Fall von Larry Bird. Wenn Sie ein Fan von Profi-Basketball sind, wissen Sie, dass Larry Bird heute als einer der besten Spieler aller Zeiten gilt. Neben Michael Jordan und Magic Johnson war er 13 Saisons lang ein dominanter Angreifer, bevor er ein erfolgreicher Trainer und Manager wurde.[12]

Wäre aber der »Ersteindruck« ausschlaggebend gewesen, wäre er niemals in die National Basketball League gekommen.

Bird war als armes Kind in einem extrem ländlichen Teil des Landes aufgewachsen.[13] Erschreckt vom städtischen Umfeld, brach er seine erste College-Ausbildung ab und arbeitete kurzzeitig als Müllmann, bevor er seine Ausbildung fortsetzte.[14] Er sah nicht aus wie die übrigen Top-Basketballspieler seiner Zeit (sie machten sich über sein teiggesichtiges Landjungenaussehen lustig und nannten ihn »hinterwäldlerisch«) und war auch ein sehr viel langsamerer Läufer.

Sein Glück war, dass einige seiner Trainer es nicht bei diesem »ersten Blick« beließen. Sie gaben ihm einen Ball in die Hand und luden ihn zum Spiel ein … und spielen konnte er!

Lionel Messi ist auch so ein Beispiel. Heute gilt er als einer der besten Fußballspieler der Welt. Aber als er erstmals entdeckt wurde, war er so klein und so jung, dass er nach den traditionellen Rekrutierungsstandards gemäß Alter, Bildungsstand und so weiter niemals auch nur zu einem Interview eingeladen worden wäre.

Carles Rexach, der Messi entdeckte, erinnert sich an den »winzigen Knirps«, der ihm damals vorgestellt wurde.[15] Rexach fuhr nur, ihn sich anzusehen, weil er ohnehin in der Gegend war und alle von seinen Fähigkeiten schwärmten. Er erklärte sich bereit, ihn mit nach Spanien zu nehmen, um ihn im Spiel gegen größere und stärkere Spieler zu testen.

Was er sah, verschlug ihm den Atem. »Er hatte abnormale Fähigkeiten. Er war ganz Instinkt. Er war der geborene Fußballer.«[16] Rexach nahm ihn unter Vertrag, und obwohl Messi noch immer kleiner ist als viele andere Spieler, gibt der erste Eindruck nur einen schwachen Schatten von seinen mittlerweile legendären Fähigkeiten auf dem Feld.

Und das ist tatsächlich das Geheimnis. Sie können einen Kandidaten nicht allein nach dem äußeren Anschein beurteilen. Sie können nicht bei der ersten Begegnung nach Ihrem Bauchgefühl entscheiden. **Sie müssen bereit sein, ihn einer tiefergehenden Analyse zu unterziehen.**

Das ist für viele Unternehmen ein echter Paradigmenwechsel. Er setzt das offene und ehrliche Eingeständnis voraus, dass Sie nicht wissen, wer gut ist und wer nicht. Selbst wenn Sie überzeugt sind, dass Sie eine gute Nase für Talent haben, können Sie falsch liegen. Sie liegen sogar mit größerer Wahrscheinlichkeit eher falsch, als dass Sie richtig liegen. Während rund 93 Prozent aller befragten Unternehmen sich zuversichtlich zeigten, dass sie den richtigen Kandidaten finden werden,[17] gaben, wie wir zu Beginn dieses Kapitels sahen, rund 76 Prozent der befragten Führungskräfte zu, im Jahr 2020 mindestens eine schlechte Einstellungsentscheidung getroffen zu haben.[18]

Ein großer Teil des Problems besteht darin, dass viele Menschen sich nicht der gesamten Bandbreite der Elemente bewusst sind, die stimmen müssen, damit ein Kandidat in seiner neuen Rolle erfolgreich sein kann. Die Personalentscheider neigen dazu, sich auf eine Dimension wie beispielsweise Ausbildung oder Erfahrung zu fokussieren, ohne auch die übrigen Erfolgsfaktoren zu berücksichtigen. Qualifikationen sind aber nicht alles. Erfolg *in einer bestimmten Rolle ist vielmehr eine Kombination aus den richtigen harten Fähigkeiten* **(Hard Skills)** *plus der richtigen Persönlichkeit* **(Soft Skills)** *plus der Umweltverträglichkeit* **(Culture-Fit)**.

Wie Sie den *Right-Fit* in Ihrer Organisation finden

Um sichergehen zu können, dass Sie die richtige Person auf die richtige Stelle im richtigen Umfeld setzen, sollten Sie drei entscheidende Dimensionen im Blick haben. Ich nenne sie die »**drei *Right-Fit*-Prinzipien**«:

1. Skill-Fit,
2. Job-Fit,
3. Culture-Fit.

In den nachfolgenden Kapiteln werden Sie mehr über diese Elemente erfahren. Jedem Element ist dabei ein eigenes Kapitel gewidmet. Fürs Erste reicht es, wenn Sie sie sich als eine Möglichkeit vorstellen, das Bild, das Sie von Ihrem idealen Kandidaten haben, von etwas Flachem und Eindimensionalem in ein lebendiges und robustes dreidimensionales Bild zu verwandeln.

Die Anwendung dieser drei *Right-Fit*-Prinzipien auf Ihre Organisation bedeutet, dass Sie bei Ihren Einstellungsentscheidungen stets alle drei Elemente berücksichtigen – *Skill-Fit*, *Job-Fit* und *Culture-Fit*. Der richtige Kandidat für eine gegebene Rolle ist einer, der Ihre einzigartigen Anforderungen in jedem dieser Bereiche erfüllt und alles so nahtlos miteinander verbindet wie ein perfekt zusammengesetztes Puzzle.

Um also die richtige Person in die richtige Rolle im richtigen Umfeld zu bringen, müssen Sie diese drei Dimensionen evaluieren und die folgenden Schlüsselfragen in allen drei Bereichen positiv beantworten können:

- *Skill-Fit*: Im Bereich *Skill-Fit* evaluieren Sie die Fähigkeit des Kandidaten, die geforderte Leistung zu erbringen. Verfügt dieser Kandidat über die Fähigkeiten, die Kompetenzen, die Erfahrung und das notwendige Wissen für diese Aufgabe? Oder können die fehlenden Fähigkeiten über ein entsprechendes Training in angemessener Zeit erworben werden?
- *Job-Fit*: Im Bereich *Job-Fit* evaluieren Sie, ob Ihr Kandidat für eine bestimmte Art von Rolle geeignet ist. *Job-Fit* hat drei wichtige Dimensionen.
   a) **Mentale Fähigkeiten**: Verfügt dieser Kandidat über die erforderlichen kognitiven Fähigkeiten (Denkweisen und Lernweisen) für diesen Job?
   b) **Persönlichkeit**: Verfügt dieser Kandidat über die erforderliche Verhaltensmerkmale für den Job?
   c) **Berufliche Interessen**: Bringt dieser Kandidat die richtigen beruflichen Interessen und Motive für diesen Job mit?

- **Culture-Fit**: Im Bereich *Culture-Fit* geht es um Werte und »Weltanschauung« und wie gut sich diese Person mit ihrem Umfeld verträgt. Auch dieser Bereich hat im Wesentlichen drei Dimensionen.

  a) ***Company-Fit***: Ist das die richtige Person für dieses Unternehmen in Anbetracht von dessen Kultur, Werten und Visionen?

  b) ***Team-Fit***: Verträgt sich diese Person gut mit diesem Team in Anbetracht von dessen zwischenmenschlicher Dynamik, Arbeitsstil und Leistungserwartungen?

  c) ***Boss-Fit***: Ist das der richtige Mitarbeiter für diesen Vorgesetzten in Anbetracht von dessen Führungsstil und Alltagsverhalten?

Indem Sie diese Punkte in Betracht ziehen, BEVOR Sie Ihre abschließende Entscheidung treffen, steigern Sie Ihre Chancen, Ihren eigenen unverwechselbaren Typ von Supertalent zu finden, um ein Vielfaches. Zumindest vermeiden Sie so viele Überraschungen aus dem Rekrutierungs- und Selektionsprozess und reduzieren die Wahrscheinlichkeit, versehentlich eine weitere schlechte Einstellungsentscheidung zu treffen.

Wenn zum Beispiel der Cirque du Soleil einen Probespieltag veranstaltet, schaut er sich nicht nur die Trainingsqualifikationen und das athletische Können der Interessenten in bestimmten Disziplinen an.[19] Das sind wichtige Dinge, ohne Frage. Aber bei einem Zirkus kommt es nicht allein auf die Fähigkeit an, Kunststücke vorzuführen. Die Kandidaten müssen kompatibel sein mit einem schnell getakteten Umfeld, wo sich die Choreografie stets ändert und die Bühne jeden Abend eine andere ist.[20] Nicht jeder begabte Artist ist ein Freund von so viel Veränderung bzw. Anpassung. Und wo der Artist zuvor vielleicht ein eigenständiger Star war, muss er sich jetzt als Teil eines Ensembles bewähren. Jetzt ist die Marke der Star und der Darsteller bleibt anonym. Um in einer Welt wie dieser erfolgreich zu sein, müssen sie in der Lage sein, sich gut mit anderen zu vertragen und ihr eigenes Ego zugunsten der Gruppe zurückzustellen – etwas, das nicht jedem Darsteller gegeben ist, selbst für eine prestigeträchtige Rolle.[21]

Der Cirque nimmt sich die Zeit, sämtliche *Fit*-Dimensionen – *Hard Skills*, ideale Charaktereigenschaften und Organisationskultur – bei der Auswahl neuer Ensemblemitglieder zu berücksichtigen. Und damit ist er nicht allein. Die besten Talent-Scouts in der Welt des Sports verlassen sich ebenfalls nicht allein auf die technischen Fähigkeiten. Piet de Visser beispielsweise, der als einer der erfolgreichsten Scouts der Fußballwelt Leute wie Neymar, Kevin De Bruyne und Christiano Ronaldo entdeckte, verwendet dafür ein fünfstufiges Analyseverfahren, das Fähigkeiten, Vision, Konstitution, Mentalität und Charakter der Kandidaten misst.[22]

Warum denken wir dann in der Welt der Unternehmen, wir könnten allein auf Grundlage eines Lebenslaufes und einiger kurzer Interviews erkennen, ob ein Kandidat für eine gegebene Rolle geeignet ist? Kein Wunder, dass wir so viele Herausforderungen haben!

Wie viele Ihrer offenen Stellen bleiben, wenn Sie einen ehrlichen Blick auf sie werfen, eindimensional? Wie würde ein erfolgreicher Kandidat für Ihre kritischste offene Stelle aussehen – nicht nur, was seine *Hard Skills* und seine technischen Zeugnisse, sondern auch, was seine menschliche Eignung für die Aufgabe, seine Motivation, in der Rolle erfolgreich zu sein, und seine Verträglichkeit mit der einzigartigen Kultur Ihres Unternehmens betrifft?

Nehmen Sie sich jetzt einen Augenblick, um sich Gedanken über die erweiterten *Fit*-Elemente zu machen, die Ihnen helfen können, häufiger die richtigen Kandidaten auf die richtigen Stellen zu setzen und in Zukunft viele »schlechte Einstellungsentscheidungen« zu vermeiden.

Die nächsten drei Kapitel sind der vertieften Beschäftigung mit den einzelnen *Right-Fit*-Elementen gewidmet. Sie werden sehen, wie die einzelnen Teile des Puzzles die Gesamtleistung beeinflussen und was Sie tun können, um Kandidaten in jeder Stufe so zu bewerten, dass Sie ein akkurateres und robusteres Bild von ihnen unter Berücksichtigung der Bedürfnisse Ihrer Organisation gewinnen. Als Endergebnis werden Sie wissen, wie die Anwendung der *Right-Fit*-Prinzipien in Kombination mit objektiven, wissenschaftlich basierten Assessment- oder Profiling-Instrumenten Ihnen hilft, die meisten »schlechten Einstellungsentscheidungen« zu vermeiden und mehr Kandidaten, die zu Ihren Bedürfnissen passen, in Rollen zu setzen, in denen sie wahrlich Bestleistung erbringen können.

5 Skill-Fit

»Fähigkeit ist die vereinte Kraft von Erfahrung, Intellekt und Leidenschaft in Aktion.«

John Ruskin, englischer Philosoph

Was den *Skill-Fit* betrifft, so wünschen sich Arbeitgeber die Antwort auf eine einfache Frage: Verfügt dieser Kandidat über die erforderlichen Fähigkeiten, die Erfahrung, das Wissen und die rollenbezogenen Kompetenzen für diesen Job?

Das *Skill-Fit*-Element des *Right-Fit*-Konzepts beantwortet diese Frage, und wenn es richtig angewendet wird, liefert es mehr Erkenntnisse als ein simples Ja oder Nein. Deshalb reicht es meiner Ansicht nach auch nicht, Häkchen neben die Einträge einer Liste zu machen, wenn es darum geht, sich ein Bild von den Fähigkeiten eines Kandidaten zu machen.

Schließlich sind Sie und Ihr Unternehmen nicht nur an jemandem interessiert, der Ihnen hier und heute gute Dienste leisten kann. Sie haben eine wunderbare Zukunft vor sich – solange Sie die richtigen Mitarbeiter finden, um sie Wirklichkeit werden zu lassen!

Wir haben bereits über die vielen allgemeinen Gründe gesprochen, warum es im Wettbewerbsumfeld von heute so schwierig ist, die richtigen Mitarbeiter zu finden. Mit *Skill-Fit* kommen wir jetzt allmählich zu den Details. Und 42 Prozent der Lebensläufe, die in den Unternehmen eintreffen, stammen von Kandidaten, die nicht über die erforderlichen Fähigkeiten verfügen[1] – oder zumindest nicht über alle, die in den Stellenausschreibungen genannt wurden.

Selbst bei den Kandidaten, die auf dem ersten Blick auf dem Papier qualifiziert erscheinen, konnten viele Unternehmen beobachten, wie unsere Bildungssysteme und Trainingsprogramme Mühe haben, mit unserer sich rasch verändernden Welt Schritt zu halten. Technologische Fortschritte und Digitalisierung laufen den Lehrplänen davon. Gänzlich neue Spezialisierungsfelder wie Smart-Home-Systeme, 3D-Druck-Programme, algorithmische Analytik und Cyber-Sicherheit sind in einer Art und Weise wichtig geworden, wie es noch von zehn Jahren niemand vermutet hätte. Und während der Bedarf an Kandidaten mit modernsten technischen Fähigkeiten steigt, nimmt das Angebot infolge schrumpfender Generationen weltweit ab, wodurch sich der *Skill-Gap* weiter vergrößert.

Natürlich können wir alles auf das Bildungssystem und den demografischen Druck schieben. Ein Teil dieser Qualifikationslücke geht auch auf das Konto von Kandidaten mit vielen Jahren Erfahrung, die es versäumt haben, erfolgreich mit den veränderten Businessnormen mitzuhalten. Klassische Stellen im Vertrieb beispielsweise pflegten hervorragende Fähigkeiten im persönlichen Kontakt, Ausdauer am Telefonhörer zwecks Terminvereinbarungen und Reisebereitschaft vorauszusetzen, um Kunden vor Ort aufzusuchen. Die Tätigkeit war eher geselliger und persönlicher als technischer Natur, aber das hat sich geändert.

Noch bevor die Begrenzungen der neuen europäischen Datenschutzvorschriften ins Spiel kamen, gefolgt von den COVID-Lockdowns, die Millionen zwangen, sich ins Home-Office zurückzuziehen, entwickelten sich diese Rollen in Richtung von mehr Automatisierung und Digitalisierung. Wo früher Vertriebsteams Messen besuchten oder Events veranstalteten, um für ihre Kunden sichtbar zu bleiben, müssen sie sich heute mit Online-Werbung, automatisierter Kundenkommunikation und Plattformen wie LinkedIn und Xing auskennen. Mitarbeiter, die ihre Erfolge ihren verbalen Kommunikations- und Präsentationsfähigkeiten verdanken, müssen ihre Persönlichkeiten nun deutlich verstärkt in schriftliche (Online-) Formate übersetzen.

Schriftliche Fähigkeiten erleben generell in der Gesellschaft ihr großes Comeback. Unsere Briefe schreibenden Vorfahren, die ganze Großreiche mittels handschriftlicher Notizen und Telegramme errichteten, würden sicherlich staunen, was wir heute alles mit E-Mails, SMS, Messenger-Apps und sozialen Medienplattformen anstellen. Networking geschieht heute nicht mehr nur über persönliche Begegnungen – an die Stelle von Geschäftsessen alten Stils sind Online-Chats und Sofortnachrichten getreten. Ich empfehle deshalb meinen Kunden, nicht nur die verbalen Kommunikationsfähigkeiten eines potenziellen Vertriebsmitarbeiters zu testen, sondern auch ihre Fähigkeit, schriftlich zu kommunizieren, bevor sie eine Einstellungsentscheidung treffen. Bedenken Sie dabei, dass es in der digitalen Welt nicht immer darum geht, lange Romane zu schreiben, sondern Informationen zu erstellen, die den Inhalt mit nur wenigen Worten auf den Punkt bringen.

Ich könnte Beispiele über Beispiele für Veränderungen und Herausforderungen nennen, die zu *Skill-Gaps* führen. Im Wesentlichen geht es dabei jedoch immer um die folgenden zwei Punkte:

- **Neue Rollen erfordern ganz neue Fähigkeiten.**
- **Alte Rollen erfordern ganz neue Fähigkeiten.**

Kein Wunder, dass wir an allen Ecken und Enden *Skill-Gaps* haben! Das macht es so schwierig, erfolgreiche Einstellungsentscheidungen zu treffen. Deshalb ist es so wichtig, dass wir mehr tun, als Lebensläufe und Auflistungen von Qualifikationen zu studieren. Sie müssen wissen, welche Fähigkeiten Sie benötigen, wie unabdingbar dieser Bedarf ist und wie Sie die wahren Fähigkeiten eines (internen oder externen) Kandidaten ermessen können.

Damit Sie dies effizient und korrekt bewerkstelligen können, lernen Sie auf den folgenden Seiten Folgendes kennen:

- die *Skill-Fit*-Kernelemente Training, Erfahrung und Fachkompetenz;
- die optimalen Methoden zur *Skill-Fit*-Bestimmung, wie gezielte Profilbildung, teilstrukturierte Interviews, Fallstudien und Skill-Tests;
- wie Ihr Unternehmen mittels fortgeschrittener *Skill-Fit*-Evaluationen verborgene Pools äußerst wünschenswerter Talente innerhalb und außerhalb Ihrer Organisation entdecken und davon profitieren kann.

Wenn Sie dieses Kapitel gelesen haben, werden Sie besser verstehen, was es bedeutet, dass jemand ein *Skilled-Fit* für eine Stelle ist. Sie wissen dann, wie Sie die für eine Rolle benötigten Fähigkeiten klar definieren und dabei auf potenziell irreführende Qualifikationsanforderungen und Erfahrungsniveaus verzichten. Sie werden wissen, wie Sie Kandidaten interviewen und Persönlichkeitsprofile auf der Grundlage ihres *Skill-Fit* bewerten. Und Sie sehen, wie Sie Ihren Wettbewerbsvorteil an der Talentfront weiter ausbauen, indem Sie Ihr Verständnis vom *Skill-Fit* mit Ihrem bestehenden Wissen zu Talent-Pools und Talent-Pipelines kombinieren.

Die *Skill-Fit*-Kernelemente

Fähigkeiten und Kompetenzen sind beobachtbare Verhaltensweisen, die sich erlernen und entwickeln lassen. Gute Sprachkenntnisse beispielsweise sind eine Fähigkeit. Man kann Unterricht nehmen, üben und sich verbessern. Computerprogrammierung, Design und berufliche Kompetenzen wie Delegieren oder bewusstes Zuhören sind, auch wenn eine natürliche Begabung hilfreich sein kann, *Hard Skills* bzw. *Kompetenzen*, die sich testen und verbessern lassen.

Skill-Fit für eine Rolle bedeutet somit, dass die *Hard Skills*, die für den Job erforderlich sind, vorhanden sind. Kandidaten sind *skilled*, wenn sie über die richtige Ausbildung, die richtige Erfahrung und die richtigen Fachkompetenzen verfügen, um gute Leistung zeigen zu können.

Wichtig ist in dieser Definition, dass »richtig« ein subjektiver Begriff ist. Was für ein Unternehmen richtig ist, muss noch lange nicht für ein anderes Unternehmen richtig sein. Wenn Sie Stellenbeschreibungen (Anforderungsprofile) erzeugen oder aktualisieren, sollten Sie deshalb darauf achten, dass Sie sie an die aktuellen Fähigkeitsanforderungen für die Rolle anpassen.

Sprechen wir zuerst über die Ausbildung. Welches Training, Ausbildung und welche Qualifikationen braucht ein Bewerber, um in Ihrem Unternehmen in dieser speziellen Rolle erfolgreich sein zu können?

Bei vielen Unternehmen ist es akzeptierte Praxis, Ausbildungsabschlüsse als Kompetenznachweise zu akzeptieren. Vergleichbar mit der Empfehlung eines Spitzentrainers, der einem jungen Spieler die Türen zu den höheren Gefilden des Sports öffnet, kann ein Abschluss von einer angesehenen Bildungseinrichtung unabhängig von der tatsächlich gezeigten Leistung als Steigbügel dienen. Doch mag der erworbene Abschluss auch noch so viel Ansehen genießen – ein Stück Papier ist keine Garantie, dass der Kandidat wirklich kompetent ist.

Ich empfehle Ihnen deshalb, in Bezug auf Bildungsabschlüsse vorsichtig zu sein. Sie könnten damit ungewollt Kandidaten ausschließen, nur weil sie über eine andere Art von Abschluss oder

Zeugnis verfügen oder nicht eine bestimme Anzahl von Jahren praktischer Erfahrung nachweisen können. Ein gerahmtes Diplom sagt nur bedingt etwas aus. Besonders in Zeiten, wo sich das Gelernte so schnell überholt. Das, was Sie z. B. vor 10 Jahren in der Uni über IT gelernt haben, erscheint heute wie Wissen aus der Steinzeit. Und in der Tat gibt es Hunderte von berühmten Persönlichkeiten, die im Leben Großes erreicht haben, ohne jemals eine formelle Ausbildung abgeschlossen zu haben.

Henry Ford beispielsweise widmete sich der Autobranche, während Sir Richard Branson eine Zeitschrift gründete, bevor er sich Musik, Fluggesellschaften und jetzt der Raumfahrt zuwandte. Beide verließen die Schule schon mit 16.[2] Michael Dell von Dell Computers wollte im zarten Alter von acht Jahren das Äquivalent seines Highschool-Abschlusses machen (seine Eltern überredeten ihn, noch einige Jahre auszuharren, bevor er der Schule schließlich den Rücken kehrte),[3] während Zara-Gründer Amancio Ortega die Schule mit 14 verließ.[4] Selbst jene, die sich für einige Jahre College entschieden, nutzten ihre Zeit dort häufig mehr, um Kontakte zu knüpfen und Unternehmen zu gründen, als um lediglich zu »lernen«, wie zum Beispiel Bill Gates, Mark Zuckerberg und Larry Page, die alle erfolgreiche Technologieunternehmen gründeten, in denen anfangs überwiegend Freunde und Bekannte aus Schule und College arbeiteten.[5]

Es ist also besser, sich nicht so ausschließlich auf Abschlüsse zu fokussieren. Gehen Sie die Situation stattdessen so an, wie ein Recruiter aus der Welt der Artisten und Sportler es machen würde. Ausbildung, Nationalität, Ethnie, Geschlecht und Gesellschaftsschicht – all das zählt wenig im Vergleich zur Fähigkeit, fehlerfrei auf der Spitze zu tanzen, ein spielentscheidendes Tor zu schießen oder 100 Meter in weniger als 48 Sekunden zu schwimmen. Fokussieren Sie sich auf Ihr angestrebtes Leistungsziel und schreiben Sie das in Ihre Ausschreibungen.

In der Geschäftswelt bieten die vertriebsspezifischen Berufe dafür ein perfektes Beispiel. Einige Universitäten bieten entsprechende Abschlüsse, aber Kompetenz als Vertriebskraft kann über eine Vielzahl unabhängiger oder praxisbezogener Trainingsprogramme erworben werden. Anstatt also einen Abschluss zu verlangen, könnten Sie stattdessen um Nachweise über ein unabhängiges Training oder Erfahrung in konkreten vertriebsspezifischen Tätigkeiten bitten.

Die Vertriebsbranche illustriert auch die Bedeutung des nächsten *Skill-Fit*-Kernbereichs: Erfahrung. Damit meine ich, ob jemand über relevante Erfahrung in Bezug auf die zu besetzende Stelle verfügt. Das kann die Erwartung sein, dass jemand bereits mehrere Jahre in einem bestimmten Bereich gearbeitet, einen Auslandseinsatz absolviert, Führungsaufgaben wahrgenommen hat und so weiter.

Wenn Sie in Ihrer Stellenausschreibung nach Erfahrung fragen, sollten Sie sich so eng wie möglich an den täglichen und normalen Aufgaben der Rolle orientieren. Fragen Sie sich stets, warum Sie bestimmte Erfahrungen voraussetzen. Muss Ihr Vertriebsmitarbeiter wirklich fünf Jahre Erfahrung mitbringen oder würden auch drei genügen? Welche Leistungsziele und Fähigkeiten assoziieren Sie mit fünf Jahren Arbeitserfahrung und worin unterscheidet sich das von dem, was man nach drei Jahren oder gar nur einem Jahr erwarten kann?

Ich betone diesen Punkt, weil Sie zwar einerseits Wert auf qualifizierte Kandidaten legen, andererseits aber auch nicht so viel verlangen sollten, dass Sie damit Ihren Kandidatenkreis über Gebühr begrenzen. In umkämpften Märkten, wo Talent schwer zu finden ist, sollten Sie Ihr Netz so weit wie möglich auswerfen.

Und natürlich sollten Sie die Erfahrung überprüfen. Schließlich ist es eine Sache, zehn Jahre lang im Vertrieb zu arbeiten, und eine andere, zehn Jahre lang im Vertrieb gute Arbeit zu leisten. Wie es in der Welt des Sports heißt: Solange wir die Übung falsch machen, bringt alle Übung nichts.

Das bringt uns zum letzten *Skill-Fit*-Kernbereich: Fachkompetenz. Das sind die rollentypischen Tätigkeiten, die internen ebenso wie externen Kandidaten im Idealfall geläufig sein sollten – oder die sie mühelos erlernen sollten. Dazu können Dinge gehören wie das Wissen um die Feinheiten von Quartalsabschlüssen, wenn Sie Buchhalter sind, oder die Fähigkeit, eine Kampagne zur Leadgenerierung zu planen, wenn Sie Vertriebsarbeiter sind.

Gewichten Sie, wenn Sie Ihre Stellenbeschreibungen formulieren, die geforderten Fähigkeiten nach ihrer Bedeutung (zumindest im Stillen für sich, selbst wenn Sie dies den Bewerbern nicht ausdrücklich mitteilen). Manche Fähigkeiten sind unverzichtbar für die Aufführung des Jobs. Andere sind *nice to have* oder Dinge, die sich mit etwas Training jederzeit nachholen lassen. Ein Java-Entwickler beispielsweise muss sich notgedrungen mit Java auskennen, während Vertrautheit mit Joomla eine nette Zugabe ist.

Nützlich ist zudem, wenn Sie den Beherrschungsgrad der Fähigkeit im Voraus definieren. Wenn Sie von einem Vertriebsleiter gute Englischkenntnisse erwarten, heißt das dann, dass er so flüssig wie ein Muttersprachler spricht, oder reichen auch »mittlere« Englischkenntnisse? Unterscheiden Sie zwischen mündlicher und schriftlicher Sprachbeherrschung? Welchen Grad der Sprachbeherrschung erwarten Sie vom ersten Tag an und was würden Sie, falls Verbesserungsbedarf besteht, nach drei Monaten erwarten? Diese Entscheidungspunkte zeigen Ihnen, wo Sie bei Ihrer Talentsuche flexibel sein können.

Was ist sonst noch wichtig? Stimmigkeit! Damit Sie die fachlichen Fähigkeiten als Maß für den *Fit* verwenden können, müssen sie den tatsächlichen Alltagsanforderungen der zu besetzenden Stelle entsprechen. Gelegentlich suchen die Unternehmen, wenn man der Ausschreibung glauben will, nach einem Superman; im Arbeitsalltag geht es dann aber um weit weniger als die Rettung des Planeten. Mit solchen Unstimmigkeiten ist niemandem gedient. Sie können für jeden Job den richtigen Kandidaten finden, aber nur, wenn Sie genau angeben, was für einen passenden *Fit* erforderlich ist.

Die besten Methoden, um den Skill-Fit zu bestimmen

Sobald Sie die für eine Rolle benötigen »harten« Fähigkeiten (Hard Skills) bestimmt haben, müssen Sie Ihre Kandidaten daraufhin bewerten, ob sie diese Fähigkeiten auch wirklich besitzen. Kandidaten pflegen dazu ihre Fähigkeiten sehr häufig zu übertreiben. Tatsächlich liegt in rund 45 Prozent der Fälle, in denen Führungskräfte den Eindruck haben, dass eine Einstellungsentscheidung ein Fehler war, der Grund darin, dass die Fähigkeiten der neuen Mitarbeiter nicht dem entsprechen, was sie im Zuge des Einstellungsprozesses zu können behauptet hatten.[6]

Hier wollen wir uns einige der häufigsten Assessment-Methoden ansehen, mit denen Sie den *Skill-Fit* bewerten können – in der Reihenfolge, in der Sie sie anwenden sollten. Am Ende des Abschnitts werden Sie dann in der Lage sein, selbst zu erkennen, welche Methoden Sie in Ihrer eigenen Organisation vorteilhaft einsetzen können.

Lebensläufe und Profile auf professionellen Plattformen

Ein erster Punkt des Assessments sind Lebensläufe und Profile auf professionellen Networking-Plattformen.

Lebensläufe mögen der traditionelle Ausgangspunkt sein (besonders in der passiven Rekrutierung, wo Sie Bewerbungen über eine Vielzahl von Kanälen erhalten), sind in Wahrheit aber reichlich grobe Talentfilter. Die Kandidaten »basteln« diese Dokumente häufig so zurecht, dass sie bestimmte Eigenschaften und Fähigkeiten suggerieren, die möglicherweise wenig Bezug zur Realität haben. Recruiter werfen häufig nur einen flüchtigen Blick darauf (im Schnitt nur sechs Sekunden im ersten Anlauf)[7] und die von vielen Teams eingesetzten KI-Tools filtern unter Umständen viele qualifizierte Kandidaten aus. Besonders in einer Zeit, in der viele Menschen pandemiebedingt ihre Karriere unterbrechen mussten, um beispielsweise angesichts geschlossener Kindergärten und Schulen für ihre Familien da zu sein, sollten Sie diesen Punkt im Blick haben.

Auch können Lebensläufe schnell »veralten«. Und in vielen Ländern gibt es Vorschriften, die es untersagen, Lebensläufe länger als eine bestimmte Zeit aufzubewahren, selbst wenn der Kandidat sein Einverständnis gibt.

Ein besserer Ansatz ist deshalb meiner Erfahrung nach, nicht Lebensläufe zum Ausgangspunkt zu machen, sondern öffentliche Profile, die Sie auf professionellen Social-Media-Plattformen wie Xing und LinkedIn finden. So gewinnen Sie ein robusteres Bild von Ausbildung, Erfahrung, Training, Qualifikation und Fähigkeiten der Person in unterschiedlichen Bereichen.

Neben der Bestätigung bestimmter Aspekte von Ausbildung und Erfahrung lassen Online-Profile beispielsweise auch erkennen, welche Fähigkeiten ein Kandidat selbst hervorheben möchte. So können Sie schnell sehen, mit welchen Fähigkeiten sich jemand präsentieren will und ob andere diese Fähigkeiten bestätigt haben. Sie erfahren, welche Empfehlungen gegeben und empfangen wurden und wie eifrig jemand um den Ausbau seiner Karriere bemüht ist.

Und während Lebensläufe eine statische Form haben, sind Online-Profile flexibler und lassen sich leichter an die Realitäten der modernen Work-Life-Balance anpassen. Im März 2022 führte LinkedIn beispielsweise ein neues Feature namens CareerBreak ein, das es ermöglicht, Lücken im beruflichen Lebenslauf mit Gründen zu versehen – mit 13 Auswahloptionen von Angehörigenpflege über Vollzeitkinderbetreuung bis zu Gesundheit.[8] Das Unternehmen führte dieses Feature unter anderen deswegen ein, weil zwar 62 Prozent der Beschäftigten irgendwann ihre Karriere unterbrechen, jeder fünfte Recruiter aber Kandidaten ignoriert, deren beruflicher Werdegang Unterbrechungen ohne weiteren Kontext enthält.[9]

Dieses neue Feature ermöglicht mehr Details als die meisten Lebenslaufformate und hilft den Unternehmen, mit Zuversicht auf einen größeren Talent-Pool zuzugreifen.

Infolge solcher Innovationen beginnen mein Team und ich den Selektionsprozess zumindest bei einem Teil unserer Kunden mit dieser Art von öffentlichen Online-Profilen. Es verringert sich so der Bedarf, beim Aufbau von Talent-Pools Lebensläufe zu speichern und zu verfolgen, und die Online-Profile enthalten in der Regel ausreichend Informationen, um erste Entscheidungen zu den nächsten Schritten zu treffen. Erst, wenn uns gefällt, was wir online finden, bitten wir den Kandidaten um Lebenslauf und Bewerbung. Vielleicht erscheint Ihnen ein solches Vorgehen ebenfalls vorteilhaft.

Skill-Fit-Interviews

Nach Ihrem ersten Profiling ist es an der Zeit, dass Sie die Kandidaten, von denen Sie beeindruckt sind, zu einem ausdrücklichen *Skill-Fit*-Interview einladen. Das kann online oder auch in Präsenz geschehen, wobei es sich häufig um ein relativ kurzes Interview handelt, dessen verbalen Teil Sie am effizientesten über einen Videochat oder telefonisch durchführen.

Mit dem *Skill-Fit*-Interview verfolgen Sie zwei Ziele. Sie verifizieren, ob die behaupteten Fähigkeiten tatsächlich gegeben sind und wie sich deren Umfang zu Ihren Bedürfnissen verhält. Wenn Sie beispielsweise einen dringenden Bedarf und keine Zeit für Trainings haben, benötigen Sie einen Verschlüsselungsexperten, der vom ersten Tag an zu hundert Prozent einsatzfähig ist. Wenn Sie hingegen flexibler sind, können Sie möglicherweise einen Kandidaten akzeptieren, der 80 Prozent dessen mitbringt, was Sie benötigen, und ihm während des ersten Jahres im Job ein Training bezahlen, damit er am Ende die gewünschten 100 Prozent erreicht.

Das ist so ein Punkt, wo die im Vorfeld definierten kritischen Erfolgsfaktoren und Entscheidungspunkte Ihnen helfen können, zügig eine erste Selektion unter Ihren Kandidaten vorzunehmen. Hier geht es wohlgemerkt noch nicht um Persönlichkeit oder *Culture-Fit* im weiteren Sinne. In diesem Interview im Frühstadium stellen Sie häufig sehr direkte, mit Ja oder Nein zu beantwortende oder einfache kompetenzbasierte Fragen.

Angenommen, Sie suchen einen Spezialisten für digitales Marketing. Sie benötigen bestimmte Fähigkeiten im Bereich des digitalen Marketings wie Suchmaschinenoptimierung, LinkedIn usw. Hier sind einige Beispiele für mögliche Fragen im *Skill-Fit*-Interview.

Interviewfragen zur Suchmaschinenoptimierung (SEO):

- Können Sie mir bitte einige Beispiele von Long Tail Keywords, mit denen wir unsere Dienstleistungen auf unserer Website anpreisen, nennen?
- Welche Tools können Sie uns für ein umfassendes SEO-Audit unseres Internetauftritts empfehlen?
- Erklären Sie mir bitte die Unterschiede zwischen Cost per Click (CPC), Paid Difficulty und SEO Difficulty.
- Wie würden Sie eine Konkurrenzanalyse durchführen?
- Wie sähe eine effektive SEO-Strategie für uns aus?

Interviewfragen zu LinkedIn:

- Welchen Typ von Marken haben Sie bereits mit LinkedIn aufgebaut?
- Der Algorithmus von LinkedIn favorisiert bestimmte Inhaltstypen. Können Sie mir bitte die zwei wichtigsten nennen?
- Wie können wir die Zahl der Follower unseres Unternehmens bei LinkedIn erhöhen?
- Wofür steht die Abkürzung SSI? Und was gilt als ein guter Wert?
- Artikel oder Newsletter? Oder machen wir beides? Und was ist der Unterschied?

Wenn Sie stattdessen nach einem Java-Entwickler suchen, könnten Ihre Fragen wie folgt lauten:

Interviewfragen für Java-Entwickler:

- Was bedeutet JDK?
- Was sind die Unterschiede zwischen JDK, JRE und JVM?
- Was ist ein JIT-Compiler?
- Was sind Brief Access Specifiers und welche Typen von Access Specifiers gibt es?
- Wie viele Typen von Konstruktoren verwendet Java?

Wie Sie sehen, sind die Fragen sehr konkret und wissensbezogen. Ziel des *Skill-Fit*-Interviews ist ausschließlich die Analyse, ob die Person über die für die Position benötigten Fähigkeiten und Kenntnisse verfügt.

Natürlich können Sie dem Kandidaten in einem Interview Dutzende solcher Fragen stellen. In der Regel ist es jedoch besser, wenn Sie sich – zumindest in der ersten Bewertungsphase – auf die fünf oder sechs wichtigsten Kompetenzen beschränken, die Sie benötigen, und Raum lassen für spontane Anschlussfragen. Ihr Ziel sollte es sein, den Kandidaten gut genug kennenzulernen, um über die nächsten Schritte entscheiden zu können: Lohnt es sich, hier dranzubleiben, oder bietet dieser Kandidat nicht das, was Sie gegenwärtig brauchen? Sie müssen auch schauen, ob der Kandidat tatsächlich über die behauptete Erfahrung verfügt, damit seine Fähigkeiten mit Ihren Erfordernissen übereinstimmen. Das bedeutet, dass Ihre Fragen hinreichend auf den Punkt sein müssen, damit Sie etwas über die Person und ihre Fähigkeiten erfahren, und sie müssen eine Vergleichsbasis liefern, damit Sie zwischen den Kandidaten eine Wahl treffen können.

Unter der Vielzahl möglicher Formate und Fragestile plädiere ich für das Format eines teilstrukturierten Interviews. So haben Sie genug Standardisierung, um Vergleiche zwischen den Kandidaten zu ermöglichen, und genug freien Fluss, damit Kandidaten und Interviewer eine Gesprächsbeziehung aufbauen und sich gegenseitig besser kennen lernen können.

Fallstudie/Rollenspiel

Neben Ihren Interviewfragen besteht eine höchst effektive Methode der *Skill-Fit*-Bestimmung darin, dass Sie Ihren Kandidaten mittels einer Fallstudie oder eines Rollenspiels bei der Arbeit beobachten. Schließlich klingen manche Menschen fantastisch, wenn man sie reden hört, während ihre tatsächliche Arbeit zu wünschen übrig lässt. Sie müssen die praktische Eignung so früh wie möglich ermitteln – entweder während des ersten *Skills*-Interviews oder anlässlich eines Extratermins.

Wenn Sie beispielsweise eine Stelle im Vertrieb besetzen möchten, könnten Sie den Kandidaten ein Verkaufsgespräch mit Ihnen simulieren lassen. Wenn Sie einen Programmierer benötigen, könnten Sie ihm eine für Ihren Bedarf typische Build- oder Debug-Aufgabe stellen, die er dann vor Ihren Augen lösen soll.

Entscheidend ist, dass Sie die Person bei der Arbeit beobachten, damit Sie sie anhand ihres Verhaltens und ihrer Ergebnisse und nicht nur anhand ihrer Worte beurteilen können. Das ist meines Erachtens eine der effektivsten Methoden der *Skill-Fit*-Analyse.

Testen

Als letztes Element sollte Ihr *Skill-Fit*-Screening ein Testverfahren umfassen. Für so gut wie jede erdenkliche Fähigkeit – selbst für die neuesten Bereiche der Krypto- und Metaverse-Welten – sind *Skills*-Tests erhältlich.

Wollen Sie sich vergewissern, dass ein Ingenieur ein bestimmtes Niveau hat? Schicken Sie ihm einem Test. Sind Sie neugierig, wie gut jemand die deutsche Sprache in Wort und Schrift beherrscht? Schicken Sie ihm einen Test. Wollen Sie wissen, ob ein Programmierer wirklich programmieren kann? Auch für ihn gibt es einen Test.

Dank der Verfügbarkeit von Tests stellt die Überprüfung der *Hard Skills* womöglich den einfachsten Teil des Rekrutierungsprozesses dar. Es ist auch die Stelle, wo Sie – falls Sie wiederholt unter

Neuzugängen leiden, die wichtige »harte Fähigkeiten« vermissen lassen – Ihre Prozesse überarbeiten und mehr und andere Tests integrieren können.

Denn wenn es ein Kandidat trotz Fehlens dringend benötigter Fähigkeiten in Ihr Unternehmen schafft, ist das nicht der Fehler des Kandidaten. Es ist Ihr Fehler. Wenn Ihnen nicht bewusst ist, dass dem Kandidaten eine Fähigkeit fehlt, liegt das häufig daran, dass Sie nicht oder nicht in der richtigen Weise gefragt oder nachgeprüft haben.

Manchmal werden Sie es mit Kandidaten zu tun haben, die sich im persönlichen Interview sehr gut präsentieren, in den *Skill*-Tests dann aber eher schlecht abschneiden. Manche Leute tun sich mit Tests schwer, andere besitzen schlicht nicht die Fähigkeiten auf dem Niveau, auf dem Sie sie benötigen. Das liefert Ihnen einen Entscheidungspunkt. Ist die *Skill*-Lücke klein genug, damit Sie mit dem Kandidaten arbeiten und die Lücke in kurzer Zeit schließen können? Oder ist die Lücke zu groß, um sie in der Zeit zu schließen, die Ihnen bleibt, bis der Mitarbeiter voll einsatzfähig sein muss?

Andersherum können Sie auch Kandidaten haben, die im Interview weniger überzeugen, dafür aber umso mehr in ihren *Skill*-Tests. Die Tests bieten also eine Kontrollinstanz, über die Sie Talente entdecken, die Sie sonst vielleicht übersehen hätten. Während es also immer noch einen »Dealbreaker« geben kann, wenn die Position besondere soziale Fähigkeiten erfordert, können Sie gerade in technischen Rollen und kundenfernen Positionen die Talente, die Sie benötigen, möglicherweise über solche Ergänzungen zu Ihren Interviews entdecken.

Wenn Sie einen Kandidaten haben, der ein gutes Interview gibt und gute Testergebnisse erzielt: Gratulation! Gehen Sie zum nächsten Schritt über.

Alternativ könnte es sein, dass Ihre Interviews und *Skill*-Tests einen Kandidaten offenbaren, der wie eine grüne Frucht ist –

sieht gut aus, ist aber nicht ganz reif. In diesem Fall haben Sie die Chance, ein Gespräch mit ihm zu führen, wie wir bereits in unseren Kapiteln zu den Talent-Pools und Talent-Pipelines beschrieben haben: »Sie gefallen uns und wir würden gern mit Ihnen zusammenarbeiten, doch sind Ihre Englischkenntnisse nicht auf dem Stand, den wir für diese Position gegenwärtig benötigen, und leider haben wir auch nicht die Zeit, um Ihnen das nötige Training zukommen zu lassen. Wenn Sie Ihre Fähigkeiten verbessert haben, kommen Sie gern wieder auf uns zu. Wir glauben, dass Sie in Zukunft sehr gut zu uns passen könnten.« Auf diese Weise können Sie ambitionierten Kandidaten einen Weg in die Zukunft aufzeigen und Ihrem Pool weitere Namen hinzufügen.

Abschließende Gedanken zum *Skill-Fit*

Beim *Skill-Fit* geht es uns darum, festzustellen, ob ein Kandidat die Fähigkeit hat, den Job auszuführen. Besitzt er die richtigen Kompetenzen, um erfolgreich zu sein? Wir können auf Zeugnisse, Ausbildung, Erfahrung und Fachkenntnisse schauen und auf dieser Basis eine Entscheidung treffen.

Für diese Entscheidung können wir auf eine Reihe von Assessment-Methoden zurückgreifen. Manche, wie beispielsweise Lebensläufe und die Profile auf professionellen Networking-Plattformen, liefern eher grobe Filter. Andere, wie beispielsweise Fragen und Fallstudien in *Skill-Fit*-Interviews, liefern schon ein besseres Bild vom Leistungspotenzial eines Kandidaten. Wenn wir noch einen Schritt weiter gehen wollen, können uns *Skill-Tests* die Klarheit verschaffen, die wir benötigen, um zu entscheiden, ob der Kandidat die Fähigkeiten besitzt, die wir gegenwärtig benötigen (oder ob ein kurzes Training genügen würde, um sie ihm zu ermöglichen).

5 Skill-Fit

Dass jemand technisch kompetent ist, heißt natürlich noch lange nicht, dass er die *Soft Skills* und die innere Motivation besitzt, den Job so gut auszuführen, wie es nötig wäre. Dazu ist eine andere Art von Urteil erforderlich, die sich unter Umständen als sehr viel schwieriger erweist als die Beurteilung der reinen Fähigkeiten. Der so genannte *Job-Fit* ist die zweite *Right-Fit*-Dimension für den Job und wir werden im folgenden Kapitel sehen, wie unglaublich wichtig es ist, dafür zu sorgen, dass jeder Kandidat, den Sie einstellen, einen hervorragenden *Job-Fit* für seine Rolle mitbringt.

6 *Job*-Fit

»*Suche nach Ballspielern und nicht nach Leuten,
denen das Trikot steht.*«
Tom Monahan[1]

Beim ersten *Right-Fit*-Element schauen wir auf Fähigkeiten – ob der Kandidat über die nötigen Fachkompetenzen für die zu leistende Arbeit verfügt. beim zweiten *Right-Fit*-Element schauen wir auf Einstellung, Motivation, Persönlichkeitsmerkmale und das berufliche Interesse an der Tätigkeit (die so genannten *Soft Skills*).

Diese nächste Ebene der Paarung von Kandidaten und Jobs ist etwas, das viele Arbeitgeber übersehen, und das kann ein sehr teurer Fehler werden. Das ist einer der Gründe, warum Sie Leute haben können, die auf dem Papier und im Interview einen fantastischen Eindruck hinterlassen, aber sich schnell als Fehlbesetzung erweisen, nachdem sie ihre Stelle angetreten haben. Der Job stellt sich einfach nicht als das heraus, was sie sich in Wahrheit vorgestellt und wofür sie sich interessiert hatten.

Die meisten Menschen zeigen Ihnen während des Interviewprozesses nur einen Bruchteil dessen, was sie sind – vielleicht 10 Prozent. Ein Großteil ihrer Persönlichkeit, ihrer Vorlieben und ihrer Interessen bleibt unter der Oberfläche verborgen. Als Recruiter muss man schon tiefer schauen, um sicher sein zu können, dass der Kandidat zur Stelle passt.

Das Zitat zu Beginn des Kapitels beschreibt das Problem vieler Personalabteilungen und Recruiter. Sie können Ihre Talent-Pools und -Pipelines mit Leuten füllen, die absolut richtig aussehen für die Rollen, die es zu besetzen gilt. Sie besuchten die richtigen Schulen, arbeiteten für die richtigen Unternehmen und sammelten die richtigen Erfahrungen.

Dennoch kann es sein, dass ihre *Soft Skills* – ihre Persönlichkeitsmerkmale, Einstellungen und kognitiven Fähigkeiten – nicht zum angebotenen Job passen. Wenn Sie sie einstellen, müssen Sie sich auf eine Enttäuschung gefasst machen. **Wie oft haben Sie schon Menschen wegen ihrer *Hard Skills* eingestellt und wegen ihrer *Soft Skills* wieder entlassen?**

Wenn Sie sich Bestleistung und eine Mannschaft aus lauter Starspielern wünschen, müssen Sie dafür sorgen, dass alle Beteiligten sowohl über die richtigen *Hard Skills* als auch über die richtigen *Soft Skills* für die Rolle verfügen. So können Sie das Niveau Ihrer gesamten Organisation deutlich anheben (dem *Harvard Business Review* zufolge sind Mitarbeiter, die zu ihren Rollen passen, im Schnitt 2,5-mal so produktiv wie andere Mitarbeiter).[2]

Um Ihnen ein Beispiel zu geben, wie sich dieser Ansatz während vieler Jahrzehnte im Sport bewährt hat, wollen wir noch einmal auf die Herren mit ihren Schirmmützen schauen. Ich kann mir vorstellen, wie Sie denken: Ich muss jemanden nur anschauen, um zu wissen, ob er Baseball-, Basketball- und Fußballspieler ist. Vielleicht denken Sie womöglich, Sie bräuchten die Person nur anzuschauen, um zu wissen, auf welcher Feldposition sie spielt.

Zumindest Baseball-Recruiter dachten das sicherlich viele Jahre lang. Bei der Bewertung der Sportler schauten sie sorgfältig, wie jeder sein Trikot ausfüllte. Ein Großteil ihrer Arbeit, die darin bestand, Spieler ausfindig zu machen und in Trainingscamps zu vermitteln, basierte auf der Überzeugung, dass ein geschickter Scout allein mit seinem Bauchgefühl und seinem visuellen Urteilsvermögen mehr über das Potenzial eines Spielers in Erfahrung bringen konnte, als die branchenüblichen Ergebnistabellen zu erkennen gaben.

Dann schwappte Sabermetrics (nach der Abkürzung SABR für *Society for American Baseball Research*) durch den Sport. Dabei handelt es sich um ein System, bei dem Statistiker Daten von Baseball-Spielen sammeln und verdichten, um daraus konkrete Antworten zu Leistung und Potenzial abzuleiten.[3] Anstatt auf einen Spieler zu schauen, ermöglicht Sabermetrics es den Teams, Merkmale und Gewohnheiten einer eingehenden Analyse zu unterziehen, um daraus Erkenntnisse zum zukünftigen Spielpotenzial und der besten Verwendung der Fähigkeiten der Spieler abzuleiten.

Die ersten Bücher zu Sabermetrics erschienen in den 1960ern. Aber erst in den 1990er Jahren wurden die Sabermetrics-Prinzipien von den Baseball-Managern im großen Stil verinnerlicht, nachdem die finanzschwachen Oakland Athletics sie verwendet hatten, um unterbewertete Spieler aufzuspüren, sie auf dem Feld neu zu positionieren und auf diese Weise eine Gewinnsträhne von 20 Spielen in Folge hinzulegen. Wenn es Sie interessiert, können Sie sich die dramatisierte Version dieser Geschichte im Film *Die Kunst zu gewinnen – Moneyball* von 2011 anschauen, in dem Brad Pitt den innovativen Oakland-Athletics-Manager Billy Beane spielt.[4]

Der Unterschied in der spielerischen Qualität der neu erworbenen und umplatzierten Spieler war so enorm, dass auch andere Mannschaften eiligst damit begannen, ihre eigene Version des

Sabermetrics-Systems anzuwenden. Heute sind sich die meisten Mannschaften dieser Sportart einig, dass »Bauchgefühl« und Spontaneindruck in keiner Weise mithalten können mit sorgfältiger Datenerhebung, Testung und Analyse.[5]

Sie werden feststellen, dass dasselbe auch für Ihre eigene Organisation gilt. Ja, Sie können Mitarbeiter einstellen, die auf dem Papier und in den Interviews zu der Rolle zu passen scheinen. Viel größer wird Ihr Erfolg jedoch sein, wenn Sie bei Ihrer Kandidatenbewertung ein paar Extraschritte einlegen, mögen Budget und Ressourcen auch beschränkt sein. Auch Sie können die nächste Stufe datengestützter Erkenntnisse zu den Persönlichkeitsmerkmalen, beruflichen Interessen und Einstellung einer Person erklimmen.

Um Ihnen bei den nächsten Schritten zu helfen, will ich Ihnen auf den nächsten Seiten zeigen, ...

- wie die Kernelemente von *Job-Fit* – kognitive Fähigkeiten, berufliche Interessen, Persönlichkeitsmerkmale – aussehen.
- wie Sie ein Anforderungsprofil korrekt erstellen, damit Sie den *Job-Fit* effektiv messen können.
- welche Methoden – objektive, wissenschaftlich fundierte Tools, teilstrukturierte Interviews – sich für die *Job-Fit*-Bestimmung am besten eignen.
- wie Ihr Unternehmen unter Verwendung der *Job-Fit*-Kennzahlen Mitarbeitern und Führungskräften das Entwicklungspotenzial und die Karrierepfade besser verständlich machen kann.

Gegen Ende dieses Kapitels werden Sie besser verstehen, was wir meinen, wenn wir davon sprechen, dass ein (interner oder externer) Kandidat perfekt zu einer Stelle passt. Sie werden wissen, wie Sie die *Job-Fit*-Elemente erkennen und wie Sie das *Job-Fit*-Screening in Ihren Einstellungsprozess einbauen. Vor allem aber werden Sie wissen, wie Ihr Unternehmen mit Hilfe von *Job-Fit* Mitarbeiter und Rollen besser aufeinander abstimmen kann, so dass Sie engagiertere und produktivere Mitarbeiter bekommen, die Rollen innehaben, die richtig für sie sind.

Die *Job-Fit*-Kernelemente

Erfolg ist eine Frage von *Fit*. *Fit* bedeutet in diesem Fall, dass der Job zu den individuellen Verhaltensmerkmalen, der Persönlichkeit, den Lernstilen, kognitiven Fähigkeiten, beruflichen Interessen und langfristigen Zielen des Mitarbeiters passt. Hier geht es darum, ob eine Person einen Job ausführen KANN, WIE sie ihn ausführt und ob sie FREUDE an dem Job hat.[6]

Sind Sie schon einmal einem Buchhalter begegnet, der Zahlen und Büroarbeit hasst? Einem Verkäufer, der es hasst, anderen etwas zu verkaufen? Oder einem Kundendienstmitarbeiter, der allem Anschein nach nichts mit Kunden zu tun haben will? Mit Sicherheit! Solche Fehlbesetzungen können wir in der realen Welt allerorten beobachten.

Auch ohne Studien (von denen es viele gibt) können wir sehen, dass alle leiden, wenn Beschäftigte nicht zu ihrem Job passen. Manchmal sind die Beschäftigten schlicht nicht fähig, den Job auszuführen, den Standards zu genügen oder auch nur den geringsten Grad von Freude dabei zu zeigen. Sie sind unzufrieden und frustriert, was dazu führen kann, dass sie ihren Frust an Kunden, Kollegen und Vorgesetzten auslassen. Auch die Organisation spürt den Schmerz der ungenügenden Leistung, der negativen Einstellungen, des aktiven Desengagements und der vermeidbaren Fluktuation.

Glücklicherweise haben wir alle auch das gegenteilige Szenario erlebt: den Lehrer, der aufrichtige und tiefe Freude dabei empfindet, Kindern beim Lernen zu helfen. Den Anwalt, der sich darauf freut, wieder einen Tag damit zu verbringen, in die Details eines Vertragsverfahrens einzutauchen. Oder die Führungskraft, die Genugtuung und Erfüllung findet in der Förderung und Entwicklung von Talent.

Ich präsentiere diese Fälle als extreme Kontraste, um Sie anzuregen, darüber nachzudenken, wie ein »starker Fit« im Vergleich zu einem »schwachen Fit« für einen Job aussehen kann. Wer gut zu seiner Position passt, hat Freude bei der Arbeit, führt sie auf einem hohen Qualitätsniveau aus und weiß die Chance zu schätzen, ganz in etwas einzutauchen, was ihn mit Leidenschaft erfüllt. Unternehmen mit Mitarbeitern, die »passen«, sehen den Erfolg in Form von Mitarbeiterzufriedenheit, geringer Fluktuation, Arbeitsqualität und Geschäftsergebnissen.

Viele Menschen jedoch verbringen ihr Leben irgendwo in der Mitte und viele Unternehmen geben sich mit ungefähren Entsprechungen zwischen Mitarbeiter und Job zufrieden. Aber warum? Warum sich zufriedengeben, solange für beide Seiten bessere Alternativen existieren?

Um diese besseren Alternativen zu finden, müssen wir zuerst die wesentlichen Elemente kennen, die zu einem guten *Job-Fit* beitragen. Gehen wir sie der Reihe nach durch ...

Zuerst sind da die beruflichen und karrierebezogenen Interessen. Ist diese spezielle Person wirklich an der Art von Arbeit interessiert, die die Zuständigkeiten des Jobs, für den sie sich bewirbt, implizieren? Und wenn ja, wie sieht dieses Interesse aus?

Wenn Sie beispielsweise eine Vertriebskraft einstellen, wollen Sie sicher sein, dass sie Freude am Verkaufen hat. Sie sollte sich zutiefst dafür interessieren – und nicht nur, weil eine Rolle im Vertrieb ein gutes Gehalt verspricht. Sie sollte sich für die Abläufe des Verkaufens interessieren, eine Faszination für die Psychologie des Überzeugens empfinden und vielleicht sogar einen inneren Drang verspüren, sich mit anderen zu messen – ein Bedürfnis, das nur im Verhandlungsgeschehen seine Befriedigung findet. Sie sollte ein echtes Interesse daran haben, mit Menschen zu arbeiten. Wenn diese Voraussetzungen erfüllt sind, ist die Wahrscheinlichkeit groß, dass diese Person in einer Vertriebsrolle über Jahre erfolgreich sein wird.

Ein zweites Element, das es zu berücksichtigen gilt, bilden die Persönlichkeitsmerkmale. Erstrebenswert sind Eigenschaften, die nicht generell gut sind, sondern konkret zur Rolle passen, die es zu besetzen gilt. Denken Sie wieder an die Vertriebskraft. Welche Eigenschaften zeichnen einen guten Verkäufer aus? Ist ein guter Verkäufer scheu und zurückhaltend? Lässt er sich leicht entmutigen oder hat er eine pessimistische Weltsicht? Wohl kaum. Die besten Verkäufer sind eher extrovertiert; sie lassen sich auch von wiederholten Zurückweisungen nicht abschrecken und strahlen unbeirrbar Optimismus und Zuversicht aus.

Die innere Haltung und Einstellung ist etwas, das Sie ernst nehmen sollten. Rund 53 Prozent der Arbeitgeber bezeichnen Mitarbeiter mit einer negativen Einstellung als Fehlbesetzungen.[7] Das ist ein ziemlich hoher Anteil und dennoch habe ich in Jobausschreibungen selten etwas von innerer Einstellung gelesen. Und was bedeutet die »richtige Einstellung« für eine gegebene Rolle? Ein paar Gedanken dazu lohnen sich auf jeden Fall!

Für einen Lehrer könnte die richtige Einstellung für die Rolle bedeuten, stets geduldig und ruhig zu bleiben – sich nicht aus der Fassung bringen zu lassen, wenn einem immer wieder dieselbe Frage gestellt wird. Für einen Buchhalter könnte es bedeuten, strukturiert und gewissenhaft an sämtliche Facetten des Lebens heranzugehen. Für einen Risikomanager oder Compliance-Beauftragten hingegen könnte gerade eine negative, misstrauische Lebenseinstellung von Vorteil sein.

Das dritte entscheidende Element bilden die kognitiven Fähigkeiten. Jetzt könnten Sie denken, ich würde damit Intelligenz *per se* meinen, aber das stimmt nicht ganz. Was wir suchen, hat mehr mit Lernstil, Lerngeschwindigkeit und der Verarbeitung von Informationen zu tun – Dingen, die nicht notwendigerweise mit akademischer Leistung korrelieren. Es kann sehr gut sein, dass ein Kandidat durchschnittliche Zensuren mitbringt, aber über eine überdurchschnittliche emotionale Intelligenz verfügt, oder dass er sich im Literaturkurs schwertat, aber über ein ausgezeichnetes räumliches Vorstellungsvermögen verfügt. Was wir zusammenfassend als »Intelligenz« bezeichnen, kommt in vielen Ausprägungen daher und Sie sollten sich genau überlegen, was Sie für die konkrete Rolle, die es zu besetzen gilt, benötigen.

In einer Vertriebskraft beispielsweise suchen Sie vielleicht jemanden, der rasch Informationen verarbeiten kann, einen hohen Grad an emotionaler Intelligenz besitzt und sich verbal auszudrücken versteht. Wenn Sie die Stelle eines Ingenieurs besetzen wollen, halten Sie nach jemandem Ausschau, der die »mathematische Sprache« beherrscht und über eine ausgeprägte visuell-räumliche Intelligenz verfügt. Eine Vakanz auf der Führungsebene sollte mit einem strategischen Denker oder jemandem gefüllt werden, der es versteht, mehrere abstrakte Konzepte gleichzeitig zu verarbeiten.

Angesichts so vieler unterschiedlicher Typen von mentalen Fähigkeiten, die es zu bedenken gilt, besteht das Risiko, dass Sie am Ende jemanden bekommen, der allzu hohe kognitive Fähigkeiten mitbringt, oder einen, dem es an den nötigen kognitiven Fähigkeiten mangelt. Auf der einen Seite haben Sie Langeweile bei der Arbeit, das Gefühl, nicht wirklich gefordert zu sein, und damit das Bedürfnis, sich nach etwas Anspruchsvollerem umzusehen. Auf der anderen haben Sie Frust und ein Gefühl der Überforderung schon bei den essenziellen Aufgaben des Jobs und ein Bedürfnis nach einer weniger abstrakten, weniger komplexen oder schlicht von mehr Routine geprägten Tätigkeit. Deswegen sollten Sie sich überlegen, was die Rolle wirklich voraussetzt, und sich Kandidaten suchen, die gerade diese kognitiven Fähigkeiten mitbringen. Also nicht weniger, aber auch nicht mehr.

Wie Sie sehen, spielen berufliche Interessen, Persönlichkeitsmerkmale und kognitive Fähigkeiten eine große Rolle, wenn es um Selektion und die künftige Leistung im Job geht. Eine Sache ist, wie sich jemand Ihnen präsentiert – wie er auf dem Papier aussieht und was er auf Ihre Standardinterviewfragen erwidert. Eine andere Sache ist, wie er unter der Oberfläche wirklich ist. Wenn Sie sich für Ihre zu besetzenden Rollen die denkbar besten Kandidaten wünschen oder für vakante Positionen die bestgeeigneten internen Talente entwickeln wollen, müssen Sie sich die Mühe machen, unter die Oberfläche zu schauen. Nur so können Sie jemandem zu seinem idealen Job verhelfen.

Die besten Methoden, um den Job-Fit zu bestimmen

Es gibt im Wesentlichen drei Methoden, die ich Ihnen empfehlen möchte, um den *Job-Fit* eines Kandidaten zu bestimmen:

1. wissenschaftlich fundierte Profiling-Instrumente / eignungsdiagnostische Instrumente,
2. teilstrukturierte Interviews,
3. Rollenspiele und/oder Fallstudien.

Sie können sich unter Profiling-Instrumenten /eignungsdiagnostischen Instrumenten so etwas vorstellen wie Bluttests, MR oder CT. Wenn Sie krank sind, gehen Sie zum Arzt und schildern ihm Ihre Symptome. Er hat vielleicht eine Vermutung, aber in der Regel bittet er Sie zu einem Bluttest, einer MR-Spektroskopie oder einer Computertomografie. Profiling-Instrumente sind letztlich nichts anderes. Es sind Hilfsmittel, die es dem Profiler ermöglichen, die richtige Diagnose zu stellen.

Es gibt mehrere Arten von Assessment-Instrumenten. Ich selbst verwende seit mehr als 20 Jahren das gleiche onlinebasierte Assessment-Tool. Bei meiner Entscheidung für das Instrument war es mir wichtig, dass mindestens folgende Kriterien erfüllt werden:

- gute Gültigkeit,
- hohe Zuverlässigkeit,
- normative Konstruktion (im Gegensatz z. B. zu ipsativen Analysen, die nur die Verhaltensstile ermitteln),

- Mehrdimensionalität (kognitiv, Verhaltensmerkmale und Interessen),
- nicht diskriminierend (also im Einklang mit dem Antidiskriminierungsgesetz),
- Mehrsprachigkeit,
- einfache Bedienbarkeit,
- Job-Match-Funktion (Möglichkeit, ein Stellenprofil zu erstellen und mit einem Personenprofil abzugleichen).

Dieses Assessment kann – von der Kandidaten-Einladung bis zur Berichterstellung – vollkommen online vorgenehmen werden. Dies war besonders zu Pandemiezeiten ein Vorteil, weil Präsenztermine mit den Kandidaten nicht möglich waren.

Ich möchte an dieser Stelle gerne nochmals betonen, dass es keine guten oder schlechten Kandidaten gibt. Sie sind entweder mehr oder weniger passend für eine bestimmte Position. Aus diesem Grund lege ich Ihnen ans Herz, dass Sie nur solche Assessment-Instrumente nutzen, die in der Lage sind, ein aussagefähiges Anforderungsprofil einer zu besetzenden Stelle zu erstellen und dies mit einem Kandidaten-Profil zu vergleichen. Das ist wie bei der Navigation. Sie müssen zwei Werte wissen. Zum einen, wo stehe ich gerade, und zum anderen, wo will ich hin?

Welches Instrument Sie auch immer einsetzen, es sollte drei *Job-Fit*-Elemente abdecken und drei kritische Fragen beantworten:

- Mentale Fähigkeiten – kann diese Person diesen Job leisten?
- Verhaltensmerkmale – besitzt diese Person die erforderlichen Persönlichkeits-/Verhaltensmerkmale für diesen Job?
- Berufliche Interessen – will diese Person diesen Job leisten? Wird sie daran Freude haben?

Bedenken Sie, wenn Sie diese Fragen lesen, dass es sich bei den einzelnen Dimensionen nicht um losgelöste Beurteilungen der Person, ihrer Fähigkeiten und ihrer Karriereinteressen handelt. Alles bezieht sich streng auf den konkreten Job, den Sie zu vergeben haben, und genau so sollte es bei der Mitarbeiterrekrutierung auch sein.

Würden Sie einen Talententwicklungsplan entwerfen, so würden Sie ganz anders an das Profiling herangehen. Hier würde sich das Gespräch weniger um *Match* und *Fit* drehen, sondern vielmehr um Potenzial. In allen Fällen jedoch, wo es eine Rolle zu besetzen gilt – ob mit einem internen oder externen Kandidaten –, sollten Sie als Ihren Vergleichspunkt ein Anforderungsprofil (*Job-Profile*) verwenden und die einzelnen Kandidaten mit diesem vergleichen, bevor Sie eine Einstellungsentscheidung treffen.

In diesem Fall ist das *Job-Profile* eine schriftliche Beschreibung der wichtigsten *Soft Skills*, die ein Kandidat benötigt, um in der betreffenden Position erfolgreich zu sein. Es definiert, WEN Sie suchen, und diese Definition sollte Ihnen von Anfang an klar vor Augen stehen. Dieses *Job-Profile* dient Ihnen als Kompass für den Rest Ihres Selektionsprozesses. So bleibt es nicht dem Zufall überlassen, ob Sie die richtige Person in Ihr Unternehmen bringen, und Sie können sicher sein, dass Sie gute Kandidaten, die Ihnen über den Weg laufen, auch wirklich als solche erkennen.

Indem Sie ein *Job-Profile* erstellen, haben Sie die Chance, sich deutlich von der Konkurrenz abzuheben. Auch nach Jahrzehnten, die ich im Personalwesen verbracht habe, erstaunt es mich immer noch, zu sehen, wie wenig Zeit Recruiter und Linienmanager damit verbringen, die *Soft Skills* zu verstehen, zu analysieren und kohärent zu definieren, die notwendig sind, um in einer bestimmten Position in einem gegebenen Unternehmensumfeld erfolgreich zu sein.

Gedrängt, etwas zu Papier zu bringen, tendieren die meisten Unternehmen zu einem von zwei Extremen. Entweder raten sie drauflos oder sie legen eine solche Liste von Anforderungen vor, dass nur Superman eine Chance hätte, ihren Erwartungen gerecht zu werden. Und um die Dinge noch zu verkomplizieren: Wenn Sie eine andere Person – beispielsweise die Führungskraft anstelle der Personalabteilung – fragen, erhalten Sie möglicherweise eine ganz andere Liste wünschenswerter *Soft Skills*.

Wie können Sie hoffen, einen passenden Kandidaten für Ihre Stelle zu finden, solange jeder Beteiligte eine ganz andere Vorstellung davon hat, was gebraucht wird? Es kann schließlich nicht jeder Superman sein und für die meisten Jobs wird in Wahrheit auch kein Superman gebraucht. Was aber wird dann gebraucht und wie können Sie sicherstellen, dass alle Beteiligten dieselben Kriterien an die Kandidaten anlegen?

Diese tiefe Gedankenarbeit zum *Job-Fit* ist für viele Teams eine ganz neue Herausforderung. Aber ich kann es gar nicht genug betonen: Der Gesamterfolg Ihres Einstellungsprozesses hängt stärker von Ihrer Fähigkeit und Genauigkeit im Definieren der gesuchten Person (WEN suchen Sie?) ab als von irgendeinem anderen Faktor. Diese Arbeit ist in der Tat jede Mühe wert!

Ich empfehle Ihnen den Gebrauch von Bewertungsinstrumenten, damit Sie auf strukturierte und wissenschaftliche Weise gültige Anforderungsprofile entwickeln können.

Wie Sie ein gültiges und nützliches *Job-Profile* (Anforderungsprofil) entwickeln

Das Instrument, welches ich zum Beispiel nutze, bietet Ihnen drei Optionen für die Entwicklung eines gültigen Anforderungsprofils für *Soft Skills* an:

- **Experteneinschätzung/Ratings:** Das ist eine eher theoretische Möglichkeit zu definieren, welche *Soft Skills* Sie in einer bestimmten Position benötigen. Unter Verwendung eines strukturierten Fragebogens geben wichtige Stakeholder aus dem Umfeld der zu besetzenden Stelle – jene Personen, die unmittelbare Kenntnisse von den Anforderungen an die Position haben, wie beispielsweise Vorgesetzte, direkte Mitarbeiter,

Personalabteilung oder Kollegen – an, welchen Anforderungen welche Bedeutung zukommt. Wo immer möglich, sollten Sie diese *Soft-Skill*-Ratings durch interne oder externe Benchmarks ergänzen.

- **Interne Benchmarks:** Wenn es um eine Position geht, bei der mehrere Menschen dieselbe Art von Rolle ausfüllen und an denselben Schlüsselkennzahlen gemessen werden, können Sie ein Profil der Top-Leistungsträger (meist 20 Prozent der Rollenbesitzer) erstellen, um herauszufinden, welche übereinstimmenden Charaktermerkmale, Verhaltensweisen oder beruflichen Interessen sie möglicherweise aufweisen. Wenn Sie beispielsweise ein Verkaufsteam bestehend aus 20 Personen haben, sollten 4 (die obersten 20 Prozent) aus dieser Gruppe zu Ihren Spitzenverkäufern zählen, von denen Sie ein Vergleichs-Profil (Benchmark) erstellen können. Wir sprechen hier von der »Dekodierung der DNA Ihrer Top-Performer«, die Ihnen Ihre eigenen internen Benchmarks liefert. Ich bin ein großer Fan von internen Benchmarks, weil sie alles andere als theoretisch sind und genau das abbilden, was Ihre besten Kräfte tun, und wenn Sie sich mehr von der Sorte wünschen, sollten Sie sich an diesen Profilen orientieren!

- **Externe Benchmarks:** Wenn Sie zu wenige Mitarbeiter in vergleichbaren Positionen haben, um interne Benchmarks zu erstellen, und das von Ihnen verwendete Bewertungsinstrument ähnlich aufgebaut ist und eine Datenbank von vorgefertigten Benchmarks bereithält, empfehle ich Ihnen, diese auch zu verwenden. So erhalten Sie einen unabhängigen Maßstab, der für Ihre Branche gültig ist und Ihnen hilft, Ihren Kandidaten-Fit in geeigneter Weise zu beurteilen.

Zusammen liefern Ihnen diese Einschätzungen ein Anforderungsprofil, anhand dessen Sie Ihre Kandidaten messen können. Weil dieser Prozess auch viel Klarheit bezüglich der an die Position gestellten Erwartungen schafft, stellen Sie im Zuge der Profilbildungsübung möglicherweise fest, dass dieses Material

Ihnen auch hilft, Ihre öffentliche Stellenausschreibung und entsprechende Jobanzeigen zu formulieren.

Sobald Sie Ihr Anforderungsprofil entwickelt haben, lassen Sie die Kandidaten, die das im letzten Kapitel beschriebene *Right-Fit*-Screening erfolgreich absolviert haben, vor ihrem nächsten Interview den Bewertungsbogen ausfüllen. Anschließend können Sie Ihre *Job-Fit*-Bewertung dann mit der Validierung der Ergebnisse, einem *Job-Fit*-Interview und Follow-Up-Assessments fortsetzen.

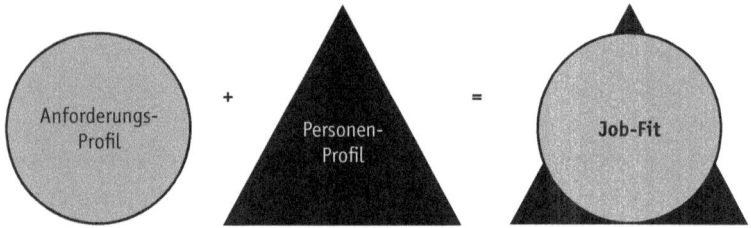

Abbildung 3 Job-Fit-Ermittlung

Stellen Sie sich also vor, Sie würden nach einem geeigneten Kandidaten für die Position eines Key Account Executive suchen. Dank Ihres Anforderungsprofils wissen Sie, dass Sie nach einem energetischen, entscheidungsfreudigen und positiv gestimmten Kandidaten suchen, der Herausforderungen liebt und sich gern mit anderen misst. Er sollte eine starke unabhängige Ader und ein geselliges Wesen haben und im Umgang mit anderen Menschen charmant und extrovertiert wirken.

Sie gehen die Bewerbungen für diese Rolle durch und führen mit einer Reihe von Kandidaten *Right-Fit*-Interviews durch. Diejenigen, die die benötigten *Hard Skills* vorweisen und deren Erwartungen dem entsprechen, was Sie anbieten können, werden dann gebeten, das Online-Assessment durchzuführen. Anschließend vergleichen Sie die individuellen Ergebnisse mit Ihrem Anforderungsprofil. So erhalten Sie eine Reihe unterschiedlicher *Match-Levels*. Mit Ihren

Top-Kandidaten gehen Sie jetzt in die nächste Phase des Prozesses – die Validierung ihrer Ergebnisse und die weitere *Job-Fit*-Ermittlung vermittels einer Kombination von Interviews und, wenn erforderlich, Simulationen oder Rollenspielen, um die Fähigkeitenumrisse der Kandidaten mit Farben zu füllen.

Zuerst kommen die Interviews. Auch hier empfehle ich wieder einen teilstrukturierten Ansatz. Bereiten Sie einige Fragen vor, die Sie stellen wollen, aber lassen Sie auch Raum für das frei fließende Gespräch. Das Ziel dieser Runde von Interviews ist die Validierung dessen, was das Assessment-Ergebnis Ihnen verrät, indem Sie bei eventuellen Lücken nachfassen und den Kandidaten auf einer tieferen und persönlicheren Ebene kennenlernen.

Das können Sie, sofern Sie ein Assessment-Instrument nutzen, wie ich weiter oben bereits beschrieben habe. Mit so einem Instrument werden Sie in die Lage versetzt, alle Ihre internen und/oder externen Kandidaten mit einem Ihrer Anforderungsprofile zu vergleichen.

Vielleicht stellen Sie beispielsweise fest, dass ein Kandidat gemäß seiner Persönlichkeitsmerkmale und inhärenten Motivationen einen sehr hohen *Fit* besitzt. Gleichzeitig passt die Position möglicherweise zu keinen seiner wichtigen beruflichen Interessen. Oder es besteht eine große Übereinstimmung mit den beruflichen Interessen, aber ein geringer Grad an *Persönlichkeits-Fit*. Es ist dann Ihre Sache zu entscheiden, wo Sie Kompromisse machen und wo Sie Training und Coaching anbieten können … und wo es besser ist, zum nächsten Kandidaten überzugehen. Solche Ergebnisse/Informationen erlauben Ihnen, eine bewusste Risikoanalyse vorzunehmen. Sie entscheiden bewusst und selbst, welches Risiko Sie eingehen wollen oder können.

Ich möchte erwähnen, dass Assessment-Instrumente, die einen Interview-Bericht bereitstellen, Ihnen Interviewfragen nahelegen, die Ihnen möglicherweise bei der Entscheidung helfen, wie Sie weiter verfahren wollen.

Nehmen wir beispielsweise an, Sie haben einen Kandidaten für einen Vertriebsposten, dessen Bewertungsergebnisse im Bereich »soziale Ausrichtung« geringer ausfallen als im Anforderungsprofil. Die Fragen würden dann so aussehen:

- Wie stellen Sie sich die für Sie optimale Kundenbeziehung bzw. den optimalen Kundenkontakt vor? Welche Vorlieben haben Sie diesbezüglich?
- Wie gehen Sie normalerweise vor, um ein Netzwerk an Kontakten und Kaufinteressenten aufzubauen?
- Beschreiben Sie doch einmal, welchen Stellenwert »Small Talk« für Ihren Kontakt zu Kunden und Interessenten hat.

Ein anderes Beispiel wäre ein Kandidat für eine Führungsposition, dessen Durchsetzungsstärke geringer ist, als es die Position erfordert. Beispielfragen wären dann:

- Wie stellen Sie es am liebsten an, wenn Sie einer anderen Person Ihren Standpunkt klarmachen wollen?
- Beschreiben Sie eine Situation aus Ihrem jüngeren Arbeitsleben, in der Sie sich entscheiden mussten, ob Sie sich durchsetzen und Autorität zeigen oder sich diplomatisch und damit eher kollegial verhalten. Was war das Ergebnis?
- Wie würden Sie Ihren Führungsstil beschreiben?
- Können Sie mir ein Beispiel schildern, wie Sie mit einer Konfliktsituation umgegangen sind?

Neben der Validierung der Profilergebnisse und der Erstellung einer Risikobewertung stelle ich auch mehrere Fragen zur Eigenwahrnehmung des Kandidaten bezüglich seiner Stärken und Schwächen. Hier sind einige Beispiele:

- Mit welchen drei Adjektiven würden Sie sich am treffendsten selbst beschrieben sehen?
- Was glauben Sie: In welchem Bereich gibt es bei Ihnen den größten Spielraum für Verbesserungen?
- Nennen Sie mir eine Stärke, die Sie jetzt nicht besitzen, aber sehr gerne hätten.

- Welche Pläne haben Sie, diesen Punkt zu verbessern?
- Gibt es etwas, das Sie an sich gern ändern würden? Was wäre das und warum würden Sie es gern verändern?

Die Interviewfragen zum *Skill-Fit* sind sehr konkret und wissensfokussiert, weil wir dort *Hard Skills* messen. In *Job-Fit*-Interviews sind die Fragen komplett auf *Soft Skills* ausgerichtet. Dennoch sollten Sie nach dem obigen Muster nach konkreten Beispielen und Fällen fragen. Beispiele für Interviewfragen zum *Culture-Fit* finden Sie im nächsten Kapitel.

Die Antworten auf Fragen wie diese können sehr aufschlussreich sein, wenn wir wissen wollen, wie sich jemand wohl in seiner neuen Rolle bewähren wird. Präsenz-Interviews und bestimmte Video-Interview-Formate geben Ihnen zudem Gelegenheit, Gesichtsausdruck und Körpersprache der Kandidaten, die auf Ihre Fragen antworten, zu evaluieren. Diese Eindrücke sollten Sie aber, wo immer möglich, mit objektiveren Bewertungsberichten abgleichen.

Vorsicht, wenn Sie mit Kandidaten über ihre Job-Fit–Ergebnisse sprechen!

Wie schon erwähnt, nehme ich die Verantwortung, die darin liegt, Kandidaten zu interviewen, einzustellen und zu entwickeln, sehr ernst. Und das sollten auch Sie tun. Was wir tun – und was wir sagen –, hat dramatische Auswirkungen auf das Leben dieser Kandidaten.

Wählen Sie deshalb Ihre Worte mit Bedacht, wenn Sie mit internen oder externen Kandidaten über die *Job-Fit*-Ergebnisse sprechen. Bewertungen dieser Art sind nicht dazu da, anderen negative Etiketten – wie »ungeeignet für den Job«, »vollkommen unangebrachte Denkweise« oder »keine Führungsqualitäten« – zu verpassen oder ihnen ein schlechtes Gefühl bezüglich ihrer Persönlichkeitsmerkmale und Vorlieben zu vermitteln.

Ein verbreitetes Missverständnis hinsichtlich der *Job-Fit*-Bestimmung und der Mitarbeiterbewertung ist, dass die Befragten falsche Antworten geben könnten. In Wahrheit gibt es keine richtigen oder falschen Antworten und kein bestanden oder nicht bestanden. Es geht schlicht darum, festzustellen, ob eine Person für eine bestimmte Rolle geeignet ist.

Wenn Sie also mit einem Kandidaten – und insbesondere einem internen Kandidaten, den Sie sich auch weiterhin als Mitarbeiter in Ihrer Organisation wünschen – über die Ergebnisse eines *Job-Fit*-Assessments sprechen, sollten Sie darauf achten, wie Ihre Worte aufgenommen werden. Bleiben Sie beim neutralen »Fit« oder »kein Fit«, um nicht in Versuchung zu kommen, von »richtig« oder »falsch« zu sprechen, und bevorzugen Sie Ausdrücke wie »Match« und »Werteübereinstimmung«.

Hier sind ein paar andere Formulierungen und Sätze, die Sie vielleicht als hilfreich empfinden, um Feedback zu geben oder Entwicklungspläne aufzustellen:

- Das ist es, was andere in Ihrem Profil sehen. Welchen Eindruck macht dieser Bericht auf Sie? Stimmt das Ergebnis/der Bericht mit Ihrer Selbsteinschätzung überein?
- Was Sie, wenn man diesem Bericht glauben darf, an Ihrer Arbeit schätzen, entspricht nicht genau dem, was uns in dieser Rolle wichtig ist. Ohne diese Übereinstimmung fürchte ich, dass wir am Ende beide frustriert wären, wenn Sie diese Rolle übernähmen. Schauen wir uns also ein paar andere Pfade für Sie an, die besser zu Ihren Präferenzen passen.

- Dieses Profil vermittelt den Eindruck, als könnten Sie mit Ihren [Merkmalen, Vorlieben, Interessen etc.] in dieser Rolle wirklich Großartiges leisten. Lassen Sie uns gemeinsam schauen, wie wir das umsetzen können.

Mit dieser Art von Formulierungen vermeiden Sie, Kandidaten den Eindruck zu vermitteln, als stimme mit ihnen irgendetwas nicht oder als wären sie in irgendeiner Form »durch die Prüfung gefallen«. Entscheidend ist, dass die Kandidaten gut zu ihrer Position passen und dass sie ihre Arbeit zufrieden, engagiert und produktiv verrichten können. Wo immer möglich, sollten Sie diese (Nicht-)Übereinstimmung in einer Art und Weise kommunizieren, die das Selbstwertgefühl des Kandidaten bewahrt und ihn in dem Glauben bestätigt, dass er im Beruf erfolgreich sein kann.

Mit *Job-Fit*-Assessments falsche Einstellungsentscheidungen vermeiden

Die Erkenntnisse, die Sie aus *Job-Fit*-Assessments gewinnen, helfen Ihnen, Kandidaten auf einer tieferen Ebene zu verstehen und besser entscheiden zu können, ob jemand voraussichtlich in der Rolle erfolgreich sein wird. So können Sie auch sicher sein, dass Sie nur einem Kandidaten ein Angebot machen, der zu der Arbeit fähig ist, sie hohen Standards gemäß ausführen und Freude an ihr haben wird.

Das ist wichtig, weil ein schlechter *Job-Fit* extrem kostspielig für die Organisationen sein kann. Mitarbeiter, die nicht gut zu ihren Jobs passen, sind in der Regel auch schnell wieder weg – die Hälfte der Beschäftigten, die nicht zu ihren Rollen passen, gehen binnen sechs Monaten[8] – und erzeugen eine ungewollte und kostspielige Fluktuation. Schlimmer noch: Nicht immer übernimmt hier der Beschäftigte die Initiative. Häufig zwingen erst ernste

Leistungs- und Mentalitätsprobleme Sie dazu, aktiv zu werden und die Beziehung zu beenden – eine weitere stressvolle sowie zeit- und kostspielige Aufgabe.

Natürlich sind falsche Einstellungsentscheidungen auch für den Beschäftigten schmerzhaft und kostspielig. Jeden Tag eine Arbeit zu verrichten, bei der sie keinen Blumentopf gewinnen können – bei der sie niemals das Gefühl haben, wirklich etwas zu leisten und die ihnen keine Freude bereitet –, ist wie Leben in der Hölle. Der mentale Schmerz kann sich in körperlichen Leiden manifestieren und selbst diejenigen, denen es gelingt, sich aus einer schlechten Situation zu befreien und einen Job zu finden, der ihnen zusagt, vergessen dennoch niemals den Stress, das Unbehagen und die Ängste, die es bedeutete, in einer Rolle zu sein, die nicht zu ihnen passte.

Job-Fit-Assessments können auf vielerlei Weise helfen, Probleme mit den Stellenbesetzungen zu vermeiden. Sie verhindern, dass Sie externe Kandidaten in die Organisation bringen, die für die Arbeit dort nicht geschaffen sind und schnell wieder gehen. Sie halten Sie auch davon ab, interne Kandidaten von Positionen wegzubefördern, die zu ihnen passen, und in Rollen zu bringen, wo sie kaum Erfolgsaussichten haben – ein weiterer Pfad zu Frustration und Fluktuation.

Denken Sie beispielsweise an den begnadeten Verkäufer, der zum Vertriebsleiter befördert wird. In manchen Fällen funktioniert das ausgesprochen gut. In anderen Fällen jedoch berauben Sie damit lediglich Ihre beste Kraft ihres Betätigungsfeldes, in dem sie gut ist, und bringen sie in eine Position, mit der sie sich schwertut und an der sie keine Freude hat. Frustriert von der eigenen schlechten Leistung oder erschlagen von den Anforderungen der Rolle wird diese Person mit hoher Wahrscheinlichkeit nach einem Ausweg suchen – und häufig genug wird sie in einer anderen Organisation fündig werden.

Oder um ein anderes Beispiel zu nennen: Vor einigen Jahren hatte ich einen Kandidaten für eine höhere Leitungsposition. Ich führte sein *Job-Fit*-Interview mit seinem Persönlichkeits-Assessment in der Hand, um die *Soft Skills* zu validieren, die für die Rolle erforderlich waren, aber die Profiling-Ergebnisse wiesen eine Diskrepanz zwischen den Erfordernissen und seinem Naturell auf. Dieser Job verlangte nach jemandem, der entscheidungsfreudig und risikobereit war. Sein Persönlichkeitsprofil zeigte jedoch, dass er eher sicherheitsbewusst und risikoscheu war. Als ich mich ihm gegenüber in diesem Sinne äußerte, bestand er darauf, dass er sehr wohl Entscheidungen treffen könne und den Mut zu Risiken besitze.

In solchen Situationen sollten Sie stets eine Frage nachschieben, um weiter in die Tiefe zu gehen. Das Einzige, was Sie interessiert, ist, ob der nötige *Fit* besteht oder nicht. Ich sagte also: »Nennen Sie mir doch bitte drei Risiken, die Sie in den letzten drei Jahren eingegangen sind.«

Er sagte einen langen Moment lang gar nichts und dachte nach. Dann sagte er: »Ich habe geheiratet.« Das war das einzige Beispiel, das ihm einfiel.

Wir beide mussten herzlich lachen und er akzeptierte schmunzelnd, dass er vielleicht wirklich kein allzu risikofreudiger Mensch war oder jemand, der gut damit leben kann, schnelle Entscheidungen zu treffen, ohne zuvor Zeit zu haben, die Vor- und Nachteile gegeneinander abzuwägen. Das ist im Prinzip keine schlechte Eigenschaft, aber für die konkret zu besetzende Stelle suchte ich jemanden mit einer anderen Persönlichkeit.

In dieser Weise können Profiling-Instrumente Raum für nuanciertere Gespräche schaffen und helfen, Talent-Pools und -Pipelines zu verfeinern, um die richtigen Personen in die richtigen Rollen zu bringen. Wo Sie mit internen Pools arbeiten, können solche Tools auch Orientierung geben für Entwicklungsinvestitionen und Mitarbeiterwachstumspläne. Personal Profiling macht es möglich, dass Unternehmen und Beschäftigte gleichermaßen das Gefühl haben, dass der Weg zum Erfolg jedem offensteht.

Das bedeutet nicht, dass man ausschließlich Dinge tun sollte, die einem Lust und Freude bereiten – *Job-Fit* heißt nicht, dass jeder ständig in seiner Bequemlichkeitszone bleibt. Es gibt immer die Möglichkeit zu Wachstum und Veränderung, zu Herausforderung und Entwicklung. Aber wie wir nicht erwarten, dass ein Hund anfängt zu fliegen oder ein Vogel lernt zu apportieren, sollten wir auch nicht erwarten, dass Menschen oder Organisationen florieren, wenn Einzelne zu Tätigkeiten gedrängt werden, die ihren Kerninteressen und ihrer Natur zuwiderlaufen.

Abschließende Gedanken zum *Job-Fit*

Job-Fit handelt von der Übereinstimmung zwischen dem Job selbst und den Verhaltensmerkmalen, den Lernstilen, der Persönlichkeit und den beruflichen Interessen des Einzelnen. Sie wollen wissen, ob ein Kandidat einen Job leisten KANN, WIE er den Job verrichten wird und ob er FREUDE an dem Job haben wird.

Es gibt diverse Assessment-Methoden, die Sie verwenden können, um Ihren Entschluss zu fassen. Bevor Sie jedoch damit beginnen, einen Kandidaten zu bewerten, sollten Sie ein gültiges und nützliches Anforderungsprofil erstellen, das die wesentlichen Merkmale, beruflichen Interessen und mentalen Fähigkeiten spezifiziert, die ein Kandidat für diese Rolle mitbringen muss. Das ist das »WER«, nach dem Sie suchen, und Ihr »WER« dient Ihnen in dieser Phase des Evaluations- und Selektionsprozesses als Anker und Kompass. Ohne diesen grundlegenden Blick ist es unmöglich, mit hinreichender Sicherheit zu sagen, ob jemand zu dem Job »passt« oder nicht.

Mit Ihrem Anforderungsprofil als Grundlage laden Sie Kandidaten ein, ein Assessment zu machen, um einen *Job-Match*-Bericht zu erzeugen. Die Kandidaten mit dem besten *Fit* können anschließend zu einem Interview geladen werden, das dazu dient, den wahren *Fit*-Grad zu validieren und den Kandidaten als Menschen besser kennenzulernen.

Mit teilstrukturierten Interviews, Fallstudien und Simulationen oder Rollenspielen können Sie ein besseres Gefühl für den Denkstil und die Verhaltensmuster des Kandidaten erlangen. Im Fall von Präsenz- oder Video-Interviews können Sie auch einen Eindruck von der Mimik und der Körpersprache des Kandidaten gewinnen, wenn er über verschiedene Aspekte seines Jobs spricht und auf Ihre Fragen antwortet.

Nachdem Sie Ihr Assessment beendet und Ihre Follow-up-Interviews geführt haben, sollten Sie eine klare Vorstellung davon haben, ob jemand einen starken *Fit* für den zu vergebenden Job aufweist. In Ergänzung zu den *Skills*-Assessments, die Sie möglicherweise vorher bereits vorgenommen haben, kann der *Job-Fit* Ihnen die Sicherheit geben, dass Sie jemanden einstellen, der in seinem Job Außergewöhnliches leisten kann. Es gibt jedoch noch einen weiteren *Right-Fit*-Aspekt, den Sie bedenken müssen, bevor Sie Ihr Jobangebot aussprechen. Die dritte *Right-Fit*-Dimension hört auf den Namen *Culture-Fit* und im nächsten Kapitel werden Sie sehen, warum die Beantwortung der Kulturfrage so entscheidend sein kann für die Schaffung guter und nachhaltiger Beschäftigungsbeziehungen.

7 Culture-Fit

> »Menschen einzustellen, ist eine Kunst und keine Wissenschaft und ein Lebenslauf verrät uns noch lange nicht, ob jemand in eine Unternehmenskultur passt.«
> Howard Schultz, ehemaliger CEO von Starbucks

Bislang haben wir über *Skill-Fit* und *Job-Fit* gesprochen. Neben den *Hard Skills* und den *Soft Skills* müssen wir jetzt auch noch ermitteln, ob jemand gut zur Kultur seines zukünftigen Teams und der Organisation insgesamt passt. Wir sprechen hier vom *Culture-Fit*, unserem dritten *Right-Fit*-Element, das wir bewerten sollten, bevor wir eine Einstellungs-, Transfer- oder Beförderungsentscheidung treffen.

Laut Harvard Business Review umfasst Kultur eine Vielzahl von Elementen wie Arbeitsumgebung, Unternehmensmission, Führungsstil, Werten, Ethik, Erwartungen und Zielen.[1] Das zeigt sich in der Art und Weise, wie die Menschen in einer Organisation miteinander interagieren, welche Werte sie hochhalten und welche Entscheidungen sie treffen.[2]

Häufig gibt es in einer Organisation verschiedene Ebenen kultureller Normen. Das können organisationsweite oder unternehmensgeführte Normen, Werte und Erwartungen sowie abteilungs- oder regionsspezifische Varianten sein. Selbst innerhalb einer Abteilung können die Teams und Gruppen ihre jeweils eigenen Subkulturen und Varianten haben.

Kultur ist ein hochgradig nuanciertes und häufig sehr persönliches *Fit*-Element. Das bedeutet jedoch nicht, dass es für die Organisationen und ihre Menschen nicht wichtig wäre. Bei fast jeder zehnten Neueinstellung, die sich als Fehlgriff erweist und zur Kündigung seitens des Mitarbeiters oder des Arbeitgebers führt, liegt der Grund im mangelnden *Fit* zwischen dem Mitarbeiter und der Unternehmensmarke oder der Unternehmenskultur.[3] Rund 69 Prozent der Beschäftigten sagen, sie würden es begrüßen, wenn ihr Arbeitgeber ihre Werte widerspiegelt,[4] und dieses Bedürfnis wird stärker, je weiter wir in die jüngeren Generationen vorrücken. Nahezu 80 Prozent der Millennials legen Wert darauf, dass Chemie und Kultur bei ihren potenziellen Arbeitgebern stimmen, und messen dem *Culture-Fit* sogar mehr Bedeutung bei als dem Karrierepotenzial.[5]

Auf den folgenden Seiten werden Sie ...

- die Culture-Fit-Kernelemente wie Organizational-Fit, Managerial-Fit und Team-Fit kennenlernen.
- erfahren, welche Methoden des Culture-Fit-Assessments am besten funktionieren (das ist die nuancierteste Form der Fit-Beurteilung!).
- lernen, wie Ihr Unternehmen mit Hilfe von Culture-Fit-Evaluationen die Verweildauer von Mitarbeitern verlängern, die Jobzufriedenheit verbessern und die Produktivität steigern kann, während es die unerwünschte Fluktuation verringert.

Am Ende des Kapitels sollten Sie ein besseres Verständnis haben, wie Kultur aussieht im Kontext der Mitarbeiterrekrutierung und Talententwicklung, wie Sie den *Culture-Fit* externer und interner

Kandidaten evaluieren und wie Ihr Unternehmen den *Culture-Fit* nutzen kann, um nachhaltige Beschäftigungsbeziehungen zu pflegen.

Die *Culture-Fit*-Kernelemente

Der *Culture-Fit* liefert eine Antwort auf die Frage, ob ein Kandidat erfolgreich Teil Ihrer Arbeitsgruppe oder Ihrer Organisation werden kann. Es ist die ultimative »Einer von uns?«-Frage, die nach einer positiven Antwort verlangt, damit sich ein Beschäftigter in seinem erweiterten Arbeitsumfeld heimisch fühlt.

Culture-Fit hat drei Kernelemente. Das erste ist *Organizational-Fit (Unternehmen)*. Als Nächstes müssen Sie auf den *Managerial-Fit* (Boss) schauen. Das letzte Element bildet der *Team-Fit* (Kollegen).

Die Organisationskultur gibt die übergeordneten Werte, Normen und Prioritäten des Unternehmens vor. Dazu können Dinge gehören wie das Bekenntnis zu bestimmten ökologischen, sozialen und Corporate-Governance-Standards (ESG) hinsichtlich Mitarbeiterrekrutierung und Investitionen, Vergütungstransparenz und Work-Life-Balance-Normen. Ein Teil dieser Kultur wird möglicherweise von der Region der Welt vorgegeben, in der sich das Unternehmen befindet, oder von den generellen Normen der Branche.

Eine Start-up-Kultur könnte beispielsweise bestimmte Vergünstigungen für die Mitarbeiter umfassen, zugleich aber mit der Erwartung verbunden sein, dass die Mitarbeiter rund um die Uhr für ihre Jobs erreichbar sind. Banken und andere Finanzinstitutionen könnten darauf bestehen, dass ihre Mitarbeiter sich an bestimmte formelle Verhaltens- und Bekleidungsstandards halten, um mit der Unternehmenskultur konform zu gehen. Akademische Rollen bieten ihren Kandidaten häufig einen hohen

Status, aber meist wenig Geld, was nur für Mitarbeiter interessant ist, für die Errungenschaften und Anerkennung wichtiger sind als Wohlstand.

In manchen Unternehmen ist die Managementstruktur flach und Agilität und Flexibilität spielen eine wichtigere Rolle als Hierarchien. Manche Organisationen sind aktivistisch ausgerichtet und legen ebenso viel Wert auf Engagement für soziale Gerechtigkeit und ökologische Ziele wie auf Leistung. Wieder andere Unternehmen pflegen eine Ellbogen-Kultur mit einem *Up-or-out*-Ansatz hinsichtlich der Mitarbeiterentwicklung.

Ich formuliere hier vielleicht sehr stereotyp, aber ich hoffe, dass Sie meinen Punkt verstehen. Unterschiedliche Branchen haben unterschiedliche Kulturen und dasselbe gilt für unterschiedliche Unternehmen in derselben Branche. Wie ein Spieler aus der English Premier League möglicherweise Mühe hat, sich in der Bundesliga zurechtzufinden, so erweist sich ein erfolgreicher Mitarbeiter eines Unternehmens im nächsten Unternehmen unter Umständen als Fehlbesetzung.

Aus der Kultur einer Organisation speisen sich sein Ruf und seine Marke. Viele Unternehmen versuchen, ihre öffentlichen Marken und ihre Reputation zu manipulieren, aber dank moderner Bewertungsseiten und Mitarbeiterforen besitzen die Unternehmen nur beschränkte Kontrolle über ihr Bild in den Talentmärkten. Das heißt jedoch nicht, dass den Unternehmen ihr Ruf egal sein sollte – rund 50 Prozent der Kandidaten sagen, dass sie für kein Unternehmen mit schlechtem Ruf arbeiten würden, selbst wenn sie dafür mehr Geld bekämen.[6] Darüber hinaus könnten sich erstaunliche 92 Prozent der Beschäftigten vorstellen, in eine andere Rolle bei einem Unternehmen zu wechseln, das einen ausgezeichneten Ruf genießt.[7]

Beachten Sie dabei auch, dass sich Lebensphasen und Umstände der Mitarbeiter auch ändern können. Ich meine damit, dass die Hauptmotivation, die einen täglich zur Arbeit treibt, auch bestimmten Veränderungen unterliegen kann. Zum Beispiel könnte ein junger Mensch zu Beginn seiner Laufbahn mehr monetär motiviert sein, während er später vielleicht mehr vom sozialen und/oder inhaltlichen Aspekten seiner Arbeit motiviert ist.

Der *Fit* mit der Gesamtkultur einer Organisation ist ein Prädiktor für die Leistung, die Jobzufriedenheit und die Gesamtverweildauer im Unternehmen.[8] Das gilt aus der Perspektive der Organisation, aber auch aus der Perspektive des Mitarbeiters. Deshalb erkundigen sich Jobinteressenten auch immer häufiger nach der Unternehmenskultur, wenn sie ihre Beschäftigungsoptionen abwägen.[9]

Laut dem Global-Talent-Trends-Bericht von LinkedIn aus dem Jahr 2022 sind Kandidaten engagierter, wenn Unternehmen offen über Kulturelemente sprechen, und bringen Jobausschreibungen und Unternehmensinhalten 67 Prozent mehr Aufmerksamkeit entgegen.[10] Kandidaten und Bestandsmitarbeiter legen mehr Wert darauf, wann, wie und wo ihre Jobs stattfinden und wie gut die Werte des Unternehmens mit ihren eigenen Lebenszielen und Werten harmonieren.

»Die Unternehmenskultur entwickelt sich schnell, und um mitzuhalten, müssen die Organisationen innovativ sein und fortschrittlich denken. Wir haben diese einzigartige Gelegenheit, die Kultur und die Umstände zu schaffen, die es jedem Beschäftigten ermöglichen, sein Bestes zu geben und sein bestmögliches Leben zu leben.«
Teuila Hanson, Chief People Officer bei LinkedIn[11]

Managerial-Fit ist das nächste *Culture-Fit*-Element, das es zu bedenken gilt. *Managerial-Fit* beschreibt, wie gut ein Kandidat mit seinen Vorgesetzten klarkommt. Man könnte auch einfach vom *Boss-Fit* sprechen, auch wenn viele moderne Beschäftigte mehreren Stakeholdern berichten und es deshalb wichtig ist, bei der Bestimmung des *Managerial-Fit* neben dem unmittelbaren Vorgesetzten auch indirekte Vorgesetzte zu berücksichtigen (mehr dazu in wenigen Augenblicken).

Wie viel Bedeutung Sie dem *Managerial-Fit* beimessen sollten, hängt davon ab, wie eigenständig die Position ist oder wie eng sie gemanagt wird. Wo der Beschäftigte ausschließlich Telearbeit leistet und sich überwiegend selbst organisiert, ist der *Boss-Fit* möglicherweise weniger wichtig. Aber selbst unter diesen Umständen hängt es in den meisten Fällen stark von der Qualität der Beziehung zum Vorgesetzten ab, wie sich die Arbeit im Alltag anfühlt.

Ein guter *Fit* zwischen Führungskraft und Mitarbeiter kann sich auch sehr positiv in der Leistung niederschlagen. Wo Führungskraft und Mitarbeiter gut miteinander klarkommen, sehen wir bisweilen höchst eindrucksvolle Ergebnisse. Mitarbeiter, die spüren, dass sich ihre Vorgesetzten um sie kümmern, neigen eher dazu, ihr Beschäftigungsverhältnis als zufriedenstellend zu empfinden, sich für die Arbeit ins Zeug zu legen und länger beim Unternehmen zu bleiben.

Wie schlecht kann der *Fit* zwischen Beschäftigtem und Vorgesetztem sein? Da gibt es keine Untergrenze. Rund 40 Prozent der Beschäftigten, die eine Rolle verlassen, nennen ihren Vorgesetzten als einen Grund.[12] Der Ruf eines Vorgesetzten kann gewaltigen Einfluss auf seine Fähigkeit haben, interne und externe Kandidaten für sein Team zu finden, und selbst das Leistungspotenzial bestens qualifizierter und für ihre Rolle prädestinierter Mitarbeiter ersticken.

Die Welt des Sports und der Unterhaltung ist voll schillernder Berichte über Spieler, die im Clinch mit ihren Trainern liegen, und von Schauspielern und Regisseuren, die einander nicht ausstehen können. Im Fußball beispielsweise verachteten sich David Beckham und Alex Ferguson bei Manchester United am Ende so sehr, dass Ferguson Beckham irgendwann mit dem

Schuh ins Gesicht trat und ihn dabei über dem Auge verletzte. Narbe und Zerwürfnis sind seither geblieben.[13] Werner Herzog und Klaus Kinski arbeiteten in diversen Filmen zusammen, hatten aber eine so unbeständige Beziehung, dass Herzog irgendwann am Set eine Waffe auf Kinski richtete, um ihn daran zu hindern, das Set zu verlassen.[14] Vor nicht so langer Zeit gerieten Trainer Bruce Arians und Wide Receiver Antonio Brown vom American-Football-Team der Tampa Bay Buccaneers während eines Spiels so heftig aneinander, dass Brown sich Trikot und Schützer vom Leib riss, sie in die Menge warf, mitten im Spiel vom Feld stürmte und damit *de facto* seine Zugehörigkeit zum Team (und mutmaßlich auch seine Karriere als Football-Spieler) beendete.[15] Mit *Culture-Fit*-Assessments gelingt es Ihnen hoffentlich rechtzeitig, bevor Sie jemanden ins Team holen, sicherzustellen, dass die Beziehungen zwischen Vorgesetztem und Mitarbeiter niemals diesen Grad von Drama erreichen werden.

Culture-Fit-Assessments sind auch ein gutes Mittel, um für einen ausreichenden Grad an *Team-Fit* zu sorgen – dem letzten *Culture-Fit*-Element, über das wir sprechen wollen. *Team-Fit* beschreibt im Prinzip, wie gut jemand mit seinen Kollegen harmoniert. Auch wenn Kollegen traditionell für die Einstellungs-Evaluationen keine Rolle spielen, lohnt es sich, sie in den Prozess einzubeziehen. Zwar ist es nicht Ihre Aufgabe, dafür zu sorgen, dass sich alle im Team wie beste Freunde verstehen, aber dennoch ist es gut zu wissen, ob die Teammitglieder den Eindruck haben, gut mit dem Kandidaten zusammenarbeiten zu können.

Rund 50 Prozent der Führungskräfte sagen, dass sie eine Einstellungsentscheidung für verfehlt halten, wenn der neue Mitarbeiter schlecht mit seinen Kollegen klarkommt.[16] Auch sind Beschäftigte eher bereit, einer Organisation den Rücken zu kehren, wenn sie den Eindruck haben, keinen einzigen Freund dort zu haben. Rund 46 Prozent der Beschäftigten, die als Grund dafür, dass sie ihren Job aufgeben, auf die toxische Arbeitskultur verweisen, erwähnen dabei insbesondere die Teamdynamik.[17] Natürlich braucht nicht jede Rolle mit einem Teamplayer besetzt zu sein. Wenn es eine Führungsposition zu besetzen gilt, ist zu viel Kooperationsbereitschaft möglicherweise sogar ein kultureller Nachteil für den Kandidaten, wenn sich die Mitarbeiter eine willensfeste und entschlossene Führung wünschen. In Organisationen wiederum, in denen individuelle Spitzenleistung und extreme Kreativität belohnt werden, könnte idealer *Team-Fit* bedeuten, jemanden zu finden, der das Gegenteil des bestehenden Teams verkörpert.

Die besten Methoden, um den Culture-Fit zu bestimmen

Nachdem wir jetzt mit den drei *Culture-Fit*-Elementen vertraut sind, wollen wir uns die besten Methoden zur korrekten Bestimmung der kulturellen Kompatibilität anschauen.

Um ehrlich zu sein: Dies ist mit Sicherheit ein Bereich, in dem Feinheiten und Subjektivität eine Rolle spielen. Aus meiner Erfahrung mit Tausenden von Kunden, Hunderten von Unternehmen und Dutzenden von Ländern während der letzten drei Jahrzehnte weiß ich, dass Fakten, Tests und Analysen die beste Option darstellen, wenn es um *Skill-Fit* oder *Job-Fit* geht. Beim *Culture-Fit* hingegen empfehle ich Ihnen, mit Ihrem Instinkt zu gehen.

Sie haben richtig gelesen: Dies ist ein Fall, wo es wirklich auf das Bauchgefühl ankommt!

Die meisten Fehler des Bauchgefühls gehen in die andere Richtung – wenn wir in Bezug auf jemand ein gutes Gefühl haben. Häufig liegen wir falsch. Deswegen sind unparteiische und wissenschaftlich begründete Assessments so viel besser als unser Bauchgefühl, wenn es um die Evaluation von Qualifikationen und *Soft Skills* geht.

Aber was ist, wenn wir ein schlechtes Gefühl in Bezug auf jemanden haben? Wenn es auf der anderen Seite unseres rationalen Gehirns etwas gibt, das eine rote Flagge hisst? Es ist wichtig, darauf zu hören, weil es in der Regel etwas auf einer tiefen persönlichen Ebene oder eine verborgene Chemie ist – eine Art Schwingung, wenn Sie so wollen –, das uns sagt, dass irgendetwas nicht stimmt. Viel besser ist es, mit jemandem zu arbeiten, bei dem Sie nicht jeden Tag ein Gefühl des instinktiven Misstrauens oder der Abneigung überwinden müssen.

Jenseits des Bauchgefühls gibt es noch andere nützliche Methoden zur Bestimmung des *Culture-Fit*. Sie können so viele davon verwenden wie möglich und in Ihrer Organisation zulässig, je nachdem, welchen *Fit*-Grad Sie evaluieren. Über einige Ansätze will ich im Folgenden sprechen – von der Organisationsperspektive über den *Boss-Fit* bis zum *Team-Fit*.

Wenn Sie den *Culture-Fit* auf der Organisationsebene bestimmen, interessieren Sie im Wesentlichen zwei Faktoren. Sie möchten erstens ein Gefühl dafür bekommen, inwieweit diese Person die Werte der Organisation teilt oder mit der breiteren Mission des Unternehmens harmoniert. Und dann möchten Sie sehen, ob die Person in die Gesamtkultur des Unternehmens passt. Das erfahren Sie am besten über Interviews und gesellige Anlässe.

Ein *Culture-Fit*-Interview können Sie im klassischen Format führen, indem Sie dem Kandidaten Fragen stellen. Meine Empfehlung lautet, dass Sie genau dies tun, damit Sie die Antworten unmittelbar mit den Werten, den Überzeugungen und dem Führungs- und Arbeitsstil der Organisation vergleichen können. Hier sind einige Fragen, die ich in *Culture-Fit*-Interviews zu stellen pflege:

- Bei welcher Ihrer bisherigen Erfahrungen haben Sie sich am besten gefühlt? Warum?
- Welcher Führungsstil motiviert Sie, Ihr Bestes zu geben?
- In welcher Arbeitsumgebung sind Sie am glücklichsten und am produktivsten?

- Welche Rolle würden Sie am ehesten spielen, wenn Sie in einem Team arbeiten?
- Was begeistert Sie daran, zur Arbeit zu kommen?
- Wenn Sie Ihr eigenes Unternehmen gründen würden, was würde es sein?
- Was hat Ihnen an Ihren bisherigen Erfahrungen am besten/am wenigsten gefallen?
- Was motiviert Sie, Ihr Bestes zu geben?
- Beschreiben Sie Ihren Traumberuf.
- Wie sieht für Sie eine erfolgreiche Unternehmenskultur aus?
- Wer inspiriert Sie und warum?
- Mit welchen Grundwerten unseres Unternehmens identifizieren Sie sich am meisten/am wenigsten?
- Welche drei bis fünf Erwartungen haben Sie an Führungskräfte in einer Organisation, in der Sie erfolgreich arbeiten würden?
- Wie sieht Ihr idealer Arbeitstag aus?
- Welche fünf Dinge sind Ihnen im Job am wichtigsten?

Jenseits dieser Fragen stelle ich dann vielleicht noch »Big Five«-Fragen, um zu verstehen, was an dieser Position dem Kandidaten helfen wird, seine größten Ziele und seine geheimsten Träume zu verwirklichen.

»Big Five« bezieht sich auf das gleichnamige Konzept aus John Streleckys internationalem Bestseller *The big five for life – was wirklich zählt im Leben*. Es fordert uns auf, eine Handvoll Dinge zu identifizieren, die wir unbedingt in unserem Leben erreichen wollen – Erfahrungen oder Ziele, ohne die wir uns in unseren letzten Augenblicken enttäuscht und unerfüllt fühlen würden. Es basiert auf jener Metrik, die von Safari-Teilnehmern in Afrika verwendet werden, um ihre Abenteuer zu bewerten: Hier bemisst sich die Qualität der Reise danach, welche der fünf Tiere (afrikanischer Löwe, afrikanischer Leopard, afrikanischer Elefant, Kaffernbüffel und Spitz- oder Breitmaulnashorn) angetroffen wurden.[18]

Für die potenziellen Kandidaten mögen die »Big Five« eine Mischung unterschiedlicher Dinge darstellen. Rein karriereorientierte Kandidaten erzählen Ihnen vielleicht, dass sie ein bestimmtes Gehalt erzielen, internationale Einsätze absolvieren, ein neues Produkt herausbringen oder in Zukunft sogar CEO werden wollen. Andere Kandidaten mischen möglicherweise Persönliches mit Beruflichem und sagen, dass sie den Kilimandscharo besteigen, die Kunst des Sauerteigbrotbackens erlernen, eine Führungsposition erklimmen, ein Ehrenamt übernehmen und mit ihrer Arbeit etwas Gutes für die Welt tun wollen. Wieder andere erzählen Ihnen vielleicht etwas über ihre Träume, ein Buch zu veröffentlichen, eine eigene Wohltätigkeitsorganisation ins Leben zu rufen, eine Familie zu gründen oder zu erweitern, ein Haus zu besitzen, eine Weltmeisterschaft zu besuchen oder einer berühmten Person über den Weg zu laufen.

Klingt das ein bisschen albern oder trivial, so tief in den Träumen und Ambitionen eines anderen Menschen zu stochern? Keineswegs, wie ich Ihnen versichern kann.

Wenn die Übernahme einer Rolle in Ihrem Unternehmen diesem Kandidaten helfen wird, eines seiner wichtigsten Ziele im Leben zu erreichen, wird ihn das in einer Weise motivieren, wie es Geld allein niemals könnte. Er ist dann in der Lage, das, was er jeden Tag tut, mit etwas in Verbindung zu bringen, was ihm zutiefst wichtig ist – einer Art von »Big Why«, das ihn mit Leidenschaft und Elan durch lange Stunden, harte Situationen und schwierige Projekte trägt. Sie denken, Sie wissen, was ein Top-Performer ist? Diese Art von Menschen – voll fokussiert, voll engagiert und zutiefst motiviert – sind noch einmal eine ganz andere Nummer.

Und deshalb sollten Sie sicherstellen, dass Sie von jedem Kandidaten die Lebens- und Karriereziele kennen, bevor Sie ihn einstellen oder größere Summen in seine Entwicklung investieren. Vielleicht könnte er jener wunderbar talentierte, umgängliche und intelligente Mensch sein, mit dem zu arbeiten die reinste Freude ist, wäre er nicht schon halb auf dem Sprung zu seiner Karriere als Schauspieler, sobald er ein bisschen Geld zurückgelegt hat. Vielleicht finden Sie immer noch, dass er gut zur Rolle passt, aber wenn Sie mehr über seine Ziele wissen, machen Sie sich zumindest keine unrealistischen Vorstellungen bezüglich der Zukunft der Beziehung, wenn Sie ihn einstellen oder befördern.

Fragen Sie in Ihren Interviews also nach Lebenszielen und -plänen. Die Kandidaten sollten in der Lage sein, Ihnen zu erzählen, wie sich dieser spezielle Job in ihre langfristigen Pläne einfügt, selbst wenn kein direkter Bezug zu Zielen der »Big Five«-Sorte besteht. Wenn ein Kandidat Ihnen nicht erklären kann, warum er unbedingt diesen speziellen Job haben will, sollten bei Ihnen auf jeden Fall die Alarmglocken schrillen![19]

Neben einem Interview können Sie den *Culture-Fit* auch anhand von geselligen Anlässen bestimmen. Damit meine ich Dinge wie die Einladung zu einem Unternehmenspicknick, die Chance, einen Tag im Büro zu verbringen oder eine Vertriebsstelle oder eine Fabrik zu besichtigen, oder vielleicht sogar die Teilnahme an einem Firmenevent. Ihr Ziel ist es, den Kandidaten dabei zu beobachten, wie er mit seinen künftigen Kollegen interagiert und sich im breiteren Unternehmensumfeld zu behaupten weiß. Wenn Sie dem Kandidaten außerhalb des »Interview-Modus« Raum geben, sich von seiner lockeren Seite zu zeigen, können Sie häufig viel über ihn und darüber lernen, wie es sich wohl anfühlt, ihn permanent um sich zu haben.

Neben Interviews und geselliger Interaktion können Sie auch auf Assessment-Instrumente zurückgreifen, um eine Vorstellung von *Organizational-Fit*, *Boss-Fit* und *Team-Fit* zu gewinnen.

Wenn Ihre Unternehmenskultur sehr auf Diplomatie und Harmonie ausgerichtet ist, Ihr Kandidat aber wenig Einfühlungsvermögen besitzt und in seiner Kommunikation eher direkt und konfliktorientiert ist, wird die Verständigung mit Sicherheit schwierig. Umgekehrt wird ein Kandidat mit einem ausgeprägten Unabhängigkeitsdrang Schwierigkeiten haben, sich in einer Organisation zurechtzufinden, die großen Wert auf Strukturen, Regeln und Vorschriften legt.

Assessments können auch Hinweise auf den *Boss-Fit* geben. Wenn Sie neben dem Profil des Kandidaten auch über ein Profil der Führungskraft verfügen, können Sie beide miteinander vergleichen und dieses Mal statt eines *Job-Matching* ein *Boss-Matching* durchführen.

Wenn Sie beispielsweise eine Führungskraft haben, die sehr bestimmt auftritt, das schnelle Tempo liebt und eine rasche Auffassungsgabe besitzt, wird sie vermutlich ziemlich frustriert sein, wenn sie es mit einem Mitarbeiter zu tun bekommt, der ein ruhiges Tempo, eine verlässliche Routine und viel Zeit benötigt, bevor er aktiv wird. Der Beschäftigte wiederum wird sich von einem solchen Vorgesetzten unter Druck gesetzt fühlen. In solchen Fällen sollten Sie die Einstellungspläne nicht weiterverfolgen, ist doch ein schlechter *Fit* so gut wie garantiert.

Wenn Sie in den Profilen keine wesentlichen roten Flaggen sehen (und alle nötigen Dokumente vorhanden sind), besteht der nächste Schritt darin, dass Sie eine Begegnung der einen oder anderen Form zwischen der Führungskraft und den aussichtsreichsten Kandidaten arrangieren. Das kann ein strukturiertes Meeting sein, wenn beispielsweise die Führungskraft den Kandidaten interviewt, oder etwas eher Geselliges, indem etwa die Führungskraft gemeinsam mit dem Kandidaten essen oder einen Kaffee trinken geht.

Hier interessiert Sie die spontane Reaktion der beiden Personen. Vielleicht kommen sie perfekt miteinander klar oder sie können sich auf den ersten Blick nicht ausstehen. So oder so muss das keine rationale Entscheidung sein. Ihr Bauchgefühl ist Ihr zweites Gehirn, auf das Sie hören sollten. Wenn die Chemie nicht stimmt, dann stimmt sie eben nicht. Und wenn Sie mit jemandem auf

Jahre 40 Stunden und mehr in der Woche zusammenarbeiten müssen, sollte Ihnen das zumindest ein gutes Gefühl geben.

Ebenso verhält es sich, wenn Sie diesen Kandidaten zu einem Team hinzufügen wollen. Die Teammitglieder müssen in der Lage sein, zusammenzuarbeiten, und angesichts der Zeit, die sie gemeinsam verbringen werden, sollten Sie sich vergewissern, dass sowohl das bisherige Team als auch der neue Kandidat ein gutes Gefühl dabei haben.

Um den *Team-Fit* zu bestimmen, können Sie auf die Assessment-Ergebnisse des Kandidaten schauen und sie mit denen des Gesamtteams vergleichen. Es gibt gute Assessment-Instrumente, die Ihnen auch Teamberichte zur Verfügung stellen, die Ihnen die Teamanalyse erleichtern.

Ich bin außerdem ein Fan von »Kolleginterviews«, umgekehrten Interviews, Probetagen und geselligen Anlässen.

In einem Kollegeninterview befragen die bestehenden Leistungsträger des Teams den Kandidaten. Im Idealfall geschieht dies ohne Anwesenheit eines Vertreters der Personalabteilung oder der künftigen Führungskraft, damit sich die Beteiligten freier austauschen können. Falls Ihnen der Gedanke gewöhnungsbedürftig erscheint, so frage ich Sie: Wer könnte den *Team-Fit* wohl besser einschätzen als die künftigen Kollegen des Kandidaten?

In einem umgekehrten Interview haben Sie die Möglichkeit, den Kandidaten sämtliche Fragen stellen zu lassen. Im Rahmen einer guten Interview-Praxis geben Sie dem Kandidaten ohnehin schon zum Ende der regulären Interviewsitzung Zeit, ein paar eigene Fragen zu stellen. Sie können diese Zeit verlängern, um ein volles umgekehrtes Interview zu ermöglichen, oder Sie setzen es separat an. So erhält nicht nur der Kandidat Gelegenheit, mehr über das Unternehmen in Erfahrung zu bringen, sondern Sie haben auch die Chance, sich ein klareres Bild davon zu verschaffen, was dem Kandidaten über Ihr Unternehmen, seine künftigen Kollegen und seine künftigen Zuständigkeiten zu wissen wichtig ist.

Ergänzend zum umgekehrten Interview und anderen Möglichkeiten, Ihre aussichtsreichsten Kandidaten mit dem Team bekannt zu machen, könnten Sie auch überlegen, ob Sie ihm nicht die Gelegenheit eines Probetages einräumen wollen. So lange Sicherheitsvorschriften das erlauben, kann es sowohl für Sie als auch für den Kandidaten von unschätzbarem Wert sein zu erleben, wie sich ein Tag bei Ihnen vor Ort in dieser Rolle in Wahrheit anfühlt.

Andererseits ist mir bewusst, dass es aus Budget- und Zeitgründen nicht immer möglich ist, dass außer Personalabteilung und unmittelbarer Führungskraft noch andere den Kandidaten im Vorhinein zu Gesicht bekommen. In diesem Fall müssen Sie sich auf Ihre Profil-Assessments bezüglich Persönlichkeit, Präferenzen und Karriereinteressen verlassen, um Ihre Vorhersagen zu treffen.

Sie könnten beispielsweise sehen, dass der Kandidat ein großes Bedürfnis nach Abwechslung und Kreativität hat, dass er ständig nach Neuem sucht, Kurse besucht und viele Fertigkeiten pflegt. In Ihrem Unternehmen aber sind die erfolgreichsten Mitarbeiter möglicherweise Gewohnheitstiere, die das Vertraute, den Standard und die Routine bevorzugen. Sie müssen also die bewusste Entscheidung treffen, ob Ihre Organisation von einem »Ausreißer« im Talent-Pool profitieren würde und ob jemand, der Wert auf Vielfalt und Abenteuer legt, in Ihrem Unternehmen glücklich werden könnte. Urteilen Sie nach bestem Gewissen. Aber falls es sich in irgendeiner Form – und sei es per Video-Chat – einrichten lässt, ist es stets am besten, wenn Ihr Kandidat so vielen künftigen Kollegen und Führungskräften begegnet wie nur möglich, um den *Culture-Fit* zu validieren und die Wahrscheinlichkeit eines gelungenen *Matches* zu erhöhen.

Mit *Culture-Fit*-Assessments die Verweildauer im Unternehmen, die Zufriedenheit und die Produktivität steigern

Sobald Sie Ihre Assessments erstellt haben, ist es an der Zeit, das Gelernte anzuwenden und Ihre Einstellungsentscheidungen zu verbessern. *Culture-Fit* nützt Unternehmen im Wesentlichen auf dreierlei Weise: Die Mitarbeiter bleiben dem Unternehmen länger erhalten und ihre Fluktuation sinkt, sie sind mit ihrer Arbeit zufriedener und sie sind produktiver.

Sprechen wir zuerst über Verweildauer und Fluktuation. Jemand, der gut in die Kultur Ihres Unternehmens passt und sich gut mit seiner Führungskraft und seinen Kollegen versteht, wird eher bei Ihnen bleiben, als die erstbeste Gelegenheit wahrzunehmen, zu einem anderen Unternehmen zu wechseln. Ein gutes Beschäftigungsverhältnis ist ein willkommener Anker in einer Welt voller Umbrüche, wie die letzten Jahre uns allen gezeigt haben. Wer von einem guten Führungsteam und Kollegen umgeben ist, die sich um ihn kümmern und für ihn interessieren, blüht auf und erreicht womöglich trotz negativen Faktoren wie Pandemie, Rezession etc. Rekordumsätze und -produktivitätswerte.

Wo hingegen die Werte des Einzelnen und die Präferenzen und die Kultur des Unternehmens weniger gut aufeinander abgestimmt sind, sehen wir vermeidbares Elend und unnötige Fluktuation. Wie lange können wir schließlich erwarten, dass ein Veganer in einer Einrichtung zur Fleischverpackung arbeitet? Wie glücklich wird ein Klimaaktivist mit seiner Tätigkeit in einem Öl- oder Gasunternehmen sein? Natürlich ist es auch Aufgabe des Einzelnen, sich gar nicht erst auf Rollen einzulassen, die mit seinen Werten unvereinbar sind, aber auch Sie haben die Verantwortung, sich andernorts nach Talent umzuschauen, das besser zu Ihrer Organisation passt.

Sie können das auch in Arbeitszufriedenheitsumfragen und Produktivitätskennzahlen sehen. Mitarbeiter von Teams, in denen sie sich wohl fühlen, in einer Rolle, die ihnen gefällt, und in einem Unternehmen, das ihnen zusagt, strengen sich an, bestmögliche Arbeit abzuliefern. Wenn Sie sie fragen, werden einige sogar offen zugeben, dass sie das als ihren Beitrag zur Einhaltung des beiderseitigen Vertrags verstehen. Im Gegenzug zu einer großartigen Situation sehen sie sich in der Pflicht, großartige Arbeit zu leisten.

All das wird möglich, wenn Sie sich die Mühe machen, Ihre Kandidaten auf einer tieferen und persönlicheren Ebene kennenzulernen. Das ist für die Unternehmen nicht immer bequem und formellere Unternehmen tun sich vielleicht schwer damit, gesellige Anlässe oder umgekehrte Interviews in ihre regulären Einstellungsprozesse zu integrieren. Aber die potenziellen Vorteile eines guten *Cultural-Fit* – Jahre der Spitzenleistung von einem Mitarbeiter, der seine Arbeitssituation wirklich zu schätzen weiß – wiegen die Risiken bei Weitem auf.

Abschließende Gedanken zum *Culture-Fit*

Culture-Fit ist das *Right-Fit*-Element, das die Unternehmen am häufigsten auslassen – zumindest, solange die kulturellen Unverträglichkeiten sich nicht in Leistungsdefiziten und betrieblichen Problemen niederschlagen. Viele Unternehmen erkennen zu spät, dass es unter Kosten- und emotionalen Gesichtspunkten häufig besser ist, eine Stelle unbesetzt zu lassen, als den falschen Typ von Mitarbeiter auf diese Position zu setzen.

Culture-Fit ist mit Sicherheit der *Fit*-Aspekt, der das nuancierteste und persönlichste Urteil erfordert. Aber selbst wenn ein Kandidat in jeder anderen Hinsicht die perfekte Wahl zu sein scheint, kann er sich als Fehlentscheidung herausstellen, wenn er nicht mit der Unternehmenskultur harmoniert. In diesem Fall sollte er zügig abgelöst werden, bevor das Leiden und der Schaden zu groß geworden sind.

Klingt hart? Sollte es!

Es sollte aber auch vollkommen vermeidbar klingen. Indem Sie *Culture-Fit* zu einem Bestandteil Ihrer Gesamtbewertung machen, können Sie zuversichtlich sein, dass die Kandidaten, die Sie am Ende einstellen, diejenigen sind, die mit größter Wahrscheinlichkeit in Ihrem Unternehmen erfolgreich sein werden, deren Werte mit Ihren Unternehmensidealen harmonieren, die sich gut mit ihrer Führungskraft vertragen und gute Beziehungen zu ihren Kollegen pflegen. Wenn all diese kulturellen Berührungspunkte beachtet wurden, ist es möglich, Jahre qualitativ hochwertiger Leistung von Mitarbeitern zu genießen, die glücklich sind, zu Ihrem Unternehmen zu gehören.

Zusammenfassung: Die passenden Talente finden

Der Aufbau einer Organisation voll hoch engagierter und talentierter Mitarbeiter ist ein bewusster Akt. Sie müssen die richtige Art von Talenten für die konkrete Arbeit finden, die Sie benötigen – und die Art von Talenten, die in der Lage sein wird, in Ihrem Typ von Unternehmen an ihrem speziellen Standort und mit ihrem bestehenden Team außergewöhnliche Arbeit zu leisten.

Viele Unternehmen sind nicht so gut im Einstellen von Mitarbeitern, wie sie vielleicht denken. Während rund 93 Prozent der befragten Unternehmen zuversichtlich sind, dass sie die richtigen Kandidaten finden,[1] gestanden 76 Prozent der höheren Führungskräfte ein, im Jahr 2020 mindestens eine schlechte Einstellungsentscheidung getroffen zu haben.[2]

Eine »schlechte« Einstellungsentscheidung liegt dann vor, wenn ein Kandidat in eine Rolle, ein Team oder Unternehmensumfeld gebracht wird, die nicht mit seinen Fähigkeiten, seiner Persönlichkeit oder seinen Lebenszielen harmonieren. Wenn es um die Mitarbeiterrekrutierung geht, gibt es keine »schlechten« oder »guten« Kandidaten, auch wenn diese Formulierungen regelmäßig verwendet werden. Nicht die Personen selbst sind das Problem, sondern die Rolle, die sie ausfüllen sollen, und das Umfeld, in dem sie tätig werden sollen.

Die Unternehmen sollten sich stets fragen, bevor sie ein abschließendes Angebot machen: »Passt diese Person in unser Unternehmen?« Wenn die Antwort hier zögerlich ausfällt, ist Vorsicht geboten. Besser ist es, nach einem guten *Match* zu suchen, wo die Antwort auf diese Frage ein zuversichtliches und klangvolles »Ja« ist.

Eine erfolgreiche Stellenneubesetzung liegt dann vor, wenn Person und Position gut zueinander passen. Ein solcher *Match* oder *Fit* hat drei Elemente: *Skill-Fit*, *Job-Fit* und *Culture-Fit*.

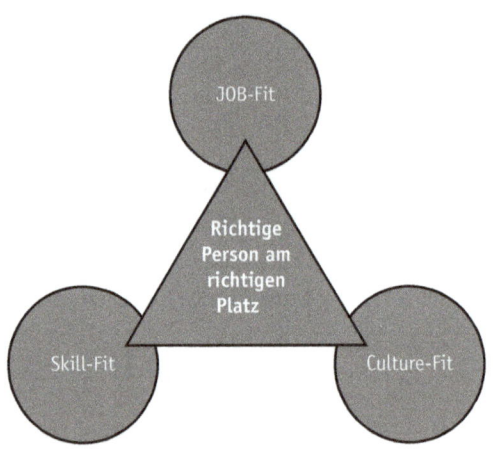

Abbildung 4 Die richtige Person am richtigen Platz

Ihren Auswahlprozess beginnen Sie am besten mit dem *Skill-Fit*, gefolgt vom *Job-Fit* und schließlich dem *Culture-Fit*. Im Idealfall sieht Ihr Assessment-Prozess wie in diesem Modell aus:

- Bestimmen Sie intern die kritischen Erfolgsfaktoren für jede Position. Berücksichtigen Sie dabei *Hard Skills*, *Soft Skills* und kulturelle Aspekte.

- Erstellen Sie für jede Position das Profil des idealen Kandidaten sowie ein robustes Anforderungsprofil, das Ihnen als Kompass und Anker dient. Setzen Sie Entscheidungspunkte für jedes wichtigere Kriterium, damit Sie wissen, wo Sie standhaft bleiben müssen und wo Sie flexibel sein können.
- Laden Sie Ihre aussichtsreichsten Kandidaten zu einem *Skill-Fit*-Interview ein. Das kann online wie offline geschehen. Ich empfehle ein teilstrukturiertes Format. Wenn nötig, können *Skill-Tests*, Fallstudien und Rollenspiele zum Einsatz kommen.
- Laden Sie die Kandidaten, die den besten *Fit* aufzuweisen scheinen, zu einem persönlichen Online-Profiling ein. Dieses Assessment misst ihre *Soft Skills* inklusive Denkstil, Verhaltensmerkmale und beruflichen Interessen. Die Ergebnisse können dann mit dem Anforderungsprofil verglichen werden, das Sie bereits für den *Job-Match* entwickelt haben.
- Führen Sie mit den Kandidaten, die den besten *Match* aufweisen, *Job-Fit*-Interviews durch, um die Ergebnisse des Assessments mit dem Kandidaten zu besprechen. Verwenden Sie ein teilstrukturiertes Format mit Verhaltensfragen, um den *Job-Fit* zusätzlich zu bestimmen. Führen Sie, wenn nötig, Fallstudien und Rollenspiele durch.
- Fahren Sie mit *Culture-Fit*-Fragen fort. Auch das sollte in einem teilstrukturierten Format erfolgen. Wenn Sie mögen, können Sie die künftigen Kollegen ein separates Interview mit dem Kandidaten führen lassen. Vergewissern Sie sich mithilfe eines Systems, dass Sie die wesentlichen Ziele und Präferenzen Ihrer Top-Kandidaten kennen.
- Wenn möglich und nicht bereits im Rahmen der vorangegangenen Interviews geschehen, sollten Sie Begegnungen Ihrer führenden Kandidaten mit ihrer künftigen Führungskraft und ihren künftigen Kollegen arrangieren, bevor Sie ihre abschließenden Angebote abgeben – im beruflichen und/oder geselligem Umfeld.

- Wenn Sie alle Interviews, Begegnungen und Validierungen durchgeführt haben, können Sie Ihre abschließenden Angebote abgeben.

Die richtige Person für den richtigen Job im richtigen Umfeld zur richtigen Zeit: Das erscheint wie ein Traum, aber ich versichere Ihnen, dass die Selektionssysteme und -prozesse, die ich Ihnen hier vorgestellt habe, es jedem Unternehmen, das bereit ist, sich diesen Best Practices zu verschreiben, ermöglichen, genau das Wirklichkeit werden zu lassen. Und indem Sie Person und Position besser aufeinander abstimmen, ernten Sie Früchte, die weit über die Leistung am Arbeitsplatz hinausgehen, wie Sie in der folgenden Diskussion zu Mitarbeiterengagement und Mitarbeiterbindung selbst sehen werden.

Teil III
MITARBEITERENGAGEMENT STÄRKEN
UND PFLEGEN

Einleitung: Engagement ist das Symptom des Erfolgs

»Wenn es den Mitarbeitern gut geht, sind sie engagiert und das Unternehmen produziert Ergebnisse.«[1]

Jacob Morgan, Autor von The Employee Experience Advantage

Weltweit stellen Mitarbeiterengagement und Unternehmenskultur ein großes Problem dar. Laut den jüngsten internationalen Gallup-Umfragen bezeichnen rund 87 Prozent der Organisationen Kultur und Engagement als Top-Herausforderungen.[2] Nicht Lieferkettenprobleme, Sorgen mit der Pandemie oder eine galoppierende internationale Inflation, sondern Engagement! Es ist wahrlich ein Problem, das mit der Zeit immer drängender wird.

Mangelndes Mitarbeiterengagement kostet die Weltwirtschaft jährlich geschätzte 8,1 Billionen US-Dollar an verlorener Produktivität – fast 10 Prozent des globalen Bruttoinlandprodukts von 2021.[3] Diese Kosten sind nicht gleichverteilt. Zu den am meisten betroffenen

Ländern gehören die reifen Volkswirtschaften Westeuropas wie England, Spanien, Frankreich, Italien und Deutschland.[4]

Zu behaupten, dies sei ein Problem, wäre eine galaktische Untertreibung. Schließlich haben Sie enorme Mengen an Zeit, Energie und Geld investiert, um Top-Talente zu identifizieren, sie für Ihre Organisation zu interessieren, sie zu durchleuchten und zu bewerten, ihnen ein Angebot zu machen und sie einzustellen. Ohne Top-Talente kann Ihre Organisation nicht im Wettbewerb bestehen und langfristig nicht überleben. Wenn Sie die benötigten Talente aber erst einmal an Land gezogen haben, müssen Sie das Engagement pflegen, um sie nicht wieder zu verlieren und um finanziell von der Begeisterung Ihrer Mitarbeiter für ihre Rollen und das Unternehmen zu profitieren.

Engagierte Mitarbeiter machen ihre Arbeit mit Begeisterung, sind bereit, mit ihren Kollegen zu kooperieren und ihr Talent mit diesen zu teilen. Sie unterstützen die langfristigen Ziele der Organisation.

Und wie sieht es bei Mitarbeitern aus, denen es an Engagement mangelt? Sie zeigen keine Begeisterung für ihre Arbeit, leisten lediglich »Dienst nach Vorschrift« und verspüren keine Verpflichtung gegenüber dem Unternehmen und seinen Zielen. Und es tut mir leid, sagen zu müssen: Sie sind in der Mehrzahl!

Überall in der Welt beobachten wir beim Mitarbeiterengagement einen Abwärtstrend, nachdem die frühen 2000er-Jahre noch von einem leichten Anstieg gekennzeichnet gewesen waren.[5] Wie ich schon erwähnte, ist die Situation besonders ernst in den westlichen Ländern und in Japan, wo zwei Drittel und mehr der Beschäftigten der meisten Unternehmen kein Engagement zeigen oder sogar aktiv desengagiert sind. Nur die wenigsten Beschäftigten zeigen bei dem, was sie täglich tun, echtes Engagement.

Warum ist das Engagement so gering? In letzter Zeit taucht in Gesprächen mit unseren Klienten häufig das Stichwort COVID auf, aber in Wahrheit waren viele der Faktoren, die heute Probleme bereiten, schon lange vor der Pandemie präsent. Die Beschäftigten vieler Unternehmen sind nicht glücklich, und zwar schon seit geraumer Zeit. Sie sind unzufrieden mit dem Management, sie sind unzufrieden mit ihrer Work-Life-Balance und sie sind unzufrieden mit ihren täglichen Aufgaben. Mehr dazu in den nachfolgenden Kapiteln – vorläufig genügt, dass nicht nur ich die Sichtweise vertrete, dass die Pandemie und die von staatlicher und unternehmerischer Seite ergriffenen Maßnahmen zu ihrer Bekämpfung das Problem des mangelnden Engagements lediglich stärker in den Fokus gebracht haben – für Arbeitnehmer und Arbeitgeber gleichermaßen.

Besonders deutlich lässt sich die Wirkung dieses geschärften Fokus bei den Fluktuationsraten erkennen. Es gäbe keine *Great Resignation*, keinen »großen Rückzug«, wenn die Menschen mit ihrer Arbeit zufrieden wären und in ihr Erfüllung fänden. Laut LinkedIn hat sich die Zahl der von jedem Einzelnen angesehenen Jobangebote von 2019 bis 2021 verdoppelt[6] und Gallup verkündet, dass wir laut Erhebungen des Meinungsforschungsinstituts zu Mitarbeiterzufriedenheit und -engagement den »großen Rückzug« in die »große Unzufriedenheit« umtaufen sollten.[7]

Überrascht? Beschäftigte sind ihre gegenwärtige Situation mittlerweile so leid und sie sind so zuversichtlich, angesichts der Verknappung des Talentmarkts problemlos eine andere Stelle finden zu können, dass 36 Prozent von ihnen von sich aus kündigen, noch bevor sie die Zusage für einen neuen Job in der Tasche haben.[8] Früher hat es das in diesem Ausmaß nicht gegeben. Das Einzige, wovor sich Arbeitgeber sorgen mussten, war, dass Wettbewerber unter ihren Leuten wilderten. Heute wildern die Beschäftigten sich selbst.

Und machen wir uns nichts vor: Schon jetzt investieren viele Manager und Personalabteilungen große Summen in Initiativen zur Stärkung des Mitarbeiterengagements. Das empfohlene

Einleitung: Engagement ist das Symptom des Erfolgs

Budget dafür beträgt ein Prozent des Gehalts.⁹ Wenn Sie also Gehälter von insgesamt einer Million Euro zahlen, sollten Sie mindestens 10 000 Euro für engagementfördernde Maßnahmen ausgeben. Viele Unternehmen geben für ihre speziellen Engagementförderteams und -programme sehr viel mehr aus.

Aber diese Gelder scheinen allein noch keinen großen Einfluss auf die Engagementwerte zu haben. Laut Jacob Morgan hat das mit der Frage zu tun, wann und wie diese Mittel eingesetzt werden.¹⁰ Häufig erkennen die Unternehmen, dass sich da eine Engagementkrise ankündigt, und versuchen eiligst, das Problem mit Geld in den Griff zu bekommen. Was viele Unternehmen mit diesem Geld kaufen – Gourmet-Mittagessen, einen neuen Yogaraum im Büro, Teamausflüge –, löst nicht die zugrundeliegenden Probleme wie toxische Vorgesetzte, schlechter *Job-Fit* oder Burnout. Die Geldspritzen wirken also wie kleine Adrenalinschübe, welche die Zahlen kurzfristig in die Höhe treiben, um sie kurz darauf wieder in den Keller stürzen zu lassen.

Was wäre also zu tun? Engagement ist ein echtes Problem und jüngste Zahlen belegen, dass mangelndes Engagement gravierende Folgen für Unternehmen jeder Art hat. Aber das ist noch kein Grund, die Hoffnung aufzugeben.

Sie können engagierte und produktive Mitarbeiter haben. Sie können eine positive Arbeitskultur pflegen, die sämtliche Mitarbeiter in ihrer Entwicklung unterstützt und fördert, mit der Folge, dass sie dem Unternehmen über Jahre oder sogar Jahrzehnte treu bleiben. Und was noch besser ist: Sie können das alles in einer Art und Weise tun, die Ihnen hervorragende Bilanzen und einen hervorragenden Ruf für Spitzenleistung in Ihrer Branche einbringt.

Auf den folgenden Seiten werden Sie sehen, wie es möglich ist, das Engagement zu verstärken, indem Sie Folgendes tun:

- Machen Sie sich die wahren Kosten des Desengagements klar – von Fluktuationsraten über Produktionsqualität bis zu

Kundenbeziehungen –, damit Sie potenziellen Engagementproblemen rechtzeitig vorbeugen können.
- Definieren Sie die Beziehung zwischen Engagement und Mitarbeiterbindung neu, so dass Sie Ihre leidenschaftlichsten und enthusiastischsten Mitarbeiter über Jahre bei sich im Unternehmen halten können.
- Lernen Sie die wichtigsten Methoden für die Verbesserung des Mitarbeiterengagements kennen, damit Sie die notwendigen Änderungen in Ihrem eigenen Team und in der gesamten Organisation vornehmen können. (Ein Tipp: Geld ist nicht der entscheidende Faktor.)
- Richten Sie positive, sich selbst verstärkende Systeme ein, um das Engagement hoch zu halten, selbst wenn sich der Talent-Mix mit der Zeit verändert, damit Sie viele Jahre lang von den Vorteilen einer hochgradig engagierten Kultur profitieren können.

Zu jeder Phase werde ich Ihnen neueste Forschungsergebnisse und Fallbeispiele aus aller Welt präsentieren – aus der Welt des Sports, der Artisten und der Unterhaltung ebenso wie aus der Welt der Unternehmen –, damit Sie die Wirkung und den Wert der beschriebenen Herausforderungen und der empfohlenen Veränderungen erkennen. Wenn Sie am Ende dieses Abschnitts angekommen sind, sollten Sie in der Lage sein, desengagierte Mitarbeiterkulturen zu identifizieren, Ihre Kosten abzuschätzen, Gegenmaßnahmen zu planen und zu beginnen, die Engagementwerte in Ihrem unmittelbaren Team und in der gesamten Organisation zu verbessern.

Bereit? Dann lassen Sie uns beginnen ...

8 Der wahre Wert hohen Mitarbeiterengagements

Warum ist Engagement so wichtig?

Engagement ist wichtig, weil es der Motor hinter allem ist, was Sie und Ihre Organisation erreichen wollen. Engagierte Mitarbeiter bringen Sie überall dort hin, wo Sie als Unternehmen hingelangen wollen. Sie geben Ihnen als Unternehmen mehr Produktivität und Profitabilität, sie sorgen für bessere Kundenerlebnisse und bringen Ihnen in Ihrer Branche einen exzellenten Ruf ein.

Die Unterschiede sind keineswegs gering. In einer größeren Langzeitstudie fanden die Forscher heraus, dass Unternehmen mit den besten Unternehmenskulturen und hochgradig engagierten Mitarbeitern ihren Umsatz um 682 Prozent steigerten. Im gleichen Zeitraum erzielten weniger engagierte Unternehmen im Schnitt lediglich ein Wachstum von 166 Prozent.[1]

Sie können sich Engagement wie zwei Personen auf einem Tandemfahrrad vorstellen. Auf dem Papier – beispielsweise auf Ihrem Organigramm – schauen alle in dieselbe Richtung. Es sieht so aus, als wäre alles korrekt organisiert und unter Kontrolle.

Jetzt kommt der Engagementfaktor ins Spiel. Angenommen, es handelt sich um ein typisches westliches Unternehmen und unser Team besteht aus zehn Personen. Zwei von ihnen sind voll engagiert und treten begeistert in die Pedale in Richtung auf die Unternehmensziele. Sie geben in Wahrheit 110 Prozent. Weitere sechs Mitglieder des Teams lassen sich praktisch kutschieren. Sie tun nichts, was Sie bremst, aber sie reißen sich auch kein Bein für die Organisation aus. Das sind Ihre desengagierten Mitarbeiter, die hin und wieder ein bisschen mittreten, sich im Übrigen aber mitnehmen lassen. Und dann haben Sie noch zwei aktiv desengagierte Teammitglieder. Sie drücken auf die Bremse, treten in die entgegengesetzte Richtung, werfen Knüppel in die Speichen und lassen die Luft aus den Reifen.

Ich frage Sie also: Wie weit und wie schnell kann dieses Fahrrad realistischerweise fahren?

Ich schildere dieses Beispiel, weil es verstehen hilft, warum Organisationen bisweilen das Gefühl haben, kulturell und ökonomisch festzusitzen: Sie sitzen tatsächlich fest!

Um aus diesem Zustand des »Nichts geht« auszubrechen, müssen Sie zwei Dinge wissen. Erstens müssen Sie eine gute Vorstellung davon haben, wo und wie aktiv desengagierte Mitarbeiter Ihr Unternehmensfahrrad bremsen. Dann müssen Sie sich über die besondere Beziehung zwischen Engagement und Mitarbeiterbindung klar werden – insbesondere dann, wenn Sie sich wünschen, dass mehr enthusiastische Radler Sie nach vorn tragen.

Die vielfältigen, häufig verborgenen Kosten des Desengagements

Als wir über die Herausforderungen sprachen, mit denen wir zu kämpfen haben, sobald es darum geht, Top-Talente für unsere Unternehmen zu gewinnen, erwähnte ich, dass viele dieser Schwierigkeiten auf die demografischen Veränderungen zurückzuführen sind, die wir heute weltweit beobachten, dass dies aber lediglich ein Faktor unter vielen ist.

Genauso war es, als wir über die Selektion sprachen. Viele sehen in der Knappheit qualifizierter Fachkräfte ihr primäres Rekrutierungsproblem. Dabei stellt die Qualifizierungslücke lediglich einen Faktor im Rahmen des *Right-Fit*-Konzepts dar, das garantiert, das ein Mitarbeiter die richtige Wahl für Ihre Organisation ist.

Nicht anders verhält es sich mit Desengagement. Es gibt eine wichtige Kennzahl, auf die sich viele Unternehmen beziehen – Fluktuation –, aber sie ist lediglich ein Datenpunkt unter vielen. Die Realität lautet: Während Fluktuation ein hochgradig sichtbares und teures Problem ist, stellt sie lediglich eine von vielen Arten dar, wie Desengagement Zeit, Moral, Produktivität und Geld aus Ihrer Organisation absaugt.

Während wir also sicherlich über die Kosten der Fluktuation infolge geringen Mitarbeiterengagements sprechen werden, werden Sie auch andere vielfältige (und häufig verborgene) Kosten einer desengagierten Belegschaft kennenlernen. Wir werden in den meisten Fällen von den weichen Kosten zu den harten Kosten und von den weniger greifbaren Auswirkungen zu den greifbaren Auswirkungen vordringen.

Beginnen wir also bei der inneren Einstellung.

Mitarbeiter, die Engagement und Begeisterung für ihre Rollen zeigen, haben häufig eine positive Einstellung, wenn es darum geht, jeden Tag zu erscheinen, mit Kunden in Kontakt zu treten und qualitativ hochwertige Produkte und Dienstleistungen bereitzustellen. Ihre Positivität und ihre Energie sind ansteckend und inspirierend. Sie motivieren die Menschen um sie herum, mehr Einsatz zu zeigen und ihren Rollen besser gerecht zu werden.

Desengagierte Beschäftigte hingegen sind in der Regel apathisch oder gleichgültig. Ihre Energie ist gering bis bestenfalls neutral. Aktiv desengagierte Teammitglieder strahlen häufig eine geradezu antagonistische Einstellung aus, mit der sie das gesamte Team anstecken. Anstatt zu motivieren, demotivieren sie und inspirieren andere, weniger zu tun, sich weniger anzustrengen und sorgloser mit den Kunden umzugehen.

»Desengagement ist ansteckend – leistungsschwache Mitarbeiter setzen die Latte für die übrigen Teammitglieder herab und ihre schlechten Gewohnheiten verbreiten sich über die gesamte Organisation.«
Rosemary Haefner, CHRO, CareerBuilder.[2]

Ein Beispiel dafür ist die Filmkomödie *Alles Routine* aus dem Jahr 1999.[3] Sie handelt von dem Büroangestellten Peter Gibbons (gespielt von Ron Livingston), der unter einem herrischen Vorgesetzten leidet, den er geradezu hasst. Um ihm zu helfen, Entspannung zu

8 Der wahre Wert hohen Mitarbeiterengagements

finden, nimmt ihn seine Freundin zu einem Hypnotherapeuten mit, der ihn in Trance versetzt, wo ihn seine Arbeit nicht länger belastet. Bevor er aus dem Trancezustand herausgeführt werden kann, stirbt der Hypnotherapeut jedoch an einem Herzinfarkt.

Peter, der jetzt in seinem »sorgenfreien« Zustand gefangen ist, kehrt wie gewohnt zur Arbeit zurück, aber sein Verhalten hat sich dramatisch verändert. Er unternimmt keine Anstrengung mehr, seine Aufgaben pünktlich zu erledigen oder sich mit Kollegen gut zu stellen, die er nicht mag. Er ignoriert die Büroregeln und zeigt seinem Vorgesetzten die kalte Schulter. Gemeinsam mit zwei Kollegen tragen sie frustriert einen Drucker auf ein freies Feld und zerschmettern ihn mit einem Baseball-Schläger.

Als später bekannt wird, dass die Organisation eine Umstrukturierung plant, die sie ihre Jobs kosten wird, hecken Peters Freunde, inspiriert durch seine »Wen kümmert's«-Einstellung, einen Plan aus, wie sie gemeinsam Unternehmensgelder veruntreuen wollen. Unerfahrene Hacker, die sie sind, erbeuten sie versehentlich mehr Geld als ursprünglich geplant. Ihr panisches Geständnis und die Rückerstattung des Geldes kommen jedoch niemals ans Licht, weil ein anderer unzufriedener Mitarbeiter das Gebäude anzündet und die Beweise zerstört. Am Ende des Films arbeitet Peter glücklich und zufrieden in einem Bauarbeitertrupp, der die verrauchten Trümmer seines früheren Büros beiseite räumt.

Die amerikanische Originalfassung *Office Space* wurde von *Entertainment Weekly* zu den »25 besten Komödien aus den letzten 25 Jahren« gezählt[4] und entwickelte sich zu einer Art Kultfilm unter Büroangestellten. Während es hier im Wesentlichen um das Desengagement einer Person geht, ebnete er zugleich den Weg für den späteren internationalen Erfolg der US-amerikanischen Comedyserie im Mockumentary-Stil *The Office*.

Zusammenfassend kann man sagen: Desengagierte Mitarbeiter entwickeln häufig schlechte Einstellungen ... schlechte Einstellungen können noch mehr unzufriedene und desengagierte

Mitarbeiter erzeugen ... und über kurz oder lang ist Ihre gesamte Unternehmenskultur von Gleichgültigkeit und Apathie geprägt.

Sobald das Desengagement Raum gegriffen und Wurzeln geschlagen hat, werden Sie ernste Probleme mit der Mitarbeitermoral und der Rekrutierung in Ihrer Organisation sehen. Wir wissen bereits, dass die Kultur einer Organisation Einfluss auf ihren Ruf und ihre Marke hat. Eine geringe Moral führt dazu, dass weniger Mitarbeiter das Unternehmen anderen weiterempfehlen oder mit positiven Bewertungen die Rekrutierung unterstützen – die Wahrscheinlichkeit steigt, dass sie sich ständig über das Unternehmen, ihre Manager oder ihre Kollegen beklagen. Das ist ein kulturelles Problem, aus dem rasch ein Markenproblem und ein Problem für die Personalbeschaffer werden kann. Bekanntlich sagen rund 50 Prozent der Kandidaten, dass sie nicht für ein Unternehmen mit schlechter Reputation arbeiten würden, selbst wenn die Arbeit dort besser bezahlt wäre,[5] und wenn Ihr Unternehmen erst einmal das Etikett »miserabler Ort zum Arbeiten« erworben hat, werden Sie Mühe haben, in Ihrem Feld oder Ihrer Branche Top-Talente zu gewinnen.

Das ist natürlich nicht die einzige Herausforderung, auf die Sie sich infolge geringer Moral und schlechter Einstellungen im Büro gefasst machen müssen. Sie werden auch feststellen, dass die Mitarbeiter nicht besonders produktiv sind.

Während sich engagierte Mitarbeiter von sich aus anstrengen, beschränken sich desengagierte Mitarbeiter auf das Minimum. Aktiv desengagierte Mitarbeiter tun womöglich noch weniger und ziehen noch dazu andere Mitarbeiter von ihrer produktiven Arbeit ab, indem sie Probleme schaffen, die von jenen gelöst werden müssen. Gallup schätzt, dass desengagierte Mitarbeiter die US-amerikanischen Unternehmen jedes Jahr zwischen 450 und 550 Milliarden US-Dollar in Form von verlorener Produktivität[6] kosten – eine Summe, die dem Bundesinfrastrukturbudget von 2022 für die gesamten USA entspricht.[7]

In Europa sieht es nicht besser aus. Allein Deutschland verliert jedes Jahr rund 122 Milliarden Euro infolge desengagierter Mitarbeiter, von denen geschätzte 5,93 Millionen »innerlich gekündigt« haben. Desengagement in Großbritannien kostet das Land jährlich geschätzte 52 bis 70 Milliarden Pfund, während die extrem hohen Desengagement-Raten in Frankreich (93 Prozent) und Italien (95 Prozent) negative Weltspitze sind.[8]

Es gibt eine Reihe von Dingen, die wir aus diesen Zahlen über Desengagement lernen können. Erstens führt Unzufriedenheit nicht notwendigerweise dazu, dass ein Mitarbeiter die Organisation freiwillig verlässt. Unzufriedenheit korreliert zwar mit höheren Fehlständen und verstärkter Fluktuation, aber es handelt sich um keine klare Ursache-Wirkung-Beziehung. Man kann seinen Job hassen und dennoch jeden Tag aufstehen und zur Arbeit erscheinen. Millionen machen es so.

Im schlimmsten Fall erscheinen Mitarbeiter zur Arbeit und tun dann ... im Prinzip den ganzen Tag nichts. In Kanada hat dieses Phänomen sogar einen eigenen Namen erhalten: *presenteeism*, in Anlehnung an *absenteeism*, womit das Fernbleiben vom Arbeitsplatz bezeichnet wird. Die Stelle im Organigramm ist besetzt, im Stuhl sitzt ein Mensch aus Fleisch und Blut, aber Arbeit wird so gut wie keine geleistet.

Presenteeism ist aus Sicht der Organisation in vielerlei Hinsicht schlimmer als *absenteeism*. Wenn ein Mitarbeiter nicht erscheint, ist für jeden ersichtlich, dass er nicht da ist. Man kann die Lücke sehen. Im Fall von *presenteeism* fällt vielleicht auf, dass die Arbeit liegen bleibt, aber es fällt unter Umständen schwer zu erkennen, woran genau es liegt und wer dafür verantwortlich ist. So wird daraus ein verborgener Anker, der die Teamproduktivität und das Potenzial der Organisation Jahr um Jahr in die Tiefe zieht.

Interessanterweise zeigt die Forschung, dass *presenteeism* von Beschäftigten ernster genommen wird als von den Arbeitgebern (vermutlich, weil die wirklich anwesenden Mitarbeiter die Arbeit der lediglich *pro forma* anwesenden Kollegen mitübernehmen müssen). Dennoch lohnt es sich auch für die Arbeitgeber, das Problem auf dem Radar zu haben. Im *Harvard Business Review* lesen wir, dass *presenteeism* ein Unternehmen 7,5- bis 10-mal so viel kosten kann wie *absenteesim*.[9] Wenn Ihr Unternehmen die durch *absenteeism* verursachten Kosten nicht dokumentiert, können Sie stattdessen die Erhebung von Virgin Pulse aus dem Jahr 2020 als Referenz heranziehen, aus der folgt, dass *presenteeism* die Unternehmen jährlich die Produktivität von geschätzten 57,5 Tagen kostet.[10]

Das ist die Produktivität von fast zwei Monaten, die Ihrem Unternehmen verloren geht, während Sie dachten, dass es mit voller Besetzung arbeitet. Erkenntnissen des Personaldienstleisters Robert Half zufolge beobachteten zwischen 2020 und 2021 rund 71 Prozent der Unternehmen unter ihren Mitarbeitern Fälle von *presenteeism*.[11]

Das alles fügt dem Fahrrad »totes Gewicht« hinzu. Und es lässt die Mitarbeiter, die keinerlei Engagement mehr zeigen und sich freiwillig aus der Organisation verabschieden, wie Engel aussehen. Das weitaus größere Problem stellen jene Mitarbeiter dar, die ihren Job hassen und dennoch Jahr um Jahr im Unternehmen bleiben.

Diese Mitarbeiter überschreiten niemals die Grenze zu einem Verhalten, das schlecht genug wäre, um ihnen die Kündigung einzubringen. Vielleicht handelt es sich sogar um solide Durchschnittskräfte. Aber Sie müssten Berge bewegen, um sie dazu zu veranlassen, sich freiwillig für eine Extraaktivität zu melden, und sollten ihnen möglichst kein wichtiges Innovationsprojekt oder eine neue Initiative übertragen. Im Prinzip müssen Ihre Topmitarbeiter zusätzliche Arbeit leisten und sich gesondert um diese Mitarbeiter kümmern, damit auch von diesen etwas kommt.

Im Lichte dieser Fakten wird es Sie nicht überraschen, dass hochgradig engagierte Organisationen häufig kleiner sind als weniger

8 Der wahre Wert hohen Mitarbeiterengagements

engagierte Organisationen. Der Unterschied ist dramatisch. Die hohe Produktivität ihrer engagierten Mitarbeiter erlaubt es Organisationen wie Microsoft oder Adobe, mit 25 Prozent weniger Mitarbeitern als ihre Branchenkonkurrenz auszukommen und dabei bis zu viermal so viel Umsatz pro Mitarbeiter zu erwirtschaften.[12]

Das ist ein weiterer Kostenfaktor, der in den Berechnungen der meisten Organisationen nicht auftaucht: die zusätzlichen Mitarbeiter auf der Gehaltsliste, die nicht nötig wären, wenn die übrigen Mitarbeiter mit vollem Engagement und optimaler Produktivität ihre Arbeit verrichten würden. Oder, um das Thema Entlassungen auszusparen: Diese »zusätzlichen« Mitarbeiter könnten Ihre Organisation in neue Höhen führen, wenn ihre Energie richtig kanalisiert würde. In diesem Fall entsprechen Ihre Kosten dem Wert der nicht wahrgenommenen Chancen.

Nehmen Sie zum Beispiel die Chancen, die in Ihren Kunden liegen. Desengagierte Mitarbeiter gefährden diese Beziehungen, mit der Folge, dass Ihnen lukrative Aufträge entgehen und potenzielle Käufer sowie Neu- und Bestandskunden das Weite suchen. Aber solange ein Mitarbeiter nicht einen konkreten Auftrag vermasselt oder einen Fehler macht, der an seine Vorgesetzten gemeldet wird, nehmen Sie diese allmähliche Kundenerosion vielleicht erst dann wahr, wenn sie spürbar auf Ihre Jahresbilanz durchschlägt. Sie taucht in den Statistiken als verstärkte Kundenabwanderung, weniger Folgeaufträge und die gehäufte Erwähnung von »Enttäuschung« in den Kundenbewertungen auf – alles Dinge, die oberflächlich wenig damit zu tun zu haben scheinen, dass die Mitarbeiter ihren Job ohne Engagement verrichten.

Das ist eine weitere Möglichkeit, wie Desengagement in einer Organisation Zeit und Geld vernichtet. Die Probleme zeigen sich in den Zahlen – sinkende Umsätze, höhere Remissionsquoten, mehr Unfälle in den Fabriken, verspätete Berichte und geringere

Reaktionszeit aus diversen Abteilungen. Sie können viel Zeit und Geld in die Verbesserung dieser Zahlen investieren, ohne dass Sie damit viel Erfolg hätten. Eine neue Kundenbeziehungssoftware (CRM) löst nicht das Problem mit dem Vertriebsleiter, der keine Motivation verspürt, E-Mails zu versenden. Monitoring-Systeme für die Fertigung decken vielleicht mehr Fehler auf, ändern aber nichts an der Einstellung der Mitarbeiter, denen es egal ist, ob sie das Richtige tun. Mittel, die besser genutzt werden sollten, um das Leben der Mitarbeiter zu verbessern oder Neuzugänge besser zu filtern, werden stattdessen für Monitoring, Tracking und vollkommen falsche Anreize vergeudet.

Das kann den – nicht ganz verkehrten – Eindruck und die Einstellung erzeugen, dass »nichts von dem, was wir hier tun, wirklich hilft«. Das ist für Organisationen ein rutschiges Terrain. Zwar ist es richtig, dass die Lösung der falschen Probleme auch nicht die richtigen Ergebnisse liefert. Aber wenn sich die Denkweise »Nichts hilft« erst einmal festgesetzt hat, kann sie zur sich selbst erfüllenden Prophezeiung werden. Und zwar einer, die zu stoppen und umzukehren Sie sehr teuer zu stehen kommen kann.

Geben Sie die Hoffnung dennoch nicht auf. Indem Sie den Blick auf die weniger offensichtlichen, aber unglaublich hohen Kosten des Desengagements richten, entwickeln Sie ein besseres Gespür dafür, wie wichtig Engagement und Wohlergehen der Mitarbeiter für die gesamte Organisation sind, als Unternehmen, die darin lediglich ein Problem der Personalabteilung sehen. So können Sie frühzeitig Anzeichen für Desengagement erkennen, und je früher Sie Probleme mit dem Engagement identifizieren, desto schneller können Sie dagegen vorgehen. Im nächsten Kapitel werden Sie bewährte Techniken kennenlernen, wie Sie die Situation retten und in gutem Zustand halten können.

Aber bevor wir uns den Methoden zur Verbesserung des Mitarbeiterengagements zuwenden, müssen wir noch über das Thema Mitarbeiterbindung sprechen.

Engagement, Mitarbeiterbindung und langfristige Entwicklung Ihrer Belegschaftskultur

Wie ich schon erwähnte, dominieren die Stichworte Abnutzung und Fluktuation viele Diskussionen zum Mitarbeiterengagement. Diese Zahlen gelten – neben *absenteeism*, Produktivitätsrückgang und Regelverletzungen – zu den wichtigsten Indikatoren für Engagementprobleme – selbst in Unternehmen, die die Moral ihrer Mitarbeiter nicht mittels spezieller »Pulsabfrage der Mitarbeiter« oder »Stimme des Teams«-Erhebungen messen.

Sie werden zu tieferen Einsichten kommen, wenn Sie das Gespräch umdrehen. Anstatt sich auf das zu fokussieren, was Mitarbeiter zur Kündigung treibt, sollten Sie überlegen, was sie zum Bleiben veranlasst. Was sind gegenwärtig die wichtigsten Gründe, warum ein talentierter Mitarbeiter Ihres Unternehmens beschließen sollte, bei diesem zu bleiben, anstatt eine andere Chance beim Schopfe zu ergreifen?

- **Unternimmt Ihr Unternehmen alles in seiner Macht Stehende, um Talente in die Rollen zu bringen, für die sie wie geschaffen sind?**
  Die wichtigste Voraussetzung für Engagement ist ein guter *Fit*. Dazu gehört sowohl *Job-Fit* als auch *Culture-Fit*. Sie können niemanden für eine Aufgabe motivieren und erwarten, dass er Engagement zeigt, solange diese Aufgabe gegen seine Natur oder seine Persönlichkeit ist. Und wenn sich die Person nicht im richtigen Umfeld befindet und der *Culture-Fit* nicht gegeben ist, werden Sie ebenfalls kein Engagement sehen. Mitarbeiter, die sich in Situationen befinden, die nicht »stimmen«, werden schlicht und einfach gehen. Wenn Ihr Unternehmen keine Anstrengungen unternimmt, seine Mitarbeiter in die am besten für sie geeigneten Rollen zu bringen – oder wenn Sie Talent nicht, wo immer Sie können, in neue Rollen bringen, die besser

für sie passen –, dürfen Sie davon ausgehen, dass diese Mitarbeiter das Weite suchen, sobald sich ihnen eine bessere Chance bietet. Wenn Sie aber jede Anstrengung unternehmen, die Mitarbeiter in Rollen zu bringen, die zu ihnen passen, brauchen Ihre Wettbewerber schon eine Brechstange, um sie von Ihnen zu trennen.

- **Zahlt Ihr Unternehmen angemessene Vergütungen?**
Geld ist ein Motivator und für viele Mitarbeiter etwas, auf das sie elementar angewiesen sind. Ein zufriedener Mitarbeiter jedoch müsste ein Angebot erhalten, das mindestens 20 Prozent über seinem gegenwärtigen Gehalt liegt, um versucht zu sein, aus rein finanziellen Gründen bei Ihnen zu kündigen. Wenn Sie bereits auf den richtigen *Fit* geachtet haben und ein branchenübliches Gehalt zahlen, sollte das nicht der wichtigste Faktor sein, warum Mitarbeiter Sie verlassen.

- **Bietet Ihr Unternehmen bequeme, lebensgerechte Arbeitsbedingungen?**
Für viele Wissensarbeiter sind flexible Arbeitszeiten und zumindest die teilweise Möglichkeit, remote zu arbeiten, mittlerweile vorrangig. Dank Lockdowns und Home-Office-Vorschriften zu Pandemiezeiten sind selbst Mitarbeiter, die sonst nicht auf die Idee gekommen wären, darum zu bitten, auf den Geschmack dieser Arbeitsform gekommen. Sie stellen fest, dass sie weniger von Burnout gefährdet sind und die Arbeit besser mit der Kinderbetreuung vereinbaren können, wenn sie von Zuhause aus arbeiten. Und seit die Unternehmen ihre Mitarbeiter zunehmend bitten, wieder ins Büro zu kommen, ziehen es einige von ihnen vor, zu gehen, anstatt erneut in ihre Bürozellen zu pendeln.

- **Investiert Ihr Unternehmen in eine kontinuierliche Personalentwicklung?**
Weiterentwicklung und ein Gefühl des Vorankommens sind für die Beschäftigten von heute und insbesondere die Vertreter der jüngeren Generationen von entscheidender Bedeutung.

Wie eine Umfrage von CareerAddict aus dem Jahr 2020 ergab, würden 82 Prozent von ihnen kündigen, sobald sie kein Potenzial für die Entwicklung mehr spüren.[13]

- **Verfügt Ihr Unternehmen über eine wohldefinierte Unternehmenskultur?**

Es gibt die unterschiedlichsten Kulturen. Ihre Mitarbeiter können sich aber leichter mit Ihnen identifizieren, wenn Sie als Unternehmen klar sagen, was Sie sind und wofür Sie stehen. Solange Sie keine klare Vorstellung von Ihrer Kultur haben, fällt es Ihnen notgedrungen schwer, bei Neueinstellungen den *Culture-Fit* zu messen. Und sobald jemand eingestellt ist, erschwert eine unklare Kultur es ihm, eine tiefere kulturbasierte Beziehung zu dem Unternehmen aufzubauen.

- **Verfügt Ihr Unternehmen über ein System, das toxische Führungskräfte identifiziert und entfernt?**

Ein hochgradig talentierter Mitarbeiter, der einer toxischen Führungskraft zugeordnet ist, wird nicht lange Ihr Mitarbeiter bleiben. Viele Male wurde bereits gesagt: Mitarbeiter verlassen keine Organisationen – sie gehen, um bestimmte Personen nicht mehr sehen zu müssen. Solange Sie ungeeignete Führungskräfte oder toxische Kollegen in Ihren Positionen belassen, müssen Sie damit leben, dass wertvolle Mitarbeiter Ihnen den Rücken kehren.

Wenn Sie feststellen, dass Sie diese Fragen nicht mit einem Ja beantworten können, haben Sie vermutlich einige Probleme mit dem Engagement und der Bindung Ihrer wichtigsten Leistungsträger an Ihr Unternehmen.

Wir sprechen bereits darüber, dass wir es bei der Mitarbeiterbeziehung mit einem gewissen Verkaufsaspekt zu tun haben. Bevor Sie jemanden einstellen, müssen sie ihm die Gelegenheit »verkaufen«. Dieses Gespräch ist mit der Einstellung nicht zu Ende – kann es nicht sein. Sie müssen Ihre Top-Talente kontinuierlich überzeugen, dass sie bei Ihnen am richtigen Ort sind.

Für einen Mitarbeiter ist es schwer, ein gutes Gefühl gegenüber einem Unternehmen zu entwickeln, das ihm weniger zahlt, als er wert ist, ihn einer toxischen Managementstruktur unterwirft oder ihn in einer Rolle hält, aus der er herausgewachsen ist. Wenn dazu noch unflexible Arbeitsbedingungen und eine undurchsichtige Kultur kommen, wird es diesen Mitarbeiter vermutlich nicht lange bei Ihnen halten.

Für viele Unternehmen ist auch das ein Paradigmenwechsel. Jahrzehntelang haben sie mit der Denkweise gelebt, dass das Unternehmen die Mitarbeiter einkauft, um sie zu Zahnrädchen ihrer Maschine zu machen, wo sie wenig Pflege erfordern, weil sie jederzeit durch andere ersetzbar sind. Im gegenwärtigen Talentumfeld funktioniert das so aber nicht länger.

Manche Unternehmen, die großen Wert auf Engagement legen, gehen sogar so weit, dass sie Mitarbeiter, die eine schwache Leistung zeigen oder von denen sich mit der Zeit herausstellt, dass sie nicht in die Kultur passen, aktiv zum Verlassen des Unternehmens zu bewegen versuchen. Netflix beispielsweise führt regelmäßig 360°-Reviews und *Culture-Fit*-Bewertungen durch.[14] Das Unternehmen gehört auch zu den Unternehmen, die Mitarbeitern ohne den richtigen *Culture-Fit* und das richtige Engagement sogar noch Geld zahlen, um ihnen die Kündigung zu versüßen.[15]

»Nichts tötet einen guten Mitarbeiter schneller, als wenn Sie Nachsicht gegenüber einem schlechten zeigen.«
Perry Belchur, Mitbegründer von DigitalMarketing.com[16]

Vielleicht möchten Sie mit Ihrem Unternehmen nicht so weit gehen – aus kulturellen oder juristischen Gründen. Es lohnt sich jedoch, sich zu überlegen, wie Sie Ihre Unternehmenskultur sowohl heute wie auch längerfristig entwickeln wollen. Wenn Sie die Besten der Besten gewinnen – und halten – wollen, müssen Sie die Art von Arbeits- und Kulturumfeld schaffen, das auf das Talent in Ihrer Branche anziehend wirkt.

Abschließende Gedanken

Engagement ist der Motor hinter allen Aspekten des zukünftigen Erfolgs Ihrer Organisation. Mitarbeiter, die Spaß haben an dem, was sie tun, die gemeinsame Arbeit mit den Kollegen genießen und sich in der Organisationskultur wohlfühlen, werden hervorragende Arbeit leisten, alles für ein außergewöhnliches Kundenerlebnis tun und für Sie innovativ sein.

Leider sind hochgradig engagierte Mitarbeiter selten. In den meisten westlichen Volkswirtschaften können die Unternehmen froh sein, wenn zwei von zehn Mitarbeitern stark engagiert sind. Die meisten sind desengagiert oder sogar aktiv desengagiert in ihren Rollen, was sich negativ auf fast alle Kennzahlen auswirkt – vom Umsatz bis zur Arbeitsplatzzufriedenheit.

In dieser Art von Umfeld ist es absolut wichtig, dass Sie nicht nur Ihre vorhandenen Topkräfte behalten, sondern sich bemühen, mehr von ihnen zu bekommen. Dazu müssen Sie ein Umfeld schaffen, in welchem Topmitarbeiter den Eindruck bekommen, dass es in ihrem eigenen besten Interesse ist, bei Ihnen zu bleiben. Im Personalbereich muss die Denkweise des (Menschen) Einkaufens einem vertriebsorientierten Ansatz weichen, bei dem die Mitarbeiter kontinuierlich überzeugt werden müssen, dass ihre gegenwärtige Chance die beste ist, die sie bekommen können.

Aber wie steht es mit allen anderen? Was fällt für jene ab, wenn Sie die Bedingungen für Ihre Spitzenkräfte verbessern? Was können Sie tun, um das Engagement in der gesamten Organisation zu verbessern – von der untersten bis zur obersten Ebene? Im nächsten Kapitel werden Sie die bewährten Methoden zur Verbesserung des Mitarbeiterengagements kennenlernen.

9 Bewährte Methoden zur Steigerung des Mitarbeiterengagements

Der Wert des Mitarbeiterengagements steht außer Frage. Was jedoch die besten Methoden zu seiner Steigerung betrifft, so werden Ihnen die unterschiedlichsten Lösungen angeboten. Wie aber können Sie sicher sein, welche wirklich effektiv sind und welche lediglich »Schaufensterdekoration« oder vorübergehende Moralspritzen?

In diesem Kapitel wollen wir den Fokus auf das legen, von dem die Forschung und Jahrzehnte des Testens gezeigt haben, dass es funktioniert. Es sind bewährte Methoden des Umgangs mit systemischen und tief verwurzelten Herausforderungen des Mitarbeiterengagements. Wenn Sie sie in Ihrem Unternehmen umsetzen, garantiere ich Ihnen, dass das Engagement dauerhaft eine neue Stufe erreichen wird.

Laut dem weltberühmten Human-Relations-Analysten Josh Bersin und der Beratungsfirma Deloitte benötigen Mitarbeiter Unterstützung in fünf wichtigen Bereichen, um sich voll und ganz mit ihrer Arbeit und ihren Arbeitgebern zu identifizieren.[1] Es handelt sich um folgende Faktoren:

1. eine Arbeit, die sinnvoll ist,
2. ein Management, das ihnen tatkräftig zur Seite steht,
3. ein positives Arbeitsumfeld,
4. Chancen für Wachstum und Entwicklung,
5. ein Führungsteam, das in ihren Augen vertrauenswürdig ist.

In den folgenden Abschnitten wollen wir sehen, was Sie benötigen, um diese fünf Unterstützungsbereiche in Ihrer Organisation zu gewährleisten. Sie werden außerdem sehen, wie das, worüber wir im Buch bislang schon gesprochen haben – Talent-Pools,

Talent-Pipelines und die sorgfältige Kandidatenauswahl –, Ihnen helfen kann, jene Art von positivem Mitarbeitererlebnis zu schaffen, das ein hohes Maß an Mitarbeiterengagement garantiert – mit den entsprechenden positiven Folgen für Ihre Geschäftsergebnisse.

Die unleugbare Anziehungskraft einer sinnvollen Arbeit

Ein führendes Kennzeichen hochgradig engagierter Mitarbeiter ist, dass sie die Arbeit, die sie leisten, als sinnvoll empfinden. In ihrer Vorstellung tauschen sie nicht nur Zeit gegen Geld. Sie führen Projekte durch und lösen Probleme, die ihnen etwas bedeuten und für die Sie sich berufen fühlen.

»*Wahres Glück ist, wenn wir Probleme finden, die wir mit Vergnügen und mit Genuss lösen.*«
Mark Manson, Die subtile Kunst des darauf Scheißens

Andersherum gilt: Wenn die Tage eines Mitarbeiters mit Projekten, Menschen und Problemen gefüllt sind, denen er keine Bedeutung beimisst, wird er desengagiert. Möglicherweise fordert ihn seine Arbeit nicht genug heraus, mit der Folge, dass er sich langweilt. Vielleicht ist er von Kollegen umgeben, der er nicht mag oder mit denen er nicht klarkommt, sodass keine Chance besteht, ein geselliges Miteinander zu pflegen und einen »Teamgeist« im Büro zu entwickeln. Oder die zentralen Probleme, die er für das Unternehmen lösen soll, bedeuten ihm nichts, selbst wenn sie für die Unternehmensbilanz wichtig sind.

Und natürlich kann es auch sein, dass er einfach nicht die richtige Besetzung für die Stelle ist.

Wir sprachen schon darüber, wie wichtig es ist, dass Sie die richtige Person für die richtige Rolle auswählen, um ein hohes Leistungsniveau zu erreichen. Auch ein hoher Grad an Engagement hängt von dieser Voraussetzung ab.

War das schon immer so? Nicht unbedingt. Während der Jahrzehnte der wirtschaftlichen Expansion nach dem Zweiten Weltkrieg dominierte die Einstellung des Einkäufers. Arbeitsplätze gab es zwar zuhauf, aber es herrschte dennoch die Mentalität vor, dass man dankbar sein musste, einen zu haben. Niemand interessierte sich wirklich dafür, ob dem Mitarbeiter seine Arbeit gefiel, und wer sich beklagte, war leicht ersetzbar.

Im Übrigen besetzte das Konzept des beruflichen Werdegangs damals eine andere philosophische Plattform. Ein Arbeitsplatz stellte eine Pflicht dar, die es zu erfüllen galt. Man unterschrieb einen Vertrag und hielt ihn anschließend ein, ganz wie es sich gehörte.

Mit dem Jahrtausendwechsel jedoch begannen sich die Dinge zu verändern. Die Vorboten des demografischen Wandels und der heutigen Probleme mit der Qualifizierungslücke machten sich bemerkbar. Auch erschien die berufliche Karriere nun zunehmend wie eine Berufung und nicht mehr bloß wie ein Job. Es war der Beginn des *New-Work*-Paradigmas.

Spätestens in den 2010er-Jahren war die Erwartung, dass Arbeit sinnvoll zu sein hatte, unter College-Absolventen zum Standard geworden, schreibt der Essayist Paul Millerd.[2] Das brachte eine

Vielzahl von Veränderungen in allen Aspekten der Rekrutierung, Auswahl und Einstellung von Mitarbeitern mit sich: Seither wetteifern die Unternehmen darum, potenzielle Talente davon zu überzeugen, wie viel Spaß es macht und wie interessant es ist, bei ihnen zu arbeiten und an der eigenen Karriere zu stricken. Jeder neue Absolventenjahrgang bereichert den Talent-Pool um eine weitere Schar frischer Kandidaten, die nach erfüllenden und sinnvollen Chancen suchen – selbst in den einfachsten Stellen.

Machen Sie sich die Mühe, Ihre Anforderungsprofile aktuell zu halten – mit Einzelheiten zu den wichtigsten Eigenschaften, Unternehmenswerten und Fähigkeiten. Erweitern Sie Ihre Talent-Pools strategisch und richten Sie Ihre Bemühungen auf Kandidatengruppen mit dem Potenzial, Ihre einzigartigen Anforderungen zu erfüllen (sowohl jetzt als auch mit Blick auf Ihre Zukunftspläne). Nehmen Sie sich bei der Befüllung Ihrer Pipelines und beim Kandidaten-Screening die Zeit für sorgfältige Bewertungen. Kombinieren Sie Interviews mit wissenschaftlich basierten Profilings (Assessments). Bringen Sie, wo immer möglich, Kandidaten mit ihren zukünftigen Führungskräften und Kollegen zusammen, bevor Sie abschließend entscheiden, ob Sie sie einstellen wollen.

So können Sie die Wahrscheinlichkeit, dass Sie jemanden einstellen, der sich für seinen Job interessiert, der effektiv mit Kollegen und Führungskraft zusammenarbeiten kann und dessen Werte mit denen der Organisation harmonieren, dramatisch erhöhen. Je besser der *Job-Fit*, desto größer sollte am Ende auch das Engagement sein.

Mit jedem Mitarbeiter, den Sie in dieser Weise auswählen, sollten sich auch die Engagementwerte des Teams und der Organisation verbessern. Die jüngsten Zahlen von Gallup zeigen, dass ein gesteigertes Mitarbeiterengagement die Zahl der Fehltage um bis zu 41 Prozent verringert sowie die Produktivität um 17 Prozent steigert.[3] Zudem empfehlen Mitarbeiter, die Spaß an ihrer Arbeit haben, mit höherer Wahrscheinlichkeit ihren Arbeitgeber anderen weiter, was sich positiv auf Ihre Marke, Ihren Ruf und die Chance auswirkt, verborgene Pools passiver Jobsuchender anzuziehen, die bereit sind, zu Ihrem Unternehmen zu wechseln.

Mit der Zeit sollten Sie auch eine wachsende Verweildauer Ihrer Mitarbeiter in Ihrem Unternehmen beobachten. Ein Mitarbeiter, der seine Arbeit als sinnvoll empfindet, sieht sich weniger veranlasst, außerhalb der Organisation nach Karriereerfüllung zu suchen. Wer wirklich Spaß an dem hat, was er tut, macht es häufig weit über die Zeit hinaus, in der sich andere zurückzuziehen pflegen.

Zwei berühmte Beispiele sind die Ballerina Dame Margot Fonteyn de Arias und der Quarterback Tom Brady. Beide verbrachten ihr Leben in Karrieren, bei denen es üblich ist, sich mit Anfang dreißig zurückzuziehen (was schon als fortgeschrittenes Alter für diese Positionen gilt). Beide betrieben ihren Beruf aber mit größter Leidenschaft und hatten sich den höchsten Standards ihrer Zunft verschrieben.

Das Ergebnis? Fonteyn verfolgte ihre Tanzkarriere über mehr als 45 Jahre und erreichte in jedem neuen Jahrzehnt neue kreative Höhepunkte. Als Primaballerina des englischen Royal Ballet wurde sie ein mit vielen Preisen ausgezeichneter internationaler Star.[4] Als sie die traditionelle Altersgrenze im Ballett erreichte, ergriff sie stattdessen die Gelegenheit, mit dem kürzlich verstorbenen, in Russland geborenen tatarischen Star Rudolf Nurejew weiterzutanzen.[5] Diese Zusammenarbeit war ein großer Erfolg und sie tanzten fast zwanzig Jahre lang gemeinsam durch die Welt.[6]

Als sich Tom Brady Anfang 2022 im Alter von 44 Jahren vorübergehend zurückzog, bestand ein Element seines Vermächtnisses bereits in der Verschiebung des angenommenen Enddatums der Karriere eines Quarterbacks. Wie Fonteyn hatten auch ihn die Experten und Journalisten schon wiederholt am Ende seiner Laufbahn gesehen. Doch mit jedem neuen Abschnitt seiner Karriere trieb ihn seine Liebe zum Sport dazu, immer neue Höhen des Erfolgs zu erklimmen und schließlich mit seinen sieben Superbowl-Ringen alle Rekorde zu brechen.[7]

Natürlich wären diese Superstars niemals in ihren Rollen geblieben, wenn ihre Organisationen ihnen nicht die Freiheit gelassen hätten, dies zu tun. Beide profitierten von einem Team und von Trainern, die ihre Entwicklung unterstützten und ihnen den Raum gaben, ihr Talent zur Geltung zu bringen.

Aber selbst in traditionellen Unternehmensgefilden können Sie ähnliche Situationen beobachten, wo ein hochgradig engagierter Mitarbeiter, der von Führungskräften und Kollegen umgeben ist, die ihn unterstützen, beschließt, mit seiner Tätigkeit fortzufahren. In meiner eigenen Organisation beispielsweise befindet sich unser Head of Client Services offiziell längst im Ruhestand, aber auch mit 73 Jahren arbeitet er immer noch in flexibler Teilzeit für uns und leistet dem Team weitvolle Hilfe im Kunden-Support. Er müsste nicht arbeiten, aber wir hoffen, dass er es noch viele Jahre tun wird, denn seine Fähigkeiten sind für uns wahrlich von großem Wert.

Wenn Sie mit Ihrer Führungskraft »können«, finden Sie auch Gefallen an Ihrer Arbeit

Die eigene Tätigkeit als sinnvoll zu empfinden, ist nicht der einzige Faktor, von dem das Engagement abhängt. Eine wichtige Rolle dafür, wie der Mitarbeiter seinen Job sieht und wie lange er es in seiner Rolle aushält, spielt auch das Team um ihn herum. Das gilt besonders für die weit oben angesiedelten Posten.

»*Menschen verlassen Menschen, keine Organisationen.*«
Jim Sirbasku, Co-Gründer Profiles International

Es mag vielleicht etwas platt klingen, aber wenn Sie gut mit Ihrer Führungskraft zurechtkommen, haben Sie auch Spaß an Ihrer Arbeit. Hassen Sie Ihren Chef? Dann sind Sie drauf und dran zu kündigen.

Selbst unter Mitarbeitern, die einfach nur kein besonderes Faible für ihre Führungskraft haben oder sie für nicht besonders kompetent halten, ist die Fluktuation dramatisch höher. Wenn das Verhältnis hier nicht stimmt, ist die Wahrscheinlichkeit, dass sich ein Mitarbeiter nach einem neuen Job umsieht, viermal so hoch[8] und eine Vielzahl globaler Studien lässt darauf schließen, dass zwischen 50 und 60 Prozent aller freiwilligen Kündigungen mit der Abneigung gegenüber einer unmittelbaren Führungskraft zu tun haben.[9] In den US-amerikanischen Märkten sind die Zahlen sogar noch höher – hier geben 82 Prozent an, sie könnten sich vorstellen, wegen eines schlechten Managers zu kündigen.[10]

Wie Sie sehen, ist es wahr: Mitarbeiter kündigen nicht, weil ihnen die Organisation nicht gefällt. Sie kündigen, weil sie Schwierigkeiten mit bestimmten Personen haben.

Laut einem Gallup-Bericht zum globalen Mitarbeiterengagement aus dem Jahr 2021 sind Führungskräfte für rund 70 Prozent der Schwankungen im Engagementgrad der Mitarbeiter verantwortlich.[11] Unter einer großartigen Führungskraft müsste ein Wettbewerber eine Gehaltserhöhung von 20 Prozent oder mehr in Aussicht stellen, um Mitarbeiter wegzulocken, während Teams unter schlechter Leitung oder toxischen Führungskräften Mühe haben, ihre Belegschaft zu halten – unabhängig von der Höhe des Gehalts.

Leider sind viele Führungskräfte schlecht vorbereitet auf das, was heute von ihnen verlangt wird. Jüngere Generationen von Mitarbeitern erwarten zunehmend, dass ihre Führungskräfte ihnen als Partner und Mentoren zur Seite stehen, sie auf ihrem beruflichen Werdegang begleiten, ihnen Orientierung bei ihren Aufgaben geben und ihre Leistung bewerten.[12] Jedoch wurden Führungskräfte traditionell nicht nach ihrer Befähigung als Coachs und Mentoren ausgewählt oder darin trainiert, zusätzlich zu ihren übrigen Pflichten auch noch diese Rollen auszufüllen.

Unter den Gesichtspunkten Engagement und Fluktuation ist das aber ein großes Problem heute, wenn man bedenkt, dass Anfang 2022 über 55 Prozent der befragten Mitarbeiter zu Protokoll gaben, dass sich ihr Verhältnis zu ihrer Führungskraft in den vorangegangenen Jahren verschlechtert hat.[13] Die Arbeit im Home-Office hat die Beziehungen zwischen Kollegen und Führungskräften geschwächt und viele Teams in eine Art existenzielle Krise gestürzt. Besonders die Führungskräfte hatten Schwierigkeiten damit, die richtige Balance zu finden, als es galt, ihre Mitarbeiter aus der Ferne zu beaufsichtigen und anzuleiten. Niemand möchte zum Mikromanager werden und die Zoom-Müdigkeit ist ein verbreitetes Phänomen, aber genauso wenig möchten Mitarbeiter alleingelassen werden.[14]

Was können Organisationen tun, um diese Situation zu verbessern? Auf zwei Bereiche kommt es hier besonders an.

Erstens müssen Führungskräfte, wo dies möglich ist, sorgfältiger für ihre Rollen ausgewählt werden. Nicht ein oder zwei, sondern drei Dinge müssen »stimmen« (wir sprechen hier vom richtigen *Fit*), damit eine Führungskraft ihrer Rolle erfolgreich gerecht werden kann. Sie sollte ihren normalen Aufgaben gewachsen sein, eine grundsätzliche Eignung für die Führungsrolle besitzen und auch noch die richtige Führungskraft für diese spezielle Gruppe von Mitarbeitern sein.

9 Bewährte Methoden zur Steigerung des Mitarbeiterengagements 251

Die ersten beiden Punkte betreffen die grundsätzliche Eignung dieser Person für die Rolle einer Führungskraft. Eine gute Führungskraft bringt andere Fähigkeiten mit als ein guter individuell Beitragender oder ein Experte. Nicht jeder ist geschaffen für die zusätzlichen Zuständigkeiten und Erwartungen und nicht jeder ist scharf darauf, in die Führungsrolle zu schlüpfen.

Mitarbeitern fällt es mitunter schwer, sich in diesem Sinne zu äußern – schließlich ist der Aufstieg in vielen beruflichen Kulturen das erklärte Ziel. Die übliche philosophische Einstellung lautet: Beförderung ist »gut«; immer in der Rolle des individuell Beitragenden zu verweilen, selbst wenn man dort hervorragende Leistung zeigt, ist »schlecht«. Aber das ist ein Gespräch, das wir mit unseren Kandidaten für Führungsrollen führen müssen, und es sollte mit bestimmten Fähigkeits- und Eigenschaftsbewertungen einhergehen, um zu gewährleisten, dass sie für die nächste Stufe geeignet sind und darin erfolgreich sein werden.

Denn schließlich benötigen Organisationen auch weiterhin fähige Spezialisten. Wenn Sie jemanden für die Führungskräfterolle vorgesehen haben, von dem sich aber im Lauf des Evaluationsprozesses zeigt, dass er nicht (oder noch nicht) für diese Rolle geschaffen ist oder sie nicht seinen Wünschen entspricht, ist es nützlich, wenn Sie bereits einen Entwicklungsprozess für Spezialisten eingerichtet haben, damit der Kandidat sich dafür entscheiden oder dahin gelenkt werden kann, wenn die Bewertungen hier eine besondere Eignung ergeben.

Der dritte Punkt wird manchmal übersehen: Hier geht es um die Eignung als Führungskraft für ein bestimmtes Team. Viele Unternehmen setzen Führungskräfte in neue Rollen, ohne Rücksicht darauf zu nehmen, ob Führungskraft und Team füreinander geschaffen sind. Würden Sie dieselbe Führungskraft unterschiedslos an die Spitze eines Verkäuferteams oder eines

Kundenserviceteams setzen? Vielleicht ja. Vielleicht aber auch nicht, ist es doch eher unwahrscheinlich, dass ein und dieselbe Person über die richtigen Eigenschaften verfügt, um beide Gruppen gleichermaßen effektiv führen zu können.

> *Eine gute Führungskraft macht sich weniger Gedanken über ihre eigene Karriere als vielmehr über die Karrieren ihrer Mitarbeiter.«*
> H. S. M. Burns

Nachdem der *Fit*-Aspekt in der Führungsauswahl berücksichtigt wurde, sollte die nächste Priorität dem Training der Führungskräfte gelten. Verlassen Sie sich nicht darauf, dass eine Führungskraft die Fähigkeiten, die sie benötigt, um Mitarbeiter effektiv zu managen, durch Osmose und Beobachtung erwirbt. Auch kann es angesichts sich wandelnder Erwartungen, die an Führungskräfte gestellt werden, nicht das Ziel sein, dass die neuen Führungskräfte einfach nur dem Vorbild früherer Generationen folgen.

Gallup und andere raten stattdessen dazu, Führungskräfte – und insbesondere neue Führungskräfte – speziell für ihre neuen Zuständigkeiten zu trainieren und zu unterstützen.[15] Hier geht es weniger um ein *Upskilling* (Weiterbildung) als vielmehr um ein *Reskilling* (Umschulung). Dieses Training hilft ihnen, besser zu verstehen, was sie als Führungskraft anders machen müssen (beispielsweise mit Blick darauf, dass unter ihren Mitarbeitern unter Umständen ehemalige Kollegen sind). Auch hilft es ihnen, sich an das Veränderungstempo zu gewöhnen, das in den letzten Jahren zunehmend zur Normalität geworden ist, als neue Modelle der Arbeit im Home-Office, hybride Systeme und flexible Arbeitszeiten in rascher Folge und häufig ohne Vorwarnung Einzug in den Team-Alltag hielten.

9 Bewährte Methoden zur Steigerung des Mitarbeiterengagements 253

Viele Führungskräfte berichten von Gefühlen der Desorientierung und der Beziehungslosigkeit, gepaart mit zunehmenden Fällen von Burnout und Desengagement.[16] Eine desengagierte und unsichere Führungskraft strahlt diese Einstellung auf die Ränge unter ihr aus, wodurch die Wahrscheinlichkeit wächst, dass sie als schlechte Führungskraft wahrgenommen wird. Das schafft eine toxische Spirale von noch mehr Desengagement und Unzufriedenheit, was nicht selten in zusätzlicher ungewollter Fluktuation und Stress mündet.

Glücklicherweise können Sie diese toxische Spirale vermeiden, indem Sie Ihre Führungskräfte auf ihren *Fit* hin überprüfen und mehr tun, um sie in ihren vielfältigen Rollen als Mentoren, Coachs und Teamleiter zu unterstützen. Das ist besonders wichtig in turbulenten und unsicheren Zeiten, wie wir sie gegenwärtig weltweit erleben. Eine Organisation kann ihren Führungskräften gar nicht genug Informationen und Ressourcen hinsichtlich dessen zur Verfügung stellen, wie sie die Beziehung zu ihren Mitarbeitern pflegen und sie führen und entwickeln können – als Team und individuell. Wenn Führungskräften geholfen wird, wirkt sich das automatisch auch auf die von ihnen geführten Mitarbeiter, ihre Einstellungen, ihre Leistung und ihr allgemeines Engagement aus.

Von diesem positiven Schwung, der von den Führungskräften ausgeht, hängt auch ab, wie die Mitarbeiter ihr Arbeitsumfeld wahrnehmen. Besonders, wenn die Mitarbeiter im Home-Office sitzen, ist die Führungskraft der erste Berührungspunkt und Repräsentant des Unternehmens. Kaum etwas zahlt sich im gegenwärtigen Umfeld für Unternehmen, die Wert auf Engagement und eine geringe Mitarbeiterfluktuation legen, so aus wie die Zeit und Energie, die sie investieren, um diesen Berührungspunkt so gut wie nur möglich zu gestalten.[17] Das spielt auch beim nächsten Element des Engagements eine Rolle, über das wir sprechen wollen.

Wie sich ein positives Arbeitsumfeld auf das Engagement auswirkt

Ein positives Arbeitsumfeld ist ein wichtiger Faktor des Mitarbeiterengagements und der Mitarbeiterfluktuation. In einem positiven Arbeitsumfeld haben die Mitarbeiter das Gefühl, dass ihre Tätigkeit sie trägt und ihnen zu persönlichem und beruflichem Erfolg verhilft. In weniger positiven Arbeitsumgebungen fühlen sich die Mitarbeiter vernachlässigt, schlecht behandelt und nicht hinreichend wertgeschätzt.

Mitarbeiter, und insbesondere die jüngeren Generationen, wünschen sich ein positives Arbeitsumfeld.[18] Sie wollen das Gefühl haben, von ihrem Arbeitgeber gesehen, gehört, verstanden und geschätzt zu werden. Sie wollen sich als »ganze Person« in die Arbeit einbringen und sich dabei sicher fühlen. Mit anderen Worten: Sie wollen eine wunderbare Beziehung – oder gar keine.

Das bedeutet nicht, dass Vertreter anderer Generationen nicht ebenfalls wertgeschätzt werden wollen. Aber viele sind in eine

Kultur hineingewachsen, in der es eher die Norm war, dass man Situationen, die nicht gerade ideal waren, dennoch klaglos hinnahm. In diesem kulturellen Kontext war die Sicherheit des Beschäftigungsverhältnisses ein stärker geschätztes Element und diese Einstellung besteht selbst in einer Welt fort, in der es nun nicht mehr heißt: »Sei froh, dass du Arbeit hast«, sondern: »Sei froh, dass jemand bereit ist, für dich zu arbeiten.«

Wenn die Mitarbeiter das Gefühl haben, dass man sich am Arbeitsplatz um sie kümmert, ist die Wahrscheinlichkeit, dass sie ihre Arbeit gern tun, 3,2-mal so hoch und die Wahrscheinlichkeit, dass sie den Arbeitgeber weiterempfehlen, 3,7-mal so hoch.[19] Wo sie dieses Gefühl nicht haben oder diese Aufmerksamkeit nicht erfahren, seien Sie auf der Hut! Rund 79 Prozent der Beschäftigten, die von sich aus kündigen, gaben »mangelnde Wertschätzung« als wichtigsten Grund für diesen Schritt an.[20]

Liebe ist nicht käuflich!

Viele Unternehmen, die mit geringem Engagement und hoher Fluktuation zu kämpfen haben, werfen mit ihrem Versuch, ihre Mitarbeiter zu überzeugen, wie sehr sie sich kümmern, lediglich Geld zum Fenster hinaus. »Sehen Sie, wie lieb ich Sie habe? Ich habe für Sie einen Yoga-Raum eingerichtet, versorge Sie vor Ort mit Bio-Essen und verdopple sogar Ihr Gehalt. Warten Sie ... warum verlassen Sie mich?!!«

Mit dem Geld verhält es sich so: Im gegenwärtigen Umfeld bleiben Sie damit vielleicht im Gespräch, aber Sie kommen damit langfristig auf keinen grünen Zweig. Unternehmen legen sich bereits kräftig ins Zeug, um die Gesamtvergütung ihrer Mitarbeiter zu verbessern. Laut einer Erhebung von Willis Towers Watson aus dem Jahr 2021 betrachten 94 Prozent der Beschäftigten »freiwillige Zusatzleistungen«

mittlerweile als einen wichtigen Teil des Gesamtvergütungspakets – eine Steigerung um 60 Prozent seit 2018.[21] Der internationale Personalressourcenverwalter Zenefits gibt an:[22]

- 53,2 Prozent haben die Mitarbeiteranerkennung erhöht,
- 51,4 Prozent bieten Gehaltserhöhungen und
- 41,3 Prozent bieten Zusatzleistungen.

Alles im Interesse der Verringerung der Mitarbeiterfluktuation.

Laut derselben Quelle geht jedoch nicht weniger als ein Drittel der Arbeitgeber davon aus, dass überdurchschnittlich viele Mitarbeiter binnen Jahresfrist das Unternehmen verlassen werden.

Wie Gallup berichtet, denken 89 Prozent der Arbeitgeber, dass es den Mitarbeitern um mehr Geld geht, was in Realität aber nur auf 12 Prozent zutrifft.[23] Ob jemand bei einer Organisation bliebt oder geht, hängt am Ende von der Arbeitsplatzzufriedenheit, seinen Erlebnissen mit seinen Führungskräften, seiner subjektiven Wahrnehmung seiner Aufstiegschancen und natürlich seinem erlebten Arbeitsalltag ab.

Was können Sie also tun, um in Ihrer Organisation ein positives Arbeitsumfeld zu schaffen und zu pflegen? Wie die Forschung zeigt, sollten Sie sich dabei auf drei Bereiche fokussieren:

1. Schaffung einer Kultur der Bestätigung,
2. Schaffung einer Kultur der Freiheit,
3. Schaffung einer Kultur des pfleglichen Umgangs mit sich selbst.

Sprechen wir zuerst über die Kultur der Bestätigung. Bestätigung bedeutet hier nicht, dass Sie herumgehen und jedem sagen: »Gut gemacht, gut gemacht!« Mitarbeiter – und insbesondere die jüngeren unter ihnen – haben ein feines Gespür für Unaufrichtigkeit und nichtauthentische Gesten. Sie dürsten nach authentischer Bestätigung und Wertschätzung ihrer Arbeit, der gemeisterten Herausforderungen und wie sie mit sich selbst umgehen.

Leider sind viele Arbeitsplatznormen auf die Stärkung negativer Leistungs- und Verhaltensaspekte ausgerichtet. Führungskräfte aller Ebenen werden dahingehend trainiert, ihr Augenmerk auf Dinge, die schief gehen, auf Produkteffekte und auf Leistungsfehler zu richten. Strafen, Disziplinarmaßnahmen, Beurlaubungen, Probezeiten ... in vielen Unternehmen existiert seit Jahrzehnten ein ganzes System von Regeln, die nur dazu da sind, Mitarbeitern auf die Finger zu schauen und Regelverstöße zu bestrafen.

Ein Mitarbeiter kann wochen- oder sogar monatelang alles richtig machen. Von seinen Führungskräften hört er aber nur die wenige Male, wenn er sich einen Fehler zuschulden kommen lässt oder etwas nicht ganz richtig macht. Ihr Mitarbeitergespräch besteht dann vielleicht aus einer Rückschau auf die drei schlechten Tage im Lauf eines ganzen Jahres. Was glauben Sie, wie sich das auf den Eindruck des Mitarbeiters bezüglich seiner Arbeitsbedingungen auswirkt?

Anstatt Ihre Führungskräfte dahingehend zu trainieren und Ihre Kultur darauf auszurichten, dass Mitarbeiter dabei ertappt werden, wenn sie Fehler machen, möchte ich, dass Sie Ihre Mitarbeiter dabei ertappen, wie sie die Dinge gut machen.

Orientieren Sie sich in erster Linie am Konzept der positiven Bestärkung statt der Furcht vor Strafe. Finden Sie Möglichkeiten, wie Sie Ihre Wertschätzung für die Qualität der geleisteten Arbeit, den ausdauernden Einsatz für lange Projekte oder für die Extramühe zeigen können, die sich jemand für Ihr Unternehmen gibt.

Besonders in Zeiten wie diesen, in denen immer mehr Mitarbeiter von Zuhause aus und isoliert von ihren Kollegen arbeiten, können ein paar Worte des Lobes und der Anerkennung maßgeblich zur Motivation, zum Engagement und zur Produktivität beitragen. Tatsächlich geben rund 69 Prozent der befragten Beschäftigten an, dass sie härter arbeiten würden, wenn sie dafür mehr Anerkennung bekämen.[24] Sie erwarten dafür nicht unbedingt eine große Belohnung oder eine Zeremonie vor großem Publikum – 43 Prozent würden es vorziehen, ihre Anerkennung von ihrer Führungskraft unter vier Augen zu erhalten, und weitere neun Prozent würden am liebsten eine nur an sie gerichtete Notiz erhalten. Nur 10 Prozent legen auf eine für andere sichtbare Anerkennung wert.[25]

»Nichts kann wohlgewählte, zum richtigen Zeitpunkt geäußerte aufrichtige Worte des Lobes ersetzen.«
Sam Walton, Gründer von Wal-Mart

Der nächste Schritt ist die Kultivierung einer Kultur der Freiheit. Was heißt das? Das ist keine Einladung zur Anarchie und nicht die Erlaubnis, über hierarchische Regeln hinwegzusehen. Die Freiheit am Arbeitsplatz bezieht sich vielmehr auf drei Elemente – Freiheit der Gedanken, Freiheit des Wortes und Freiheit des Handelns.[26] Es handelt sich um eine Form der Autonomie am Arbeitsplatz, die erfolgsentscheidend ist, wenn Sie Mitarbeiter haben, die mit komplizierten oder kreativen und innovativen Systemen beschäftigt sind.[27]

In diesem Kontext bezieht sich die Freiheit der Gedanken auf die Fähigkeit, Ideen und Theorien für Projekte vorzustellen, die von den gewohnten Mustern und den Beispielen aus der Vergangenheit abweichen. Freiheit des Wortes hat mit psychologischer Sicherheit im Büro zu tun, wo jeder Mitarbeiter Feedback geben und Sorgen äußern kann, ohne befürchten zu müssen, dafür bloßgestellt, ausgelacht oder bestraft zu werden. Freiheit des Handelns ist die Fähigkeit zu entscheiden, was zu tun ist und wie es zu tun ist –

verbunden mit der entsprechenden Verantwortung für diese Entscheidungen, was den Mitarbeitern gestattet, sich mit ihren Erfolgen und Misserfolgen uneingeschränkt zu identifizieren.[28]

Eine Kultur der Freiheit kann von individuellen Führungskräften in den von ihnen geleiteten Teams nach eigenem Gutdünken gefördert werden. Eine Studie der John Molson School of Business an der Concordia University in Montreal aus dem Jahr 2020 zufolge lassen sich eintönige Tätigkeiten dadurch attraktiver gestalten, dass den Mitarbeitern eine gewisse Autonomie in der Einteilung ihrer Arbeitsstunden und der Gestaltung ihres Arbeitsumfelds eingeräumt wird. Eine Michelin-Fabrik in Deutschland beispielsweise gestattete ihren Mitarbeitern, ihre eigenen Arbeitsstunden zu wählen. Das Ergebnis war nicht etwa Chaos, sondern einer Verdopplung des Cashflows binnen weniger Jahre.[29]

In komplexeren und kreativeren Rollen verzeichneten Führungskräfte, die ihren Mitarbeitern Autonomie über Elemente der Teamzusammensetzung, des Projektablaufs, der Terminierung und der Balance zwischen der Arbeit im Büro und im Home-Office gewährten, die meisten Engagementzuwächse unter dem Banner der Autonomie und der Freiheit.[30] Diese Entscheidungsbefugnis auf Teamleiterebene trug wesentlich zum Wachstum von Decathlon von 80 000 Beschäftigen in Vorpandemiezeiten auf mittlerweile (Anfang 2022) mehr als 105 000 Beschäftigte in 1700 Filialen in 60 Ländern bei.[31]

Der abschließende Schritt ist die Kultivierung einer Kultur des pfleglichen Umgangs mit sich selbst. Das kann schwierig sein – besonders in einer Bürokultur, wo Überstunden als Zeichen des Einsatzes für die Position oder die Organisation verstanden werden. Die Lockdowns der Pandemiezeit und das erzwungene Home-Office haben jedoch deutlich gemacht, wie viele Beschäftigte – in den westlichen Märkten nahezu 45 Prozent – sich am Rande des totalen Burnouts bewegten.[32]

Das ist nicht nur eine Frage der Mitarbeiterbindung und des Engagements. Mitarbeiter, die nicht die Chance haben, sich um ihr körperliches Wohl zu kümmern, oder denen die Zeit fehlt, sich mental zu erholen, können zu einer Gefahr für die Organisation werden. Schlechte Geschäftsentscheidungen, mehr Unfälle und Verletzungen von Sicherheitsvorschriften und eine geringe Produktivität werden häufig mit überanstrengten, übermüdeten und überforderten Mitarbeitern in Verbindung gebracht. Das gilt auch für Protestbewegungen in aller Welt, wie beispielsweise die Anti-Work-Bewegung in den USA oder die Laying-Flat-Bewegung in Asien.

Es ist also im wohlverstandenen Interesse aller, Mitarbeiter zu ermuntern, häufig genug eine Pause einzulegen, sich um das eigene physische Wohlergehen zu kümmern und die eigene Gesundheit zu schützen. Office-Wellness-Programme sind ein positiver Schritt, wie auch die Vermittlung mentaler Unterstützung im Rahmen von Employee-Assistance-Programmen (EAPs). Besonders in Nordamerika, wo nicht weniger als jeder neunte Beschäftigte in den vergangenen zwei Jahren mindestens ein Familienmitglied an COVID und damit zusammenhängende Krankheiten verloren hat, ist ein Trend hin zur häufigeren Gewährung von gezahltem Urlaub im Trauerfall oder in familiären Notfallsituationen zu beobachten.

Weitere Taktiken, die in aller Welt zur Anwendung kommen, sind die Festlegung von Zeiten in der Woche, in der jede Art von Meetings tabu ist (Kanada, USA), der Wechsel ganzer Organisationen zur Viertagewoche (Island, Belgien) und die Einrichtung neuer Grenzwerte für Tätigkeiten außerhalb der regulären Arbeitszeit wie beispielsweise die Beantwortung von E-Mails (Portugal).[33] Die langfristigen Ergebnisse dieser Systeme werden gegenwärtig noch untersucht, aber erste Berichte sind positiv, was die Verbesserung der Moral und des Engagements der Mitarbeiter betrifft, und es könnte sich für Sie lohnen, das eine oder andere davon auch in Ihrer Organisation zu testen.

Eine Investition in diese Typen von Unterstützungssystemen sendet an die Mitarbeiter die Botschaft, dass die Organisation sich auch über die Arbeit hinaus, die sie leisten, um sie kümmert. Das macht das Unternehmen menschlicher und kann sich sichtbar auf das Engagement und die Gesamtwahrnehmung der Büro- oder Home-Office-Umgebung auswirken.

Training, Entwicklung, Loyalität und Engagement

Wir wissen bereits, dass bestehende Mitarbeiter großen Wert auf Wachstums- und Entwicklungschancen legen, während für Jobanwärter das persönliche und berufliche Entwicklungspotenzial ganz oben auf ihrer Liste der Kriterien steht, anhand derer sie ihre zukünftigen Arbeitgeber bewerten. Dennoch wird der Bedeutung des Trainings und der Entwicklung für Loyalität und Engagement nicht immer im vollen Umfang Rechnung getragen.

Die Wahrscheinlichkeit, dass Mitarbeiter noch nach einem Jahr für dasselbe Unternehmen arbeiten, ist bei denen, die das Gefühl haben, dass sie sich beruflich weiterentwickeln, um 20 Prozent höher.[34] Überdies sagen 73 Prozent, dass die Möglichkeit, innerhalb des Unternehmens weiterzukommen, sich positiv auf ihre Loyalität zum Arbeitgeber auswirkt.[35] Das ist besonders wichtig in einem Umfeld, in welchem sogar 48 Prozent der *zufriedenen* Beschäftigten berichten, offen gegenüber neuen Chancen zu sein, und in welchem Wettbewerber aus der Branche bereitstehen, Ihren besten Talenten ebendiese Chance zu bieten.[36]

Um es mit dem Managementberater Peter Drucker zu sagen: **»Wenn Sie finden, dass Training zu teuer ist, können Sie es ja mit Ignoranz versuchen.«** Mitarbeiter Ihrer Organisation, die keine Chance erhalten, ihre Fähigkeiten auszubauen, schaden Ihnen auf zwei Weisen. Erstens stagnieren sie und fallen zurück, was sich negativ auf die Wettbewerbsfähigkeit Ihres Unternehmens auswirkt und die Wahrscheinlichkeit von Fehlern infolge von Ignoranz und Wissenslücken erhöht. Wenn dieselben Mitarbeiter zweitens das Gefühl haben, etwas zu verpassen oder abgehängt zu werden, werden sie aktives Desengagement zeigen und den Großteil ihrer Kraft darauf verwenden, sich andernorts nach einer neuen Stelle umzusehen.

In beiden Fällen vergeuden Sie Zeit und Geld und in beiden Fällen steht Ihr Unternehmen am Ende auf der Verliererseite. Statt also Training und Entwicklung als Kosten zu verbuchen, sollten Sie sie besser als Chancen betrachten, wie Ihr Unternehmen seine Wettbewerbsposition und die Beziehung zu seinen Mitarbeitern verbessern kann.

Selbst Vögel, die genetisch darauf ausgelegt sind, den Himmel zu erobern, müssen das Fliegen erst lernen. Anfangs machen sie viele Fehler, indem sie aus dem Nest fallen und auf Hindernisse stoßen. Später aber erheben sie sich zuversichtlich in die Lüfte, verbessern ihre Fähigkeiten und entfalten ihr volles Potenzial.

Genauso verhält es sich mit dem Talent in Ihrer Organisation. Mit Hilfe der Bewertungssysteme und Talentprofile aus Ihren

Fit-Evaluations können Sie erkennen, wo jeder Mitarbeiter oder jeder Kandidat seine Stärken hat und wo er von einem Coaching profitieren würde, und ihm dann Zeit und Gelegenheit geben, sich auf eine Art und Weise weiterzuentwickeln, die für ihn am besten ist.

Denken Sie sorgfältig darüber nach. Um noch einmal auf unsere Vögel zurückzukommen: Denken Sie einmal an Falken, Enten und Pinguine. Es ist möglich, den Falken das Fliegen beizubringen, und am Ende können sie es sehr gut. Enten können fliegen und schwimmen lernen. Am Ende können sie beides gleichermaßen gut, auch wenn sie niemals Rekorde im Fliegen oder Tauchen aufstellen werden. Pinguine hingegen können überhaupt nicht fliegen. Ihr wahres Talent ist das Schwimmen, wo einige Unterarten Unterwassergeschwindigkeiten von 30 bis 40 Stundenkilometern erreichen.

Sie bestimmen also mit Hilfe Ihrer Tools, welcher Mitarbeiter ein Falke, eine Ente oder ein Pinguin ist. Anschließend coachen und entwickeln Sie jeden Mitarbeiter entsprechend seinem Potenzial und seiner Talente. Auf diese Weise können Sie pauschale Trainings, die vielleicht nicht für alle Mitarbeiter geeignet sind, durch einen stärker maßgeschneiderten Ansatz ersetzen, der Sie bessere Renditen für Ihre Trainingsinvestitionen sehen lässt und eine Kultur des Lernens schafft.

Wenn Ihr Unternehmen in diesem Bereich nicht bereits ernste Anstrengungen unternimmt, ist es an der Zeit, dass Sie mit Ihren Wettbewerbern gleichziehen. Laut einem McKinsey-Bericht zu Weiterbildung und Umschulung vom April 2021 tun rund 69 Prozent der Organisationen inzwischen mehr für den Fähigkeitenausbau und investieren mehr Geld in diesen Bereich als vor der Pandemie.[37] Die Hälfte der befragten Unternehmen erwartet zudem, dass sie ihre Investitionen in den Fähigkeitenausbau in den nächsten Jahren weiter verstärken werden.[38]

Dieses Umfeld des Fähigkeitenausbaus und die entsprechende Kultur des Lernens sind etwas, das bei den Mitarbeitern gut ankommt. Sie wollen sehen, dass ihr Unternehmen sich um sie kümmert und bereit ist, ihnen die Chance zu geben, sich zu entwickeln, selbst wo es mehr um eine horizontale Veränderung und weniger um eine reine Beförderung geht. Auf die langfristige Mitarbeiterbindung wirken sich horizontale Karriereschritte sogar 12-mal so stark aus wie reine Beförderungen, weil die Mitarbeiter sehen können, wie sie in ihren diversen Rollen lernen, weiterkommen und wachsen.[39] Diese Art von Chancen stärken die Loyalität und können überdies nervöse Mitarbeiter beruhigen, die so das Gefühl erhalten, dass sie eine sichere Zukunft haben, wenn das Unternehmen bereit ist, in sie zu investieren.

Während Sie Systeme schaffen, um Ihre Mitarbeiter zu coachen und zu trainieren, erntet Ihr Unternehmen möglicherweise noch viele weitere Vorteile abgesehen von gesteigertem Engagement und Loyalität. Gut trainierte Mitarbeiter ergreifen zuversichtlich jede Chance, die sich ihnen bietet, was Ihr Unternehmen agiler macht. Freie Stellen und Vakanzen mit internem Talent zu füllen, ist auch exponentiell kosteneffizienter, als kontinuierlich Leute von außen ins Unternehmen zu holen.

Eine solche Kultur verstärkt sich am Ende selbst. In Unternehmen, für die Lernen und Entwicklung eine Priorität darstellen und in denen Mitarbeiter ermuntert werden, neue Aufgaben, Projekte und Rollen auszuprobieren, wird die Bereitschaft, die eigene Bequemlichkeitszone zu verlassen, zur Normalität. In solchen Umgebungen werden die Mitarbeiter lockerer. Sie spüren, dass es für sie psychologisch und karrieretechnisch sicher ist, Experimente zu wagen und sich zu entwickeln. Sie haben mehr Freude an ihrer Arbeit und fühlen sich auf vielfältige Weise motiviert, mehr Einsatz zu zeigen. Diese Extraanstrengungen werden belohnt, was die Motivation zusätzlich steigert, Experimente einzugehen, sich zu entwickeln, zu wachsen und Ergebnisse zu erzielen.

Vertrauenswürdige Führungsteams, die ganze Organisationen inspirieren können

Das abschließende Element des Engagements ist ein Führungsteam, das in der Lage ist, die gesamte Organisation zu inspirieren – die Art von Führungsriege, die ein Unternehmen ähnlich effektiv hinter einer Reihe von Zielen vereinen kann, wie ein großartiger Sporttrainer sein Team hinter dem Ziel vereint, eine Meisterschaft zu gewinnen.

Ich habe es bereits gesagt, will es aber hier wiederholen, weil es so wichtig ist: **Mitarbeiter gehen nicht, weil ihnen die Organisation nicht passt. Sie gehen, weil ihnen eine oder mehrere Personen nicht passen.**

Eine Führungsriege, die das Vertrauen ihrer Leute verliert, verliert sehr schnell auch diese selbst. Top-Talente zeigen Desengagement und gehen anschließend weg. Die mittlere Ebene strengt sich ebenfalls nicht an ... und warum sollte sie – für eine Unternehmensleitung, vor der sie keinen Respekt hat? Die übrigen Mitarbeiter bleiben, weil sie es so wollen oder sich gezwungen sehen, in einem toxischen Umfeld auszuharren ... ich überlasse es Ihnen, sich vorzustellen, in welch endlosem Elend dies münden kann.

Sechs Faktoren machen ein gutes Führungsteam aus. Sie verstehen es, eine Vision zu schaffen, Strategien zu entwickeln, Ergebnisse zu garantieren, Mitarbeiter zu inspirieren, ansprechbar zu sein und für andere die Mentorenrolle zu übernehmen. Mit Blick auf das Engagement würde ich jedoch sagen, dass die wichtigste Verhaltensweise einer großartigen Führungskraft – diejenige, auf der alle übrigen aufbauen – die Fähigkeit ist, die richtigen Leute zur richtigen Zeit mit den richtigen Aufgaben zu betrauen.

Wenn Sie die richtigen Leute zur richtigen Zeit in den richtigen Rollen haben, wird alles andere leichter. Sie brauchen dann nicht so viel Aufwand zu betreiben, um sie zu motivieren – sie sind bereits von sich aus motiviert. Auch bei der Schaffung der richtigen Kultur haben Sie mit weniger Widerständen zu kämpfen – Ihre Mitarbeiter fühlen sich vom ersten Tag an der Organisation verbunden. Die vorhandene Kompatibilität sorgt für eine größere Erreichbarkeit der Führung und für einen Raum, der effektives Coaching und die Kommunikation der Ziele ermöglicht. Hier schließt sich der Kreis, wenn es gilt, Talente zu identifizieren, zu selektieren und zu entwickeln – und das nicht nur auf den unteren Ebenen der Organisation, sondern auch auf der mittleren Führungsebene und an der Unternehmensspitze.

Auf der Leitungsebene kann dies die Einsetzung eines neuen Typs von CEO bedeuten – CEO sollte nicht nur als *chief executive officer* verstanden werden, sondern auch als *chief empathy officer*. Das ist eine Rolle, die die Verantwortung für ein Führungsdenken im Unternehmen trägt, welches garantiert, dass die mittleren und oberen Führungskräfte lernen, besser zuzuhören, Feedback anzunehmen und umzusetzen und integer zu führen. Laut einer von *Forbes* im Jahr 2021 veröffentlichten Untersuchung von Catalyst führt eine direkte Linie von Unternehmen, die in Empathie und emotionale Intelligenz auf der Führungsebene investieren, zu verstärkter Innovation und gesteigertem Mitarbeiterengagement.[40] In Deutschland finden wir Rollen dieser Art bereits in den führenden Sport-Ligen. In der Mehrheit unserer legendären Fußballvereine bilden sie einen wichtigen Bestandteil der Vereinsleitung und gelten als unverzichtbar für die Pflege des »Herzens« der Organisation.[41] Wer wäre auch besser geeignet, die Mission und die Werte der Organisation hochzuhalten, und wer könnte besser garantieren, dass der Klub kontinuierlich in Abstimmung mit diesen Werten und langfristigen Zielen rekrutiert und entwickelt?

Und das sind in der Tat Aufgaben, die einen Champion benötigen, denn etwas so Wichtiges darf nicht dem Zufall überlassen bleiben! Ein solcher Champion – ob im Sport oder in der Unternehmenswelt – ist zugleich Garant dafür, dass die Kernelemente der Kultur auch dann stark und inspirierend bleiben, wenn sich der Talent-Mix verändert. Das ist zugleich die Garantie für einen hochgradig engagierten und einsatzbereiten Mitarbeiterstamm während der kommenden Jahre.

Abschließende Gedanken

Ein hochgradig engagiertes Team ist nichts, das sich von allein einstellt. Es muss bewusst gepflegt, unterstützt und entwickelt werden – von der Unternehmensspitze bis hinunter zu den jüngsten Neuzugängen.

Zu den bewährten Methoden zur Verbesserung des Engagements gehört, die richtigen Personen an die richtigen Stellen im richtigen Umfeld (*Skill-Fit*, *Job-Fit* und *Culture-Fit*) zu setzen und ihnen sinnvolle Arbeit, unterstützende Führung, ein positives Umfeld, Wachstumschancen und inspirierende Führungsstrukturen zu bieten. Geld? Das kann helfen, all diese Dinge bereitzustellen, ist für sich genommen aber nicht die Antwort auf die Engagementherausforderung. Der Fokus muss vielmehr auf dem Mitarbeitererlebnis, gesunden Beziehungen und einer funktionalen Teamdynamik liegen.

Manches davon lässt sich bereits machen, bevor ein konkreter Mitarbeiter zum Unternehmen kommt. Eine überlegte Talentidentifizierung und -auswahl bringt Personen ins Unternehmen, die bereit und gewillt sind, ihren Beitrag zu leisten. Natürlich müssen die Unternehmen ihre Versprechen auch halten und Entwicklungschancen, aufmerksame Führungskräfte und eine inspirierende Unternehmensleistung bieten, um sowohl die neuen als auch die bestehenden Mitarbeiter zu halten, die an einer Fortsetzung des Beschäftigungsverhältnisses interessiert sind.

Das erfordert Zeit, Mühe und Sorgfalt. Aber die Ergebnisse sind es wert. In den europäischen Märkten zeigen in Unternehmen, die in Mitarbeiterengagement investieren, bis zu 44 Prozent der Mitarbeiter »volles« Engagement – verglichen mit 15 bis 16 Prozent ohne solche Extraanstrengungen.[42] Das ist ein großer Unterschied – eine bewährte Methode zur Erzielung eines Geschäftsvorteils vom Faktor drei! Und sobald ein gesundes, engagiertes Umfeld geschaffen wurde, lässt es sich mit wenig bis keinem Aufwand aufrechterhalten, so dass die Investitionen an Zeit und Energie, die Sie heute tätigen, sich über viele Jahre auszahlen werden.

Zusammenfassung: Das Engagement der Zukunft beginnt jetzt

Engagement ist ein echtes und ernstes Problem in den modernen, westlich geprägten Volkswirtschaften. Weltweit kostet fehlendes Engagement die globale Wirtschaft jährlich 8,1 Billionen an verlorener Produktivität.[1] Rund 87 Prozent der Unternehmen nennen Kultur und Engagement als wichtigste Probleme[2] – noch vor Lieferkettenproblemen, Inflation und den Nachwirkungen der Pandemie-Ära.

Engagement ist wichtig, weil voller Einsatz und Enthusiasmus die Voraussetzung dafür sind, dass die Mitarbeiter freiwillig die Extrameile gehen, die das Unternehmen voranbringt. Hochgradig engagierte Mitarbeiter garantieren Ihrem Unternehmen das entscheidende Plus an Produktivität und Profitabilität, schaffen hochwertige Kundenerlebnisse und sind Garant dafür, dass Sie in Ihrer Branche einen exzellenten Ruf genießen.

Im typischen westlichen Unternehmen in einer reifen Volkswirtschaft sind rund 20 Prozent der Mitarbeiter engagiert, 60 Prozent laufen so mit und 20 Prozent sind aktiv desengagiert. Welchen Fortschritt Ihr Unternehmen machen kann, hängt davon ab, ob die voll Engagierten die aktiv Desengagierten so deutlich abhängen, dass sie den indifferenten Mittelbau mit sich nach vorn zu ziehen vermögen.

Um das Engagementniveau anzuheben – und um das Mitarbeitererlebnis in sinnvoller Weise zu verbessern, so dass das Engagement hoch bleibt –, müssen die Unternehmen eine Reihe bewusster und gezielter Veränderungen vornehmen.

Laut dem weltberühmten HR-Analysten Josh Bersin und der Beratergruppe Deloitte benötigen die Mitarbeiter in fünf Bereichen Unterstützung, um sich voll und ganz mit ihrer Arbeit und ihrem Arbeitgeber zu identifizieren:[3]

- eine sinnvolle Tätigkeit,
- ein unterstützendes, praxisorientiertes Management,
- ein positives Arbeitsumfeld,
- Wachstums- und Entwicklungschancen,
- ein Führungsteam, das ihnen vertrauenswürdig erscheint.

Unternehmen, die ihre Engagementzahlen anschauen und sich eine Verbesserung wünschen, sollten sich in diesen fünf zentralen Bereichen selbst bewerten. Das kann auf mehrerlei Weise geschehen. Die Daten können über Pulsbefragungen, Berichte zum Mitarbeiterengagement, Austrittsgespräche oder im Rahmen eines kontinuierlichen HR-Monitorings zu Moral und Fluktuation erhoben werden.

Was die sinnvolle Tätigkeit betrifft, so liegt der Schlüssel im Wert, den der Mitarbeiter den Projekten, Problemen und Personen beimisst, aus denen sich sein Beschäftigungserlebnis zusammensetzt. Unabhängig vom Wert und der Bedeutung, die die Organisation den Aufgaben beimisst, müssen die Mitarbeiter selbst ihre

Arbeit als sinnvoll und wertvoll empfinden. Während traditionelle Beschäftigungsverträge den Schwerpunkt möglicherweise auf den Handel Zeit gegen Geld gelegt haben, wünschen sich jüngere Generationen heute eine Tätigkeit, die ihnen sinnvoll erscheint, mit ihren Werten in Einklang steht und etwas ist, was sie als ihre »Berufung« im Leben begreifen.

Das führt uns zurück zu den frühesten Bewertungen des richtigen *Fit* für die in Frage kommende Stelle. Indem die Unternehmen verstärkt auf die Harmonie zwischen Kandidaten und Rolle/Team/Umfeld achten, stellen Sie sicher, dass die Mitarbeiter Rollen bekommen, die zu ihnen passen. Im Ergebnis verspüren die Mitarbeiter von Anfang an ein höheres Maß an Engagement und Enthusiasmus.

Was die Rolle der Führungskräfte betrifft, so kommt es entscheidend auf die Harmonie zwischen Mitarbeiter und Vorgesetztem an. Wenn Sie Ihren Chef mögen, ist die Wahrscheinlichkeit größer, dass Sie sich für Ihre Arbeit mächtig ins Zeug legen. Eine Vielzahl globaler Studien hat ergeben, dass zwischen 50 und 60 Prozent aller freiwilligen Kündigungen unmittelbar mit der Abneigung gegenüber einem unmittelbaren Vorgesetzten zu tun hat[4] und dass Führungskräfte für rund 70 Prozent der Schwankungen im Engagement der Mitarbeiter verantwortlich sind.[5] Die Brisanz dieser Zahlen wird noch deutlicher, wenn man bedenkt, dass 55 Prozent der Mitarbeiter Anfang 2022 berichteten, dass die Beziehung zu ihrem Chef im Lauf der vergangenen Jahre ihrem Eindruck nach schlechter geworden ist.[6]

Zwei Methoden bieten sich an, um diese Zahlen zu verbessern. Erstens sollten Kandidaten und Führungskräfte sich im Rahmen des Einstellungsprozesses begegnen und miteinander austauschen, damit der *Fit* von Anfang an bestimmt werden kann. Zweitens sollten sowohl Kandidaten für Führungspositionen als auch bestehende Führungskräfte eine gute Eignung für solche Leitungsfunktionen aufweisen und ein spezifisches Training und geeignete Unterstützung für ihre Führungsverantwortung erhalten.[7] Auf diese Weise können Sie die tägliche Erfahrung Ihrer Beschäftigten dramatisch verbessern und die Qualität Ihres Managements erhöhen, was sich bei Weitem nicht nur auf das Mitarbeiterengagement positiv auswirkt!

Eine Verbesserung der Art, wie die Mitarbeiter ihre Führungskräfte und deren Fähigkeiten erleben, wirkt sich unmittelbar auf das dritte Element des Engagements – das positive Arbeitsumfeld – aus. In einem positiven Arbeitsumfeld haben die Mitarbeiter das Gefühl, dass ihr Arbeitgeber sich um sie kümmert und sie wertschätzt, selbst wenn sie unter komplexen, stressreichen und gefährlichen Bedingungen arbeiten. Diese Gefühle haben unmittelbaren Einfluss auf Leistung und Engagement, sind doch Mitarbeiter, die das Gefühl haben, dass man sich um sie kümmert, um den Faktor 3,2 zufriedener mit ihrer Arbeit und um den Faktor 3,7 geneigter, die Arbeit für dieses Unternehmen auch anderen zu empfehlen.[8]

Um die Zahlen in diesem Element zu verbessern, müssen Sie Ihren Mitarbeitern das Gefühl geben, gesehen, gehört und wertgeschätzt zu sein. Schließlich geben rund 79 Prozent der Beschäftigten, die kündigen, als wichtigsten Grund dafür den »Mangel an Wertschätzung« an.[9] Schaffen Sie eine Kultur der positiven Bestätigung anstelle der strafenden Kontrolle, geben Sie Ihren Mitarbeitern Autonomie (mit Verantwortung) und ermuntern Sie Mitarbeiter aller Ebenen, pfleglich mit sich selbst umzugehen und Wellness-Aktivitäten zu unternehmen – entweder in Eigenregie oder im Rahmen offiziell angebotener Programme.

Sie können auch Erlebnis und Engagement der Mitarbeiter verbessern, indem Sie im vierten Element – Wachstum und Entwicklung – Klarheit und Chancen bieten. Nicht weniger als 54 Prozent aller Beschäftigten haben keine Vorstellung von ihrem Beförderungs- oder Karrierepfad bei ihrem gegenwärtigen Arbeitgeber,[10] obwohl eine jüngere Erhebung von CareerAddict

Zusammenfassung: Das Engagement der Zukunft beginnt jetzt

ergab, dass für die Entscheidung, in einer Organisation zu bleiben oder zu kündigen, »Entwicklung« eine größere Rolle spielt als Bezahlung – besonders für Millennials und die Vertreter der Generation Z.[11] Das ist ein Punkt, an dem viele Unternehmen gegen ihren Willen verwundbar sind und einen Ort schaffen, an dem talentierte Mitarbeiter aufhören, engagiert zu sein, und sich nur allzu leicht abwerben lassen.

Um Ihre Mitarbeiter zu schützen und ihr Engagement zu stärken, kommunizieren Sie am besten mit ihnen über Chancen, im Rahmen ihres Beschäftigungsverhältnisses als Menschen und als Experten ihres Fachs zu wachsen. In Anbetracht dessen, dass rund 82,3 Prozent der Beschäftigten angeben, sie würden bei einer Organisation kündigen, wenn sie spüren würden, dass sie dort kein Wachstumspotenzial hätten,[12] sollten Sie ihnen ihre Optionen vor Augen führen! Das muss nicht zwangläufig Aufstieg bedeuten – horizontale Karriereschritte wirken sich 12-mal so positiv auf die langfristige Mitarbeiterbindung aus wie reine Beförderungen, weil die Mitarbeiter sehen können, wie sie in ihren verschiedenen Rollen lernen, weiterkommen und wachsen.[13]

Und der letzte Punkt: Führen Sie von der Spitze aus. Die Führungskräfte müssen die Integrität und Vertrauenswürdigkeit haben, die es braucht, um eine Organisation zu führen. Vor allem aber müssen sie in der Lage sein, ihre Fähigkeiten als Führungskräfte damit unter Beweis zu stellen, dass sie zuverlässig die richtigen Leute zur richtigen Zeit in die richtigen Positionen bringen.

Diese Aufgabe erweist sich schnell als Vollzeitjob – neben Ihren übrigen alltäglichen Pflichten. Die wachsende Popularität des CEO – als *chief empathy officer* – in Spitzensportvereinen und führenden Unternehmen zeigt, dass es sich hierbei um eine Investition handelt, die sich entscheidend auf die zukünftigen Ergebnisse auswirkt. Es existiert eine direkte Linie zwischen der Investition in Empathie und emotionale Intelligenz auf der höchsten Führungsebene und verstärkter Innovation und gesteigertem Mitarbeiterengagement auf allen Ebenen der Organisation.[14]

Alles in allem ist hohes Engagement kein Zufall. Es lässt sich schaffen, ausbauen und pflegen. Während sich das Engagement in Deutschland durchschnittlich so um die 15 Prozent bewegt, erreichen führende Unternehmen Engagementniveaus von bis zu 44 Prozent – ein Geschäftsvorteil um den Faktor drei.[15] Mit dem, was Sie hier über die entscheidenden Elemente des Engagements gelernt haben, sind solche Ergebnisse auch für Sie und Ihr Unternehmen möglich.

Abschließende Gedanken

»Mir ist vollkommen klar, dass alles seine Zeit hat. Ideen verlieren ihre Frische, haben ein Ablaufdatum und müssen gelegentlich durch andere Ideen ersetzt werden.«[1]
Alan Alda, Schauspieler, Drehbuchautor und Philanthrop

Zu Beginn dieses Buches ermunterte ich Sie, dazu überzugehen, mit Ihrer Vorstellungskraft zu denken, anstatt sich zu sehr auf Ihre Erinnerung zu verlassen. Aus der Unternehmensperspektive bedeutet das, dass die Talentmanagement- und Rekrutierungsansätze, die Ihr Unternehmen möglicherweise seit Jahrzehnten verwendet, flexibler und Ihr Unternehmen offener dafür werden muss, sich an die Bedürfnisse der Zukunft anzupassen.

Wir leben in turbulenten und sich rasch wandelnden Zeiten. Das ist nicht wie in der Zeit nach dem Zweiten Weltkrieg, als wir eine beispiellose Zahl von Jahrzehnten ökonomischer Expansion und allgemeinen Friedens erlebten. Die Weltbevölkerung wuchs, Talente waren überall verfügbar und die Löhne waren vergleichsweise niedrig. Die Unternehmen waren in der Beschäftigungsbeziehung am längeren Hebel, Überstunden und anstrengende Jobs wurden gefeiert und alle waren sich einig, dass glücklich war, wer Arbeit hatte.

Und heute? Wir erleben den Anbruch eines neuen Zeitalters, das einen neuen Talentmanagementansatz erforderlich macht.

Ich hoffe, dass Sie diese Notwendigkeit eines neuen Ansatzes als eine positive Chance begreifen. Ja, die Zeiten ändern sich. Weltweit beobachten wir demografische Veränderungen, wie es sie noch nie gegeben hat, und damit einhergehend ein Skill Gap, das ohne Zweifel ernst zu nehmen ist. Kündigungen und der Rückzug in den Ruhestand nehmen atemberaubende Ausmaße an. Die jüngeren Generationen haben neue Vorstellungen von der richtigen Work-Life-Balance und ein wachsendes Bewusstsein für die eigene Macht gegenüber ihren Arbeitgebern. Dazu kommen internationale Unruhen und allerorten ein zunehmend unversöhnliches politisches Klima. Allen diesen Herausforderungen zum Trotz bin ich überzeugt, dass Sie und Ihr Unternehmen nach wie vor die Chance auf eine helle, gedeihliche und erfolgreiche Zukunft haben ...

Viele Unternehmen werden sich nicht anpassen. Damit, dass Sie zu diesem Buch gegriffen haben, zeigen Sie, dass Sie und Ihre Organisation beschlossen haben, nicht nur zu überleben, sondern zu prosperieren und Großartiges zu leisten. Sie kennen jetzt die Schritte, mit denen Sie sicherstellen können, dass Ihre Talent-Pools und -Pipelines gefüllt bleiben. Sie wissen jetzt, wie Sie die richtigen Leute für die richtigen Rollen zur richtigen Zeit selektieren und was Sie tun können, damit ihre Engagementniveaus Ihre Wettbewerber vor Neid erblassen lassen.

Das erfordert natürlich einen dramatischen Wandel im Denken und in der Praxis des Rekrutierens. An die Stelle einer reaktiven, verzweiflungsgetriebenen Rekrutierungspraxis muss ein proaktiveres und strategischeres System treten, das signifikant mehr

Mühe in die frühzeitige Identifizierung und Pflege potenzieller Top-Talente in Ihrem Markt investiert. Sie können nicht warten, bis Sie eine Vakanz und einen Notstand haben, um mit Ihrer Suche zu beginnen oder werbend an einen Top-Kandidaten heranzutreten. Sie müssen die Just-in-time-Mentalität des Beschaffungsmanagers gegen die Mentalität des Verkäufers eintauschen, der ständig nach neuen Zielkunden Ausschau hält. Sie müssen im Bewusstsein Ihrer wichtigsten Talente kontinuierlich präsent bleiben und bedeutsame Beziehungen zu ihnen aufbauen, damit Sie, sobald Bedarf entsteht, Ihre offenen Positionen mit hochqualifizierten Talenten füllen können, die nach Tagen oder Wochen statt nach Monaten in Ihrem Unternehmen anfangen.

Diese »willigen« Kandidaten, die Sie in Ihren Pools und Pipelines pflegen, müssen Sie sorgfältig auf ihre Eignung für Ihre Rollen überprüfen. Wir wissen, dass »schlechte« Einstellungsentscheidungen extrem kostspielig sind – und weitestgehend vermeidbar mittels sorgfältiger Selektion entsprechend den drei Right-Fit-Prinzipien Skill-Fit, Job-Fit und Culture-Fit.

Mit Skill-Fit stellen Sie sicher, dass ein Kandidat über die Hard Skills und Kompetenzen verfügt, die für den Job erforderlich sind. Job-Fit garantiert, dass der Kandidat die Soft Skills – einen bestimmten Lernstil, mentale Fähigkeiten, Persönlichkeitsmerkmale und/oder eine Reihe beruflicher Interessen – mitbringt, um seine Arbeit gut und mit Begeisterung zu erledigen. Culture-Fit sorgt dafür, dass der Kandidat in Ihrer unverwechselbaren Unternehmenskultur und im Teamumfeld gedeihen, seine Zeit bei Ihnen genießen und zu einem engagierten Mitglied der Organisation werden kann.

Das letzte Element – Engagement – ist ein kritisches Unterscheidungsmerkmal. Reife westliche Volkswirtschaften erleben eine Engagementkrise, wenn man bedenkt, dass gerade einmal 15 bis 20 Prozent der Beschäftigten zu jedem gegebenen Augenblick engagiert sind. Europäische Länder, darunter auch Deutschland, haben einige der schlechtesten Engagementwerte der Welt: Hier sind gerade einmal 10 Prozent der Beschäftigten aktiv engagiert.[2] Die Übrigen sind gleichgültig oder sogar aktiv desengagiert bei ihrer Arbeit. Es ist wirklich bedauerlich ... aber zum Glück nicht unausweichlich.

Wenn Sie sorgfältig auf diese drei Right-Fit-Prinzipien achten, schaffen Sie vom Beginn der Beschäftigungsbeziehung an das Potenzial für hochengagierte Mitarbeiter. An diesem Punkt müssen Sie sich schon sehr Mühe geben, um einem Mitarbeiter das Engagement auszutreiben oder ihn der Versuchung auszusetzen, Sie zu verlassen, um für einen Wettbewerber zu arbeiten. Aber natürlich sollten Sie sich nicht auf Ihren Lorbeeren ausruhen ...

Um sicherzustellen, dass Ihre Mitarbeiter engagiert bleiben, können Sie mehrere Schritte unternehmen. Erstens sollten Sie dafür sorgen, dass jeder Mitarbeiter etwas tut, was er selbst für sinnvoll hält – eine Aufgabe, die schwierig erscheint, in Wahrheit aber einfach ist, wenn Sie bei seiner Einstellung auf den Job-Fit geachtet haben. Indem Sie bei der Einstellung auch den Boss-Fit auf dem Schirm haben, tun Sie zugleich den zweiten Schritt zur Förderung des Engagements – Sie sorgen für eine gute Beziehung zwischen dem Beschäftigten und seiner unmittelbaren Führungskraft. Diese gute Beziehung wiederum schafft eine positive Arbeitsumgebung, was das Engagement weiter verstärkt. Das positive Umfeld beschränkt sich nicht darauf, glücklich und zufrieden zu sein und Freunde zu haben. Es schafft vielmehr einen Raum, in welchem sich die Beschäftigten in ihrer beruflichen Entwicklung unterstützt fühlen, wo Gelegenheiten für Autonomie und Unabhängigkeit im Job existieren und wo jeder Beschäftigte der Unternehmensführung zutraut, dass sie die Organisation in eine gute Richtung führt.

Klingt nach viel Arbeit? Es lohnt allemal die Mühe. Das durch das verstärkte Mitarbeiterengagement bewirkte Mehr an Leistung und Weniger an Fluktuation wirkt sich unmittelbar auf die

Bilanzen aus. Hochengagierte Unternehmen sind um rund 23 Prozent profitabler als weniger engagierte Unternehmen[3] und können bis zu viermal so viel Umsatz pro Mitarbeiter generieren.[4] Das sind einige sehr konkrete Vorteile, die für Sie potenziell erreichbar sind, selbst wenn Ihre Organisation gegenwärtig mit traditionellen HR-Strukturen arbeitet. Indem Sie Ihre Einstellung zum Talent-Relationship-Management ändern und Ihre Prozesse an die Erfordernisse des gegenwärtigen Zeitalters anpassen, können Sie wählen, wie die Zukunft des Talents in Ihrer Organisation aussehen wird. Versuchen Sie verzweifelt, das unbeschadet zu überstehen, was McKinsey als das Zeitalter der *great attrition* (der großen Abnutzung) bezeichnet, oder passen Sie sich an und verwandeln Sie die kommenden Jahre in eine Zeit der *great attraction* (der großen Anziehung) und des Überflusses an der Talentfront?[5]

Sie haben die Wahl ... und Sie haben die Wahl, wie Sie Ihre Entscheidung umsetzen wollen. Sie können natürlich Ihre Organisation in Eigenregie umbauen. Dieses Buch ist voller Ressourcen und Beispiele, an denen Sie sich orientieren können, um die erforderlichen strategischen und betrieblichen Veränderungen an Ihrer Personalfunktion vorzunehmen. Ich habe Ihnen sogar noch einen speziellen Bonus vorbereitet, den Sie weiter hinten im Epilog finden: ein neues HR-Modell für ein erfolgreiches Talentmanagement.

Ein neues HR-Modell für ein erfolgreiches Talentmanagement beschreibt die strukturellen Veränderungen, die Sie an Ihrer Personalfunktion vornehmen sollten, um sicherzustellen, dass Sie zuverlässig und effizient die richtigen Kandidaten zur richtigen Zeit in die richtigen Rollen bringen. Sie werden die diversen Rollen und Zuständigkeiten der wichtigsten Spieler in Ihrer Personalabteilung sowie die Tools und Systeme kennenlernen, mit denen Sie in einer Welt beschränkter Budgets und Ressourcen volle Funktionalität gewährleisten können. Dieses Kapitel, praktisch und auf den Punkt, lege ich Ihnen sehr ans Herz.

Während der Lektüre – oder auch später, wenn Sie sich daran machen, den Ansatz, den Sie in diesem Buch kennengelernt haben, in die Praxis umzusetzen – verspüren Sie möglicherweise das Bedürfnis, auf weitere Ressourcen zuzugreifen oder sich bei der einen oder anderen Herausforderung im Zusammenhang mit der Talentsuche oder -selektion persönlich beraten zu lassen. In diesem Fall wenden Sie sich bitte direkt an mich.

Sie haben mehrere Möglichkeiten, wie Sie sich online mit mir in Verbindung setzen können. Sie finden mich beispielsweise auf LinkedIn unter https://www.linkedin.com/in/nilguen-aygen, wenngleich Sie für eine tiefere Verbindung besser gleich meine Website https://www.nilguenaygen.com besuchen. Dort finden Sie zudem weitere Ressourcen zum Talentmanagement, wie beispielsweise Fallstudien, Präsentationen zu wichtigen Talentthemen, Webinare, von mir gehaltene Vorträge und die Möglichkeit, meinen Newsletter mit neuesten Aktualisierungen und Erkenntnissen zu allem zu abonnieren, was mit dem richtigen Aufspüren, Auswählen und Halten von Talenten zu tun hat.

Ich denke, uns allen ist klar, dass Talente für eine Organisation zu den kritischsten Ressourcen gehören, wenn es erstens überleben und zweitens gedeihen will. Wenn Talente nicht richtig gemanagt werden, werden sie zu einem großen, wenn nicht gar dem größten Kosten- und Schmerzpunkt überhaupt, unter dem allzu viele Unternehmen leiden – und zwar ohne Not. Es gibt einen besseren Weg in die Zukunft und ich hoffe, dass dieses Buch Sie motiviert und inspiriert, diesen besseren Weg in Ihrer eigenen Organisation mit Leben zu füllen.

Auf Ihren Erfolg, jetzt und in Zukunft!

Nilgün Aygen
Frankfurt am Main
Herbst 2022

Epilog: Ein neues Personalmodell für ein erfolgreiches Talentmanagement

Die Zukunft verlangt nach einem veränderten Personalwesen

Die Realität in vielen Unternehmen lautet, dass die Personalabteilungen, wie sie gegenwärtig strukturiert sind, nicht die Voraussetzungen bieten, um als strategischer Partner der Organisation aufzutreten. Häufig ersticken sie in Verwaltungsaufgaben und juristischen Fragen oder sie verbringen aufgrund der gegenwärtigen Engpasslage auf dem Talentmarkt viel Zeit mit dem Versuch, die vakanten Stellen in ihrer Organisation neu zu besetzen. Sie haben nicht die Kapazitäten, um Pools von hochqualifizierten Talenten anzulegen, diese Talente zu pflegen und eine Pipeline einsatzbereiter Kandidaten zu unterhalten oder für jede vakante Stelle die bestgeeigneten Kandidaten zu identifizieren und in die Stelle einzuführen. Stattdessen sind sie ständig als Feuerlöscher unterwegs, um aktuelle Notfälle zu entschärfen, anstatt strategisch nach Talent für die Zukunft zu suchen und dieses zu entwickeln.

Nachdem Sie dieses Buch gelesen haben, stellen Sie wahrscheinlich fest, dass dieser reaktive Betriebszustand Raum für signifikante Verbesserungen aufweist. Vielleicht wird Ihnen auch bewusst, dass die bestehenden HR-Strukturen Ihnen wenig Möglichkeit lassen, die Verbesserungen vorzunehmen, die Sie benötigen, um in der Talentsituation der Zukunft erfolgreich zu sein. Der beste Weg nach vorn besteht darin, ein neues Modell für Ihre Personalabteilung einzuführen, das Ihnen hilft, die erforderlichen verbesserten Prozesse zu schaffen und zu implementieren, damit Sie Talente anziehen, selektieren und einstellen können.

Die Einführung dieses neuen Modells ist die Mühe, die Zeit und die Kosten auf jeden Fall wert. Es stellt sicher, dass die Tätigkeit der Personalabteilung mit den größeren strategischen Zielen der Organisation im Einklang steht und dass die Abteilung im Lichte der modernen Realitäten gut funktioniert und in der Lage ist, Jahr um Jahr zuverlässig Spitzenergebnisse zu liefern.

Ein neues Modell für die Personalabteilung

Das Modell, das ich Ihnen hier vorstellen möchte, basiert auf den Konzepten, die sich in der Welt der Artisten, der Unterhaltung und des Sports bewährt haben. Es ist der Wechsel im Unternehmen hin zu einer Reihe von Verhaltensweisen im Personalwesen und in der Mitarbeiterrekrutierung, die strategischer ausgerichtet sind und eher an Vermarktungs- und Vertriebsabteilungen als an Geschäftsbetrieb und Verwaltung erinnern.

Warum? Im umkämpften Talentumfeld von heute muss Ihr Unternehmen sich unaufhörlich vermarkten. Sie müssen sich externen Kandidaten gegenüber als deren beste Chance präsentieren. Sie müssen auch Ihre bestehenden Mitarbeiter

Epilog: Ein neues Personalmodell für ein erfolgreiches Talentmanagement

kontinuierlich anspornen und motivieren, die Beziehung zu Ihnen fortzusetzen – insbesondere angesichts so vieler anderer Gelegenheiten für gut qualifizierte Beschäftigte.

Und weil menschliches Kapital eine so kritische Ressource ist, müssen Fragen des Talentmanagements mit derselben Sorgfalt und demselben strategischen Fokus behandelt werden wie Finanzkapitalfragen. Das bedeutet regelmäßige Prognosen und vorausschauende Planung, einen verantwortungsbewussten Umgang und die bewusste Entwicklung von wichtigen Ressourcen. Diese Aktivitäten unterscheiden sich stark von den administrativen Alltagstätigkeiten und überfordern möglicherweise Ihre gegenwärtigen Personalabteilungsstrukturen.

Als funktioneller Partner muss sich die Personalabteilung anpassen. Sie muss sich zu einem vertrauenswürdigen Partner in der strategischen Planung und Umsetzung von Talentprioritäten entwickeln. Sie muss eine Marketing-Denkweise entwickeln und mit einem neuen Typ von Beschäftigten besetzt sein – Menschen, die ein stärkeres strategisches Bewusstsein haben und eher Botschaftern und Verkäufern ähneln als Administratoren oder Operatoren. Eine wirklich robuste Personalabteilung sollte sogar eine Vielzahl von Beschäftigtentypen aufweisen, wie beispielsweise:

- Talentscout,
- Talent-Relationship-Manager,
- Profiler/Diagnostiker,
- Personalvorstand,
- Administrator.

Jede dieser Rollen ist anders und erfordert andere Persönlichkeitsmerkmale und Fähigkeiten. Im folgenden Abschnitt werde ich auf jede Rolle im Detail eingehen, damit Sie sehen, wie sich dieser frische Ansatz zur Personalabteilungsstruktur auf Ihre Erfahrungen auswirkt.

Eine zielgerichtete Struktur zur Gewährleistung eines hervorragenden Talentmanagements

Ein berühmtes Design-Prinzip lautet: Form folgt Funktion. Damit ist gemeint: Beim Design von etwas sollte man von Anfang an berücksichtigen, was es am Ende leisten soll. Wenn Sie beispielsweise eine Schule bauen, gestalten Sie sie von Anfang an so, dass Kinder in ihr lernen und spielen können. Ähnliches gilt für eine Hightech-Forschungseinrichtung oder einen gemütlichen Coworking-Space – Sie erhalten die besten Ergebnisse, wenn Sie bei der Gestaltung von Beginn an den Verwendungszweck im Blick haben.

Hier ist unser Ziel letztlich ein Team von Personalern, die erfolgreich und zuverlässig die richtigen Personen zur richtigen Zeit in die richtigen Rollen am richtigen Ort bringen. Das ist ein sehr konkretes Ziel und die Personalabteilung, die dieses Ziel erreichen soll, muss bereits mit diesem Ziel im Blick aufgebaut werden.

»Die Stärke des Teams sind seine Mitglieder. Die Stärke der Mitglieder ist das Team.«

Phil Jackson, erfolgreichster Basketballtrainer der NBA-Geschichte

Die meisten heutigen Personalabteilungen wurden nicht für diesen Zweck geschaffen. Wenn ein Unternehmen gegründet wird, wächst es in der Regel bis zu einer bestimmten Größe heran und holt dann einen oder mehrere Personaler ins Boot, deren anfängliche Rollen typischerweise sehr administrativer Natur sind. Wenn das Unternehmen dann weiter wächst und sich verändert, erweitern sich die Zuständigkeiten der Personalabteilung, aber die Funktion tut sich häufig schwer damit, sich von ihrem anfänglichen administrativen Status freizumachen und sich in einen wahrlich vertrauenswürdigen und strategischen Partner auf den höchsten Managementebenen zu entwickeln.

In den meisten Organisationen – selbst in etablierten und reifen Unternehmen – muss die Personalabteilung reformiert werden, damit ihre Form der benötigten Funktion entspricht.

Ich werde Ihnen diese zentralen Rollen in der Reihenfolge vorstellen, in der sie für gewöhnlich mit den Talenten interagieren. Das hilft meiner Erfahrung nach, Klarheit bezüglich der Rollen und dem Fluss zwischen diesen Positionen und den allgemeinen HR-Praktiken in Ihrer Organisation zu gewinnen.

Der Talentscout

Der erste Kontaktpunkt ist der Talentscout. Ein Talentscout spielt hier dieselbe Rolle wie professionelle Talentscouts in der Welt des Sports. Er ist eine Art Jäger, der stets versucht, die besten Kräfte zu finden und sie dazu zu verleiten, sich der Gruppe anzuschließen. In Deutschland ist Scouting eine hochspezialisierte Tätigkeit, bei der lizensierte Scouts mithilfe der neuesten Video-Tools und KI-Assistenten Hunderte Stunden Spieleaufzeichnungen scannen, um die besten Kandidaten zu identifizieren.[1] Tatsächlich verdankt Deutschland seine Dominanz auf dem Spielfeld größtenteils der engagierten Arbeit seiner Legionen von Scouts.

Dieses fortgeschrittene »Jägerverhalten« und dieser fokussierte Ansatz lassen sich unmittelbar auf das Unternehmensumfeld übertragen. Talentscouts sollten immer versuchen, die besten potenziellen Mitarbeiter zu finden, und bereit sein, in jeder denkbaren oder auch nur entfernt zugänglichen Quelle zu suchen. Im Pipelining agieren sie als Auftragnehmer mit einem hohen Grad an sozialem Gespür, indem sie mutig auf Menschen zugehen und sie für ihr Unternehmen zu gewinnen suchen. Ihre Arbeit reicht weit über das Schalten von Stellenanzeigen und das Verfeinern des groben Screenings externer Headhunter hinaus – teure und zeitaufwendige Tätigkeiten, die in der Regel wenig Rendite abwerfen. Diese Scouts graben wahrlich in der Tiefe und finden die besten potenziellen Kräfte und die besten Talente auf dem Markt.

Im Idealfall sollten Talentscouts Fähigkeiten und Erfahrung im Vertrieb mitbringen. Das bedeutet häufig, dass Sie sie nicht in den Reihen traditionell ausgebildeter Personaler finden. Stattdessen wären Sie gut beraten, einige Ihrer bestehenden Vertriebsmitarbeiter ins Rekrutierungsteam zu übernehmen, weil sie als gelernte Verkäufer über die nötigen Persönlichkeitsmerkmale und *Soft Skills* verfügen, um in der Rolle des Talentscouts erfolgreich zu sein. Sie haben auch Erfahrung in der Arbeit mit Marketingabteilungen in Leadgenerierungskampagnen und anderen fortlaufenden Akquisitionsprojekten, die das sind, was die Personalabteilungen der Zukunft brauchen, um einen kontinuierlichen Zustrom an frischen Talenten in die Organisation sicherzustellen.

So sollten beispielsweise Ihre Talentscouts, unterstützt vom Marketing, die Jobmessen, Branchenveranstaltungen und Konferenzen besuchen. Außerdem sollten sie alle möglichen Online-Gelegenheiten nutzen und mit den Top-Talenten auf den einschlägigen Online-Plattformen vernetzt sein und in Kommunikation stehen.

Sie sollten es sein, die mit anderen sprechen, beobachten, was die Konkurrenz macht, und die Verfügbarkeit von »Topspielern« im Auge behalten. Der Scout muss überall und jederzeit erreichbar sein und eine konsistente Botschaft bereithalten: Hier ist ein großartiges Unternehmen mit einem großartigen Angebot für die richtige Person und diese richtige Person könnten Sie sein!

Indem Talentscouts diesen positiveren und stärker verkaufsorientierten Ansatz mitbringen, spielen sie eine wichtige Rolle, wenn es darum geht, in einem Unternehmen die reaktiven Rekrutierungspraktiken durch proaktive zu ersetzen. Wie ein professioneller Verkäufer ununterbrochen nach neuen Gelegenheiten Ausschau hält, so haben Talentscouts stets ein waches Auge für neue Talente und Chancen. Wenn ein Qualitätstalent gefunden wurde, gewinnen Talentscouts sie für ihre Talent-Pools und geben ihre Namen mit Lichtgeschwindigkeit an ihre Talent-Relationship-Manager weiter.

Talent-Relationship-Manager

Talent-Relationship-Manager sind gewissermaßen Ihr Kundenservice für Ihre Mitarbeiter. Sie pflegen externe und interne Talent-Pools, um die Mitglieder des Pools bei der Stange und an der nächsten Vakanz im Unternehmen interessiert zu halten.

Wenn Talente aus den Pools und Pipelines in den aktiven Rekrutierungs- und Bewerbungsprozess eintreten, geleiten die Talent-Relationship-Manager sie durch die einzelnen Teile des Prozesses – vom ersten Interesse bis zum abschließenden Angebot.

Wen die Talentscouts zutage fördern, begleiten die Talent-Relationship-Manager weiter. Sie sorgen dafür, dass niemand im System verlorengeht und dass es vorangeht. Eine gut funktionierende Pipeline muss wie eine geölte Maschine arbeiten und Talent-Relationship-Manager können helfen, Probleme zu identifizieren und zu entschärfen, ohne kritische Talente im Getriebe zu verlieren.

Ein Teil ihres Erfolgs beruht auf ihrer Persönlichkeit. Während Talentscouts sich wie Verkäufer verhalten, haben Talent-Relationship-Manager eher ein pflegendes Element in ihrem Ansatz. Sie wollen Vertrauen aufbauen und die Rolle eines vertrauenswürdigen Beraters oder Coaches übernehmen. Es kann hilfreich sein, sich Talent-Relationship-Manager als Manager zweier relevanter »Candidate Care Center« innerhalb Ihrer Organisation vorzustellen.

Zum einen haben Sie das Kandidaten-Betreuungszentrum (Candidate Care Center). Dieses soll sicherstellen, dass jeder Kandidat während seiner Reise in die Talent-Pools des Unternehmens und durch die Talent-Pipelines richtig begleitet wird. Das bedeutet, dass sie neue Interessenten angemessen herzlich willkommen heißen und kontinuierlich über das Unternehmen und über die Möglichkeiten informieren, damit die Kandidaten während des gesamten Einstellungs- und Auswahlprozesses interessiert und engagiert bleiben.

Ausgezeichnete Kommunikationsfähigkeiten und Responsivität sollten die Markenzeichen des Talent-Relationship-Managers sein. Das ist keiner, der abtaucht, über Wochen keine Anrufe erwidert oder einem Kandidaten das Gefühl gibt, unwichtig oder unerwünscht zu sein. Solche Verhaltensweisen sind in Personalabteilungen leider seit Jahren gang und gäbe, schlagen sich aber negativ auf den Ruf Ihrer Organisation nieder. In der Vergangenheit, als Talente reichlich vorhanden waren, tolerierten Kandidaten diese Verhaltensweisen als Teil des Rekrutierungsprozesses in einem Markt, in dem die Arbeitgeber am längeren Hebel saßen. Heute hat sich die Machtdynamik verändert und solche Grobheit bringt Ihrem Unternehmen höchst negative Rezensionen auf Seiten wie Kununu.com ein, die Ihre Chancen bei künftigen Top-Talenten ruinieren können.

Talent-Relationship-Manager sind sich dieser potenziellen Kosten bewusst, versuchen, sie niedrig zu halten, und sorgen dafür, dass selbst ein Kandidat, der am Ende nicht genommen wird, das Unternehmen stets in einem positiven Licht sehen und offen sein wird für künftige Gelegenheiten. Diese Art von umfassender Kandidatenbetreuung – vor, während und nach einer Bewerbung – ist keine geringe Verantwortung.

Zum anderen haben wir das »Employee Care Center«. Hier helfen die Talent-Relationship-Manager der Organisation, interne Talent-Pools aufzubauen und zu pflegen. Es ist ein »Pflegezentrum«, wo Beschäftigte in bestimmtem Umfang Coaching und Mentoring erhalten können – ein vertrauenswürdiger sicherer Ort, wo Mitarbeiter Interesse an einer neuen Rolle oder den Wunsch nach mehr Entwicklungsmöglichkeiten äußern und das Gefühl bekommen können, gehört zu werden.

Halb Vertrauenspersonen und halb Berater, geben die Talent-Relationship-Manager den Beschäftigten das Gefühl, dass jemand an ihrer Seite steht. Gute Talent-Relationship-Manager müssen jedoch den Drahtseilakt beherrschen, einerseits für das Unternehmen zu arbeiten und andererseits für die Beschäftigten da zu sein und sie durch die für alle Seiten vorteilhaften Chancen zu begleiten. Warum? Wenn die Zeit stimmt und eine freie Stelle zu besetzen ist, ist es Aufgabe der Talent-Relationship-Manager, die Mitglieder des internen Talent-Pools und andere qualifizierten Mitarbeiter für diese Position zu gewinnen.

In diesen Pflichten ähneln Talent-Relationship-Manager den HR-Business-Partner-Positionen, die gegenwärtig in vielen Organisationen existieren. Der Unterschied ist, dass die HR-Business-Partner von heute versuchen, alles zu machen *und* auch noch Talente zu managen, während Talent-Relationship-Manager sich ausschließlich um die internen und externen Talent-Pools kümmern, um Talente zu gewinnen. Das Gesamtziel ist eine sehr viel engere Anbindung und eine positivere Erfahrung der Talente in Ihren externen und internen Pools. Sobald eine Stelle vakant ist und eine Bewerbung von einem externen oder internen Kandidaten vorliegt, ziehen sich die Talent-Relationship-Manager zurück und überlassen den Profilern die Arbeit.

Die Profiler

Die Profiler sind Ihre Türhüter. Sie sorgen dafür, dass Sie die richtigen Leute zur richtigen Zeit auf die richtigen Stellen setzen. Ihre Spezialität sind Diagnostik, Interviews und Analyse (deshalb werden sie gelegentlich auch als Diagnostiker bezeichnet). Sie kümmern sich in der Hauptsache darum, über sorgfältige Tests, Assessments und Interviews der Kandidaten sicherzustellen, dass jede interne oder externe Einstellungsentscheidung so korrekt wie möglich ist. Sie messen *Skill-Fit*, *Job-Fit* und manche *Culture-Fit*-Aspekte.

Das ist keine Volldampf-Verkaufsposition und keine Hätschelberaterrolle. Das sind Spezialisten, die es verstehen, sehr objektiv an ihre Aufgabe heranzugehen. Wie professionelle Geheimdienstler legen diese Profiler Dossiers an und verwalten Informationen für Sie (natürlich in Übereinstimmung mit den geltenden Datenschutzbestimmungen). Was für Benchmarks werden aufgestellt und werden sie regelmäßig aktualisiert? Welche Kandidaten haben welche Tests und/oder Assessments absolviert? Wie sind ihre Ergebnisse und inwieweit sind Skill-, Job- und Culture-Fit vorhanden, *wo sind die Risiken und Chancen* und welches Entwicklungspotential? Wenn Bedarf an neuem Talent besteht, wer aus den bestehenden Pools könnte da geeignet sein?

Profiler analysieren nicht nur Kennzahlen und Daten, sondern sie sind auch höchst kompetent im Führen von Interviews, im Entwickeln und Durchführen von Rollenspielen und Fallstudien und im Durchführen und Interpretieren von Online-Assessments und eventuell erforderlichen Follow-ups. Sie sind in ständigem Kontakt mit den Talent-Relationship-Managern und Linienmanagern, um sicherzustellen, dass die richtigen Talente zum Zuge kommen. Ferner arbeiten sie daran, dass die internen Talent-Pools mit den Talenten gefüllt werden, die notwendige Potentiale für zukünftige Positionen im Unternehmen haben und bestmöglich entwickelt werden.

Durch erfahrene Profiler können Unternehmen die Qualität ihrer Talente und ihres Talent-Pools kontinuierlich überprüfen. Dank ihnen sparen Unternehmen Millionen von Euro an unnötigen Ausgaben für ungeeignete Kandidaten oder schlechte Ausbildungsprogramme. Stattdessen können sie in die richtigen Mitarbeiter an den richtigen Positionen investieren. Darüber hinaus können Profiler dazu beitragen, kritische Qualifikationslücken frühzeitig zu erkennen, so dass diese proaktiv und strategisch durch externe Einstellungen oder gezielte Schulungen für bestehende Mitarbeiter geschlossen werden können, so dass das Unternehmen in seiner Nische wettbewerbsfähig und kompetent bleibt und strategische Erkenntnisse an den Personalvorstand weitergegeben werden.

Der Personalvorstand/Direktor

Das alles wird beaufsichtigt von Ihrem Personalvorstand. Ähnlich einem Vertriebs- und Marketingvorstand oder einem Finanzvorstand ist er Mitglied der Unternehmensführung. Seine funktionellen Zuständigkeiten sind strategischer Art: Er hilft, die Geschäftsstrategie der Organisation in eine ergänzende Talentmanagementstrategie zu übersetzen. Er gibt sich der Personalplanung mit derselben Detailversessenheit hin wie der Finanzvorstand der Finanzplanung.

Gute Personalvorstände verfügen über einen hochentwickelten Geschäftssinn und sind in der Lage, rasch zu diagnostizieren, wie Geschäftsherausforderungen mit Talentherausforderungen zusammenhängen. Sie stellen sicher, dass Scouting-, Marketing-, Betreuungs- und Analysetätigkeit auf die (gegenwärtigen und zukünftigen) geschäftlichen Erfordernisse abgestimmt sind. Sie passen den HR-Plan regelmäßig an veränderte Fluktuationsraten, die Talentverfügbarkeit und so weiter an, ganz so, wie ein Chief Financial Officer seinen Finanzplan an veränderte Zinssätze und andere Marktkennzahlen anpassen würde.

Es ist sehr wichtig zu verstehen, dass die Beschäftigten nicht länger als austauschbare Teile, sondern als ganze – und noch dazu sehr wertvolle – Menschen behandelt werden sollen. Gesunde Beziehungen zwischen Beschäftigten und Führungskräften sowie zwischen den Beschäftigten und der Organisation als Gesamteinheit sind unverzichtbar für Engagement, Produktivität und Mitarbeiterbindung.

Ich kann folglich nicht genug betonen, wie sichtbar und präsent der Personalvorstand innerhalb der Unternehmensführung sein sollte, wenn Sie mit den Talenten in Ihrem Unternehmen echte Fortschritte erzielen wollen. Organisationen, die die Personalplanung ebenso ernst nehmen wie die Finanzplanung – mit all den zugehörigen Prognosen hinsichtlich Bedarf, Performanceanalyse und regelmäßigen Meetings zur Beobachtung von Fortschritt und Risiken –, bauen einen tiefen und nachhaltigen Wettbewerbsvorteil auf.[2] Studien des Harvard Business Review und des Korn Ferry Institute haben ergeben, dass das geheime Unterscheidungsmerkmal einiger führender Organisationen der Welt in Wahrheit ein qualifizierter und aktiver Personalvorstand sein könnte.[3,4]

Und was ist das Geheimnis eines guten Personalvorstands? Neben seinen fachlichen Fähigkeiten muss er in der Lage sein, eine Brücke des Vertrauens zwischen der Unternehmensleitung und den Beschäftigten zu schlagen.[5] Beide Seiten müssen überzeugt sein, dass der Personalvorstand und seine ganze Personalabteilung für das beiderseitige Wohl und für den Nutzen der Gesamtorganisation arbeiten. Es ist toxisch und unproduktiv, eine Personalabteilung zu haben, die im Verdacht steht, nur für die Leitung zu arbeiten, so dass die Beschäftigten Informationen zurückhalten, oder die von der Leitung als Stachel im Fleisch empfunden wird mit der Folge, dass sie ihrerseits wichtige Geschäftsinformationen hinter Verschluss hält.

Gute Personalvorstände vermeiden dies mithilfe starker Kommunikations- und Bündnisbildungsfähigkeiten.[6] Sie sind gute Zuhörer und verstehen es, auf andere zuzugehen. Häufig können Personalvorstände mehrere Schritte vorausschauen, Entwicklungen antizipieren und das Unternehmensgeschehen sanft in eine Richtung lenken, in der gegnerische Frontstellungen vermieden werden.

Aufgrund seines strategischen Fokus und seiner Stellung wird Ihr Personalvorstand in diesem Modell vielleicht nicht jeden Kandidaten persönlich in Augenschein nehmen oder bei jeder Einstellungsentscheidung mitwirken. Profiler und Linienmanager können das übernehmen. Der Personalvorstand überwacht stattdessen anhand übergeordneter Kennzahlen wie der Teamperformance oder der Mitarbeiterfluktuation, ob der Prozess die Einhaltung der gesetzten Ziele gewährleistet. Für wirklich kritische

Positionen aber ist ein Personalvorstand, der an einem abschließenden *Culture-Fit*-Interview teilnimmt, keine Ausnahme.

Sobald eine Einstellungsentscheidung gefallen ist, sind die Administratoren an der Reihe – die im Übrigen bereits den gesamten Prozess begleitet haben, um sicherzustellen, dass keine Details übersehen werden.

Die Administratoren

Administratoren sind genau das – Verwaltungsmitarbeiter, die den Großteil der mit dem Talentmanagement verbundenen Transaktionsaufgaben erledigen. Vertragsunterzeichnungen, Gehaltsabrechnungen, Ressourcenmanagement, Urlaubsplanung und mehr fließen durch dieses rein administrative Element, was dem Rest der Personalabteilungsstruktur ermöglicht, sich ganz auf Strategie und das Anlocken, Betreuen und Selektieren des bestmöglichen Talents für die Organisation zu fokussieren. Ideale Administratoren sind detailorientierte Persönlichkeiten, die sehr darauf achten, wie sich ihr Handeln auf den Alltag der neuen Mitarbeiter und der bestehenden Beschäftigten auswirkt. Teils Kundenservicevertreter, teils Büroleiter, teils Schatzmeister und teils Alleskönner, sorgen die Administratoren dafür, dass die Personalabteilung und die Organisation insgesamt auch noch die kleinsten Details gebührend berücksichtigt.

Um in dem Talentumfeld zu gedeihen, in dem wir gegenwärtig leben – und in dem wir auf absehbare Zeit leben werden –, muss die gesamte Abteilung sich weiterentwickeln und Rollen übernehmen. Ich bestreite nicht, dass das manchmal eine Herausforderung ist. Aber es lohnt die Mühe. Ihr Ziel ist es, wegzukommen von verzweifelten Feuerwehreinsätzen und einer reaktiven Rekrutierungspraxis. Jeder Schritt, den Sie in diese Richtung unternehmen, ist ein Schritt in Richtung einer besseren Talentsituation für Ihr Unternehmen.

Wie sich Rollen im Fall begrenzter Budgets und/oder kleinerer Organisationsgrößen kombinieren lassen

Während wir über die wichtigsten Spieler in Ihrer zukünftigen Personalabteilung sprachen, wuchs in Ihnen möglicherweise die Panik hinsichtlich der Zahl der benötigten Mitarbeiter. Vielleicht haben Sie sogar die Hoffnung aufgegeben, dass Sie dieses System in Ihrer Organisation verwirklichen können angesichts der Personal- und Budgetknappheit, unter der Sie gegenwärtig leiden. Dann sollten Sie diesen Abschnitt unbedingt lesen.

Es stimmt, dass viele Personalabteilungen unterbesetzt und unterfinanziert sind. Aber obwohl effektives Talentmanagement für die Organisationen ein wichtiger Umsatztreiber ist, wird die Personalabteilung als Kostenzentrum mit entsprechend enger Budgetbemessung gesehen. So mancher Mitarbeiter – und vielleicht gehören auch Sie dazu – trägt infolgedessen mehrere Hüte gleichzeitig. Hier möchte ich Ihnen zeigen, wo sich die effektivsten Rollenkombinationen machen lassen, welche Rollen und Funktionen sich am besten für ein Outsourcing anbieten und welche zentralen Zuständigkeiten Sie im Haus behalten sollten.

Beginnen wir mit den Rollen, die Sie im Interesse der betrieblichen Effektivität im Haus behalten sollten. Das sind der Personalvorstand und Ihr Talent-Relationship-Manager.

Der Personalvorstand muss präsent sein und sich mit anderen hochrangigen Führungskräften in Sachen Talentstrategien und Talentziele zusammentun. Die Personalplanung sollte, wie schon gesagt, mit derselben Ernsthaftigkeit betrieben werden wie die Finanzplanung und dazu bedarf es einer Führungskraft, die sich fortlaufend auf hohem Niveau um die Bedürfnisse und Nuancen der Organisation kümmert.

Neben dem Personalvorstand sollten Sie auch die meisten Elemente der Rolle des Talent-Relationship-Managers im Haus belassen. Das ist die Person, an die sich Mitarbeiter in Zeiten des

Stresses oder der Probleme zuerst wenden können, die Ihr »Employee Care Center« leitet (selbst, wenn es sich um ein virtuelles Zentrum handelt) und die tief in die Seele des Unternehmens eingebettet ist, um sie effektiver zu pflegen. Eine pflegende Position dieser Art auszulagern, ist weder praktisch noch empfehlenswert. Sie sollte also von firmeneigenen Mitarbeitern ausgefüllt werden.

In kleineren Organisationen kann es vorkommen, dass der Personalvorstand die Rolle des Talent-Relationship-Managers zusätzlich zu seinen strategischen Zuständigkeiten übernimmt. Das kann funktionieren, solange die übrigen Funktionen der Personalabteilung in geeigneter Weise auf die übrigen Mitarbeiter der Abteilung oder bewährte Vertragsnehmer verteilt werden.

Die funktionalen Rollen der Profiler, Talentscouts und Administratoren beispielsweise können auch von speziellen Vertragsnehmern ausgefüllt oder komplett ausgelagert werden. Es gibt Servicefirmen, die ganz darauf spezialisiert sind, den Unternehmen solche Lasten abzunehmen. Spezialisierte Beratungsunternehmen wie beispielsweise Profiles International können mit der Durchführung von Assessments und Diagnostik beauftragt werden. Selbst Talentscouts mit ihrer hochentwickelten Verkäufermentalität können auf Einzelfallbasis damit beauftragt werden, Talent-Pools aufzubauen oder verborgene Juwelen in Ihrem Talentmarkt aufzuspüren.

Oder es könnte sein, dass Ihre Organisation mit einem HR-Manager und einem oder zwei unterstützenden Mitarbeitern in der Personalabteilung auskommt. Viele klassische Personaler lassen sich dahingehend trainieren, dass sie neben ihrer Administratorentätigkeit die pflegenden Rollen von Talent-Relationship-Managern übernehmen können, weil sie häufig schon jetzt mehrere Elemente dieser Zuständigkeiten wahrnehmen. Profiler und Talent-Relationship-Manager sind eine weitere Kombination, die durch gutes Training möglich ist – besonders, wenn ihnen ein gesonderter Administrator unterstützend zur Seite steht.

Das Einzige, was sich nur schwer mit klassischen Personalern bewerkstelligen lässt – und wo Sie am meisten von einem externen Spezialisten profitieren könnten –, ist der Bereich des Talentscoutings. Traditionelle Personaler verfügen schlicht nicht über die erforderliche Vertriebsmentalität und Verkäuferpersönlichkeit. Das lässt sich nicht durch Training erreichen. Selbst wenn Sie viele der übrigen Rollen kombinieren können, bleiben die Talentscouts ein Sonderfall.

Technologieeinsatz in Scouting, Talent-Beziehungs-Management und Profiling

Neben der Möglichkeit, Rollen zu kombinieren, können kleine Personalabteilungen oder kleinere Unternehmen auch von diversen digitalen Ressourcen profitieren, die ihnen den Übergang zu einem proaktiven Talent-Pooling- und Pipeliningsystem erleichtern. Dazu gehören Talentscoutingsysteme, Talent-Relationship-Management-Plattformen und wissenschaftlich fundierte Online-Profilingtools.

Viele der Scoutingtools, die Sie möglicherweise für die Personalabteilung benötigen, wurden bereits für den Vertrieb entwickelt. Wenn Sie sich jedes potenzielle Talent als Kaufinteressenten für einen Job in Ihrem Unternehmen vorstellen, wird Ihnen bewusst, wie sich das Anlegen einer Kontaktkarte, die Einrichtung wiederkehrender Berührungspunkte, die Archivierung von Gesprächsnotizen, die Dokumentation von verschickten und erhaltenen Materialien und Jobangebote in bestehende Leadgenerierungs- und Vertriebssoftware integrieren lassen.

Es sind auch Talent-Relationship-Management-Plattformen erhältlich, die speziell für die Unterstützung und Optimierung Ihrer Talent-Pooling- und Pipeliningbemühungen konzipiert wurden. Viele dieser Systeme lassen sich in Ihre bestehenden Personalverwaltungs- und Bewerbermanagement-Plattformen integrieren oder verfügen selbst über entsprechende Elemente. Sie sind Ihr Schaufenster zur Talentwelt und unterstützen Sie, indem sie es Ihnen erleichtern, mit Talent in Kontakt zu treten und zu kommunizieren. Wie Sie sich heute keine Vertriebsorganisation oder -abteilung ohne CRM-System vorstellen können, werden Sie sich schon bald keine Personalabteilung mehr ohne Talent-Relationship-Management-Plattformen vorstellen können. In meiner eigenen Arbeit verwende ich die Plattform ValYouBel, aber im Markt gibt es noch viele weitere, die nicht minder effektiv sind.

Der Vorteil der Verwendung dieser »Standard«-Systeme ist, dass sie häufig miteinander kommunizieren. Ihre Kundenbeziehungsmanagementsoftware (CRM) »kann« bereits Unternehmenskommunikation und -werbung, so dass Sie sie auch für Ihr Talent-Relationship-Management verwenden und problemlos aktualisieren können.

Während also die Veränderungen an Ihrem HR-Modell, zu denen ich Ihnen rate, wie große Schritte erscheinen mögen, gibt es bereits eine Fülle an Tools, die Sie dabei unterstützen. Sie sind nicht allein mit dem Wunsch, Top-Kandidaten gewinnen zu wollen, und nicht der Erste, der viele Jahre lang den Kontakt halten muss, während sich die Geschäftsbeziehung entwickelt. Ein volles Arsenal von Online-Profilingtools, Kontaktplattformen und Datenbanken unterstützen Sie bei der Einführung »smarter« Einstellungspraktiken.

Abschließende Gedanken

Damit eine Personalabteilung ihre Mission erfüllen kann, regelmäßig die richtigen Kandidaten in die richtige Rolle zu bringen, muss sie gezielt für diese Aufgabe ausgelegt sein. Für viele Organisationen bedeutet das möglicherweise einen dramatischen – und dringend notwendigen – Umbau ihrer Personalfunktion.

Es ist kein Geheimnis, dass menschliches Kapital für viele Unternehmen die wertvollste und teuerste Ressource überhaupt darstellt. Warum behandeln wir es dann nicht mit derselben Intensität und Konsequenz wie traditionelles Kapitalmanagement? Für viele Organisationen bedeutet es einen Paradigmenwechsel, der jedoch dramatische Früchte bringen und zu effizienteren und effektiveren Einstellungspraktiken sowie zur Schaffung eines nachhaltigen strategischen Marktvorteils führen kann.

Zusammenfassung

Besseres Anziehen und klügeres Einstellen erfordern Zeit und gemeinsame Anstrengung. »Klassische« Personaler sind möglicherweise nicht optimal darauf vorbereitet. Stattdessen sollten Sie Ihre Personalabteilung so umstrukturieren, dass sie auf die moderne Realität des Talentmarkts angemessener reagieren kann.

In diesem neuen Modell wird Ihre Personalfunktion Talentscouts, Talent-Relationship-Manager, Profiler/Diagnostiker, Personalvorstände und Administratoren umfassen. Jede dieser Rollen ist wichtig für den Talent-Pooling- und Pipeliningprozess, Selektion und Personalentwicklung. Gemeinsam stellen sie sicher, dass die Organisation Talente der richtigen Art anlockt, sie in geeigneter Weise durch den Selektionsprozess geleitet und zur richtigen Zeit auf die richtigen Stellen setzt:

- **Talentscouts** bieten ein Element, das vielen klassischen Personalabteilungen fehlt – eine Vertriebsmentalität und Verkäuferqualitäten, die zur permanenten Suche nach dem besten verfügbaren Talent befähigt. Ehemalige Vertriebskräfte eignen sich in der Tat als perfekte Talentscouts. Diese eifrigen »Talentjäger« arbeiten kontinuierlich daran, potenzielle Top-Kräfte ausfindig zu machen und dafür zu sorgen, dass diese Leute den Talent-Pools Ihrer Organisation hinzugefügt werden.
- **Talent-Relationship-Manager** managen die Erfahrung der Kandidaten. Sie wachen über Talent-Pools, überwachen den reibungslosen Ablauf des Bewerbungsprozesses und dienen als Anlaufstelle für Talent-Pool-Mitglieder und bestehende Beschäftigte. Über Kandidaten- und Employee Care Center stellen sie sicher, dass sich jedes Talent versorgt und gehört fühlt und der öffentliche Ruf der Organisation als eine professionell geführte und erstrebenswerte Heimat für Beschäftigte gewahrt bleibt.
- **Profiler** sind diagnostische Spezialisten, die außerordentlich kompetent darin sind, *Skill-Fit*, *Job-Fit* und *Culture-Fit* zu messen. Sie führen Interviews durch, betreiben Assessments und Analysen, gestalten und veranstalten Fallstudien – was immer notwendig ist, um neue Kandidaten auf die wahren Anforderungen der neuen Rolle hin zu überprüfen. Profiler ersparen ihren Unternehmen Millionen, indem sie Fehlplatzierungen minimieren, interne Mitarbeiter den richtigen Trainingsangeboten zuführen, um *Skill Gaps* zu schließen, und wichtigen Stakeholdern der Organisation Input geben, den diese benötigen, um Einstellungsentscheidungen zu finalisieren und den Prioritäten der Organisation gerecht zu werden.

- **Personalvorstand** bieten der Personalabteilung strategische Orientierung und Übersicht. Die Personalplanungstätigkeit sollte mit derselben Ernsthaftigkeit und demselben Grad an strategischer Investition betrieben werden wie die Finanzplanung. Gute Personalvorstände bauen Allianzen auf, prognostizieren zukünftige Entwicklungen und dienen als gute Zuhörer und Verbindungspersonen, die bedeutsame Verbindungen zwischen Talent und Management schaffen können – zum Wohle aller Beteiligten.
- **Administratoren** kümmern sich um die alltäglichen Transaktionsteile des Talentmanagements und der Mitarbeitererfahrung. Diese detailorientierten und umsichtigen Mitarbeiter beschäftigen sich mit den vielen kleinen, aber wichtigen Aspekte von Logistik, Lohnzahlung, Leistungsverwaltung und mehr, damit andere Aspekte der HR-Struktur sich auf das Anlocken, Selektieren und Einstellen der besten Kandidaten für die gegenwärtigen Bedürfnisse der Organisationen fokussieren können.

Während Talent-Relationship-Management und Personalmanagement von hauseigenen Kräften geleistet werden sollten, können viele dieser Rollen an Spezialisten vergeben oder an professionelle Dienstleister ausgelagert werden. Verwaltungsarbeit, Talentscouting und selbst Profiling-Tätigkeiten können an Spezialanbieter vergeben werden.

Es gibt auch eine Reihe digitaler Tools und Systeme, mit denen eine Personalabteilung ihre Ressourcen und ihre Kapazitäten erweitern kann. Die Nutzung dieser Tools stellt eine taktische Veränderung dar, die Zeit sparen hilft und es Ihnen ermöglicht, Ihre Kandidaten besser kennenzulernen und einen breiteren Pool von Kandidaten zu berücksichtigen. So können Sie zuvor unerreichbare Kandidatenkreise erschließen.

Der Einsatz neuester Tools, die Schaffung neuer Teamstrukturen und die Weiterentwicklung der Personalabteilung zu einem strategischen Partner der Unternehmensleitung stellen für viele Organisationen einen Paradigmenwechsel dar. Die Welt verändert sich jedoch und wird sich weiter in atemberaubendem Tempo verändern. Wenn Sie sich im Geschäfts- und Talentumfeld der Zukunft erfolgreich zurechtfinden wollen, sollten Sie ein neues HR-Modell einführen. Nur so können Sie hoffen, das ultimative Ziel zu erreichen – zuverlässig und kontinuierlich die richtigen Leute zur richtigen Zeit in die richtigen Rollen zu bringen.

Die Autorin

Nilgün Aygen wurde in Istanbul geboren und hat einen US-amerikanischen Bildungshintergrund. Sie ist Gründerin mehrerer erfolgreicher HR-Unternehmen, gefragte Fachbuch-Autorin, Keynote Speakerin, seit Jahren mit Exzellenzpreisen prämierte Geschäftsführerin und aktuell Geschäftsführerin DACH zum einen von Profiles International, einem weltweit renommierten Spezialisten für wissenschaftlich basierte Online-Assessments, sowie zum anderen von ValYouBel, einem einzigartigen Unternehmen für Talent-Relationship-Management mit digitaler Service-Plattform und radikal neuen Recruiting-Ansätzen.

Nilgün Aygen beschäftigt sich seit fast drei Jahrzehnten mit Future Recruiting und Assessments. Sie berät Unternehmen darin, wie Recruiting wirklich erfolgreich sein kann – von einem clever aufgesetzten Talent-Management-Relationship-Prozess über die richtigen Auswahlkriterien und Ansätze bei der Einstellung von Mitarbeitern. Es geht für sie nicht nur darum, überhaupt irgendwelche Mitarbeiter zu finden, sondern vielmehr die passenden Talente für sich zu gewinnen.

Ein Unternehmen erfolgreich für die Zukunft aufzustellen, erfordert vor allem eines, gute Mitarbeiter. Und hier beginnt oft das Problem. Unternehmen klagen zunehmend darüber, keine geeigneten Mitarbeiter zu finden. Zu häufig dauert es sehr lange, bis eine Vakanz neu besetzt werden kann.

Ihre Diagnose: Unternehmen beginnen viel zu spät mit dem Rekrutierungsprozess.

Die Lösung: Sie rät zum radikalen Bruch mit der bisherigen Vorgehensweise und empfiehlt ein Denken und Handeln in Vertriebs- und Marketingkategorien. Mit anderen Worten: Starten Sie schon heute mit der Rekrutierung von Menschen, die Sie morgen und übermorgen brauchen.

Profiles GmbH ist ein internationales Assessment-Unternehmen für Management-Assessment, Vertriebs-Assessment, Eignungsdiagnostik und Potenzialanalysen. Die Angebotspalette umfasst sowohl Einzel-Assessments als auch globale multilinguale Assessment-Projekte.

ValYouBel GmbH & Co. KG sieht aktuell die größten Herausforderungen der Wirtschaft darin, vakante Positionen mit passenden Mitarbeitern zeitnah zu besetzen. Ein Unternehmen zukunftsfest aufzustellen, bedeutet heute mehr denn je, die richtigen Mitarbeiter zur richtigen Zeit am richtigen Platz zu haben. ValYouBel bietet Lösungen im Bereich Talent-Sourcing, Talent-Pooling, Talent-Pipelining und Talent-Relationship

Anmerkungen

Vorwort

1. »The truth about what employees want: A guide to navigating the hypercompetitive U.S. labor market«, Mercer LLC, 2021, https://www.mercer.us/content/dam/mercer/attachments/private/us-2021-inside-employees-minds-report.pdf.
2. »Reducing Turnover and Increasing Productivity With ProfileXT and Job Match Pattern«, Profiles International, 2010, PDF bei der Autorin erhältlich.
3. »Case Study: From Turnover Abyss to Multi-Million Dollar Sales«, Profiles International, 2011, PDF bei der Autorin erhältlich.
4. »Developing Successful Leaders With ProfilXT & Step One Survey II«, Profiles International, 2011, PDF bei der Autorin erhältlich.
5. »Case Study: Improving Retention and Reducing Risk in New Hires«, Profiles International, 2012, PDF bei der Autorin erhältlich.
6. »Case Study: From Turnover Abyss to Multi-Million Dollar Sales«, ebenda.
7. »Case Study: The ProfileXT in Use by a Retail Company«, Profiles International, 2012, PDF bei der Autorin erhältlich.

Einführung: Die Herausforderungen des Talentmarkts

1. Eine McDonald's-Filiale in Florida zahlt für ein Job-Interview 50 US-Dollar und hat dennoch Mühe, Bewerber zu finden, siehe »A Florida McDonald's is paying people $50 just to show up for a job interview, and it's still struggling to find applicants«, Insider, 16. April 2021, https://www.businessinsider.com/mcdonalds-pays-50-for-job-interviews-highlighting-hiring-struggles-2021-4.
2. Siehe »Pacific Islander workers save blueberry crops on Coffs Coast«, Fresh Plaza, 26. Oktober 2021, https://www.freshplaza.com/article/9367550/pacific-islander-workers-save-blueberry-crops-on-coffs-coast/.
3. Haley Ott, »U.K. gas pumps run dry as truck driver shortage causes supply chain chaos«, CBS News, 29. September 2021, https://www.cbsnews.com/news/uk-gas-pumps-run-dry-truck-driver-shortage-supply-chain-chaos/.
4. Nishikawa Mitsuko, »Japan's hospitals struggle with nursing shortage amid pandemic«, NHK World-Japan, 15. Mai 2020, https://www3.nhk.or.jp/nhkworld/en/news/backstories/1093/.
5. »One in eight companies (12 percent) actually receives no applications for advertised vacancies«, siehe Lisa Meier, »Tech Talent Shortage in Germany on New Record High«, Universal Hires, 18. Dezember 2019, https://universalhires.com/magazine/tech-talent-shortage-germany-record-high/.

6. Michael Franzino u.a. «The $8.5 Trillion Talent Shortage«, Korn Ferry, 27. Juni 2022., https://www.kornferry.com/insights/this-week-in-leadership/talent-crunch-future-of-work.
7. »3 Million Job Openings in Germany – Top 5 skills shortage sectors in Germany for 2021«, Y-Axis, https://www.y-axis.com/news/top-5-skill-shortage-sectors-in-germany/ (abgerufen am 21. Februar 2022).
8. Crispian Balmer, »Pope warns against Italy's ›demographic winter‹«, Reuters, 14. Mai 2021, https://www.reuters.com/world/europe/pope-warns-against-italys-demographic-winter-2021-05-14/.
9. Tyler Durden, »›The Problem Is Getting Worse‹ – China Sees New Marriages Fall To Lowest Level In 13 Years«, ZeroHedge, 9. Dezember 2021, https://www.zerohedge.com/economics/problem-getting-worse-china-sees-new-marriages-fall-lowest-level-13-years.
10. Damian Cave u. a., »Long Slide Looms for World Population, With Sweeping Ramifications«, 24. Mai 2021, https://www.nytimes.com/2021/05/22/world/global-population-shrinking.html.
11. Ebenda.
12. Ebenda.
13. Rina Goldenberg, »Germany's birth rate drops, confirming dramatic predictions for the whole world«, Deutsche Welle, 31. Juli 2020, https://www.dw.com/en/demography-german-birthrate-down-in-coronavirus-pandemic/a-54395345.
14. Abi Carter, »Skilled worker shortage: Germany, needs 400.000 immigrants a year", 25. August 2021, https://www.iamexpat.de/expat-info/german-expat-news/skilled-worker-shortage-germany-needs-400000-immigrants-year.
15. »German Labour Chief Says Germany Needs 400,000 Skilled Immigrants Yearly to Tackle Skilled Workers' Shortage«, SchengenVisaInfo, 27. August 2021, https://www.schengenvisainfo.com/news/german-labour-chief-says-germany-needs-400000-skilled-immigrants-yearly-to-tackle-skilled-workers-shortage/.
16. Jessica Davis Plüss u. a., »Corona-Pandemie legt Schwachstelle der Schweiz offen«, SWI swissinfo.ch, 6. Juni 2021, https://www.swissinfo.ch/ger/fachkraefte-mangel_corona-pandemie-legt-schwachstelle-der-schweiz-offen/46674764.
17. »Leadership«, Association of Flight Attendants-CWA, (abgerufen am 27. Juni 2022), https://www.afacwa.org/leadership.
18. »Tang ping«, Wikipedia, engl. Ausgabe, https://en.wikipedia.org/wiki/Tang_ping (abgerufen am 22. Februar 2021).
19. David Bandurski, »The lying flat‹ movement standing in the way of China's innovation drive«, Brookings Tech Stream, 8. Juli 2021, https://www.brookings.edu/techstream/the-lying-flat-movement-standing-in-the-way-of-chinas-innovation-drive/.
20. Juliana Kaplan und Andy Kiersz, »Inside the rise of antiwork«, a worker's strike that wants to turn the labor shortage into a new American Dream«, Insider, 25. Nov. 2021, https://www.businessinsider.com/what-is-antiwork-workers-quit-dont-work-strike-better-conditions-2021-11.
21. »Antiwork: Unemployment for all, not just the rich!«, Reddit, https://www.reddit.com/r/antiwork/.

Anmerkungen

22. Elle Hunt, »Ready to quit your job? Come and join me in the anti-work movement«, The Guardian, 27. Oktober 2021, https://www.theguardian.com/commentisfree/2021/oct/27/quit-your-job-join-anti-work-movement-elle-hunt.
23. Ebenda.
24. »Countries in the world by population (2022)«, Worldmeter, https://www.worldometers.info/world-population/population-by-country/ (abgerufen am 22. Februar 2022).
25. »The peculiar contradictions of Tunisia's job market«, EU Reporter, 15. November 2021, https://www.eureporter.co/world/tunisia/2021/11/15/the-peculiar-contradictions-of-tunisias-job-market/.
26. Valentina Romel, »›I am close to quitting my career‹: Mothers step back at work to cope with pandemic parenting«, Financial Times, 8. März 2021, https://www.ft.com/content/d5d01f06-9f7c-4cdc-9fee-225e15b5750b.
27. Usha Ranji u. a., »Women, Work, and Family During COVID-19: Findings from the KFF Women's Health Survey«, Kaiser Family Foundation, 22. März 2021, https://www.kff.org/womens-health-policy/issue-brief/women-work-and-family-during-covid-19-findings-from-the-kff-womens-health-survey/.
28. Simonetta Zarrilli und Henri Luomaranta, »Gender and unemployment: Lessons from the COVID-19 pandemic«, CNUCED, 8. April 2021, https://unctad.org/fr/node/32595.
29. »Report: Pandemic dealing setbacks to gender parity in jobs«, The Associated Press, 31. März 2021, https://apnews.com/article/switzerland-covid-19-pandemic-coronavirus-pandemic-economy-4ea0256d47429e2634ffa44976faf548.
30. Simonetta Zarrilli und Henri Luomaranta, ebenda.
31. Bobby Caina Calvan und Christopher Rugaber, »Many women have left the workforce. When will they return?«, The Associated Press, 4. November 2021, https://apnews.com/article/coronavirus-pandemic-business-lifestyle-health-careers-075d3b0ab89baffc5e2b9a80e11dcf34.
32. Amara Omeokwe, »Covid-19 Pushed Many Americans to Retire. The Economy Needs Them Back«, The Wall Street Journal, 31. Oktober 2021, https://www.wsj.com/articles/covid-19-pushed-many-americans-to-retire-the-economy-needs-them-back-11635691340?mod=hp_lead_pos7.
33. Allison Morrow, »The data that shows Boomers are to blame for the labor shortage«, 18. Dezember 2021, https://edition.cnn.com/2021/12/18/business/labor-shortage-boomers-millennials-nightcap/index.html.
34. Jessi Hempel, »On the great resignation: ›The pandemic has given people time to think, ›how do we want to work?‹«, LinkedIn, 21. Juni 2021, https://www.linkedin.com/pulse/great-resignation-pandemic-has-given-people-time-think-jessi-hempel/?trackingId=mG0OROunRYWT7P9Nn0Dz5Q%3D%3D.
35. »The Next Great Disruption Is Hybrid Work—Are We Ready?", Microsoft Work Trend Index, 22. März 2021, https://www.microsoft.com/en-us/worklab/work-trend-index/hybrid-work.
36. »Austria Job Vacancies«, Trading Economics, https://tradingeconomics.com/austria/job-vacancies.
37. »Switzerland Job Vacancies«, Trading Economics, https://tradingeconomics.com/switzerland/job-vacancies.

38. »Germany Job Vacancies«, Trading Economics, https://tradingeconomics.com/germany/job-vacancies.
39. Martha C. White, »The US now has more job openings than any time in history«, NBC News, 9. August 2021, https://www.nbcnews.com/business/business-news/u-s-now-has-more-job-openings-any-time-history-n1276367.
40. Julie Gordon und Steve Scherer, »Canadian employers, facing labor shortage, accommodate the unvaccinated«, Reuters, 6. Dezember 2021, https://www.reuters.com/business/canadian-employers-facing-labor-shortage-accommodate-unvaccinated-2021-12-05/.
41. Jason Douglas u. a., »Omicron Disrupts Government Plans to Lure Migrant Workers as Labor Shortages Bite«, The Wall Street Journal, 10. Dezember 2021, https://www.wsj.com/articles/omicron-disrupts-government-plans-to-lure-migrant-workers-as-labor-shortages-bite-11639132203.
42. Adam Taylor, »Long closed to most immigration, Japan looks to open up amid labor shortage«, The Washington Post, 18. November 2021, https://www.washingtonpost.com/world/2021/11/18/japan-labor-shortage-immigration/.
43. Vicki Salemi, »How long does it really take to get a job?«, Monster, (abgerufen am 27. Juni 2022), https://www.monster.com/career-advice/article/how-long-does-it-take-to-get-a-job-0117.
44. George Anders, »Can you wait 49 days? Why getting hired takes so long in engineering«, LinkedIn, 4. August 2021, https://www.linkedin.com/pulse/can-you-wait-49-days-why-getting-hired-takes-so-long-george-anders/.
45. »How Much Does a Vacant Position Cost a Business?«, 4 Corner Resources, 28. Februar 2019, https://www.4cornerresources.com/blog/costs-of-vacant-position/.

Teil I: Talente anlocken – wie Sie an die richtigen Kandidaten kommen

Einleitung: Rare und skeptische Talente gewinnen

1. »Statistics: Rethink Your Candidate Experience or Ruin Your Brand«, Human Capital Institut, 1. Oktober 2018, https://www.hci.org/blog/statistics-rethink-your-candidate-experience-or-ruin-your-brand.
2. Emily McCrary-Ruiz-Esparza, »Why Employee Reviews Are Critical to Your Brand Management Efforts«, InHerSight, 19. Juni 2020, https://www.inhersight.com/blog/employer-resources/employee-reviews-brand-management.
3. »›Fake‹ Amazon workers defend company on Twitter«, BBC News, 30. März 2020, https://www.bbc.com/news/technology-56581266.
4. Ryan Smith, »Leaked Amazon memo shows how it forces out employees to hit targets«, Human Resources Director, 23. April 2021, https://www.hcamag.com/us/news/general/leaked-amazon-memo-shows-how-it-forces-out-employees-to-hit-targets/253161.

5. Irina Ivanova, »Amazon doubles salary caps for corporate workers to $350,000«, CBS News, 8. Februar 2022, https://www.cbsnews.com/news/amazon-pay-increase-350000-corporate-tech-workers/#:~:text=Amazon%20is%20more%20than%20doubling,increased%20competition%20for%20tech%20talent.
6. Joseph Carson »The Next Catalyst For Inflation: Significant And Persistent Increases In Labor Costs«, The Carson Report, 12 December 2021, https://www.thecarsonreport.com/post/the-next-catalyst-for-inflation-significant-and-persistent-increases-in-labor-costs
7. Brandie Weilke, »Millennials are on a quest to find meaningful work—and they're willing to take less pay to get it«, CBC News, 30 März 2019, https://www.cbc.ca/news/business/millennials-meaningful-work-1.5075483.

Kapitel 1

1. Lisa Meier, »Tech Talent Shortage in Germany on New Record High«, Universal Hires, 18. Dezember 2019, https://universalhires.com/magazine/tech-talent-shortage-germany-record-high/.
2. »How to Avoid the Post and Pray Trap«, Qualigence International, 23. Februar 2021, https://qualigence.com/recruiting/how-avoid-post-and-pray-trap/.
3. Josh Tolan, »4 Recruiters Share Ways to Avoid the Post and Pray Trap«, Spark Hire, (abgerufen am 26. Juni 2022), https://hr.sparkhire.com/tips-for-recruiters/4-recruiters-share-ways-to-avoid-the-post-and-pray-trap/.
4. Amanda Cropp, »Pay rates are rising as recruiters and employers poach skilled workers to fill job vacancies«, stuff, 12. Dezember 2021, https://www.stuff.co.nz/business/127180819/pay-rates-are-rising-as-recruiters-and-employers-poach-skilled-workers-to-fill-job-vacancies.
5. Ebenda.
6. Daniel Davies, »Morning Coffee: Desperation as bankers quit but banks need them to stay. JPMorgan's iconic new team in Paris«, efinancialcareers, https://www.efinancialcareers.com/news/2021/11/great-resignation-banking-jobs.
7. Ebenda.
8. Joseph Carson /Tyler Durden »The Next Catalyst For Inflation: Significant And Persistent Increases In Labor Costs«, ZeroHedge, 13. Dezember 2021, https://www.zerohedge.com/economics/next-catalyst-inflation-significant-and-persistent-increases-labor-costs.
9. »The Power of Maintaining a Robust Talent Pool for Your Organization«, Kissflow, 3. Oktober 2019, https://kissflow.com/hr/talent-management/talent-pool-benefits/.
10. Ebenda.
11. Crime Beat TV, »Getting into Cirque Du Soleil [Audition Documentary]«, Video, YouTube, 11. April 2012, https://www.youtube.com/watch?v=BLouxprAHtQ&t=52s.
12. Andrew Simon, »Explaining the MLB farm system«, Boys & Girls Clubs of America, 13. Mai 2019, https://www.mlb.com/news/the-mlb-farm-system-explained.

13. »What is Minor League Baseball?«, Pro Baseball Insider, (abgerufen am 27. Juni 2022), http://probaseballinsider.com/what-is-minor-league-baseball/.
14. »17 Surprising Statistics about Employee Retention«, TINYpulse, (abgerufen am 27. Juni 2022), https://www.tinypulse.com/blog/17-surprising-statistics-about-employee-retention.
15. Crime Beat TV, »Getting into Cirque Du Soleil [Audition Documentary]«, Video, YouTube, 11. April 2012, https://www.youtube.com/watch?v=BLouxprAHtQ&t=52s.
16. Issam A. Ghazzawi u. a., »Cirque du Soleil: An Innovative Culture of Entertainment«, Journal of the International Academy for Case Studies, Bd. 20, Nr. 5, 2014, S. 23, https://laverne.edu/academy/wp-content/uploads/sites/7/2019/02/ghazzawi-cirque-du-soleil.pdf.

Kapitel 2

1. Mehri Pouyandekia, »How Are the Germans Are Using the Football Talent Management Program«, Academia.edu, 2. Juni 2020, https://www.academia.edu/51026668/How_the_Germans_Are_Using_the_Football_Talent_Management_Program.
2. Sam Carp, »Bundesliga revenue down 5.4% for Covid-hit 2019/20 season«, SportsPro, 9. März 2021, https://www.sportspromedia.com/news/bundesliga-revenue-2019-20-season-dfl-economic-report-covid/.
3. Manuel Veth, »Deloitte Report: Bundesliga Covid-19 Restart Limited Financial Impact«, 26. Januar 2021, https://www.forbes.com/sites/manuelveth/2021/01/26/deloitte-report-bundesliga-covid-19-restart-limited-financial-impact/.
4. Sam Carp, ebenda.
5. Wikipedia, »Deutsche Fußballnationalmannschaft«, https://de.wikipedia.org/wiki/Deutsche_Fußballnationalmannschaft (aufgerufen am 15. März 2022).
6. Peter Lauria, »The World Cup's Other Stars«, Korn Ferry, (abgerufen am 27. Juni 2022), https://www.kornferry.com/insights/briefings-magazine/issue-35/the-world-cups-other-stars.
7. Diane Scavuzzo, »The Talent Project & Fortuna Dusseldorf – New Program for Youth Soccer Players to Train in Germany«, SoccerToday, 11. Dezember 2018, https://www.soccertoday.com/the-talent-project-fortuna-dusseldorf-new-program-for-youth-soccer-players-to-train-in-germany/. Siehe auch »The Talentprojekt – America's Bridge to Europe for the Elite Few«, https://www.talentprojekt.com.
8. »Jürgen Klinsmann in awe of German football talent pool«, Bundesliga, offizielle Website, 2017, https://www.bundesliga.com/en/news/Bundesliga/jurgen-klinsmann-in-awe-of-german-football-talent-pool-448581.jsp.
9. Aaron De Smet u. a., »Organizing for the future: Nine keys to becoming a future-ready company«, McKinsey & Company, 11. Januar 2021, https://www.mckinsey.com/business-functions/people-and-organizational-performance/our-insights/organizing-for-the-future-nine-keys-to-becoming-a-future-ready-company.

Anmerkungen

10. Sharlyn Lauby, »4 Steps for Developing a Talent Pool«, SHRM, 7. Juni 2018, https://www.shrm.org/resourcesandtools/hr-topics/talent-acquisition/pages/4-steps-for-developing-a-talent-pool.aspx.
11. Aaron De Smet u. a., ebenda.
12. Bart Turczynski, »2022 HR Statistics: Job Search, Hiring, Recruiting & Interviews«, zety, 9. Februar 2022, https://zety.com/blog/hr-statistics.
13. »Statistics: Rethink Your Candidate Experience or Ruin Your Brand«, Human Capital Institute, 1. Oktober 2018, https://www.hci.org/blog/statistics-rethink-your-candidate-experience-or-ruin-your-brand.
14. Chris Kolmar, »30 Surprising Social Media At Work Statistics [2021]: What Every Manager Should Know«, Zippia, 16. Dezember 2021, https://www.zippia.com/advice/social-media-at-work-statistics/.
15. »LinkedIn Users By Country and Statistics (2021)«, Apollo Technical, 23. September 2021, https://www.apollotechnical.com/linkedin-users-by-country/ (aufgerufen am 15. März 2022).
16. Ebenda.
17. »Surprising Social Media Recruiting Statistics (2021)«, Apollo Technical, »https://www.apollotechnical.com/social-media-recruiting-statistics/«
18. »LinkedIn …«, ebenda.
19. »LinkedIn …«, ebenda.
20. Siehe auch: https://onlinemarketing.de/lexikon/definition-persona-based-marketing
21. Chris Kolmar, ebenda.
22. Chris Kolmar, ebenda.
23. Scrott Beagrie, »Getting social media recruitment right«, HR, 26. Januar 2015, https://www.hrmagazine.co.uk/content/features/getting-social-media-recruitment-right.https://www.hrmagazine.co.uk/content/features/getting-social-media-recruitment-right
24. Chris Kolmar, ebenda.
25. Mike Stafiej, »Employee Referral Statistics You Need to Know for 2020 (Infographic)«, LinkedIn, 13. Januar 2020, https://www.linkedin.com/pulse/employee-referral-statistics-you-need-know-2020-mike-stafiej/.
26. Ebenda.
27. Joe Budzienski, »3 Ways to Be Constantly Recruiting Star Talent Through Social Media«, Monster International, (abgerufen am 27. Juni 2022), https://hiring.monster.ca/resources/recruiting-strategies/social-media-recruiting-strategy/recruit-talent-through-social-media-ca/.
28. Mike Stafiej, ebenda.
29. Alison Doyle, »How Long Should an Employee Stay at a Job?«, The Balance Careers, 12. August 2021, https://www.thebalancecareers.com/how-long-should-an-employee-stay-at-a-job-2059780.
30. Stephen Mostrom, »How Long Do You Need To Stay In a Job?«, Medium, Young Corporate, 21. April 2021, https://medium.com/young-corporate/how-long-do-you-need-to-stay-in-a-job-b51b016b4a03.

31. Katharina Buchholz, »Where People Stick With Their Jobs«, 7. Dezember 2020, https://www.statista.com/chart/20571/average-time-spend-with-one-employer-in-selected-oecd-countries/.
32. »Employee Tenure in 2020«, Bureau of Labor Statistics, U. S. Department of Laber, 22. September 2020, https://www.bls.gov/news.release/pdf/tenure.pdf.
33. »The Talentprojekt – America's Bridge to Europe for the Elite Few«, https://www.talentprojekt.com.
34. Diane Scavuzzo, ebenda.
35. Wikipedia, »Deutsche Fußballnationalmannschaft«, https://de.wikipedia.org/wiki/Deutsche_Fußballnationalmannschaft (aufgerufen am 15. März 2022).
36. Rocío Lorenzo, »How Diverse Leadership Teams Boost Innovation«, Boston Consulting Group, 23. Januar 2018, https://www.bcg.com/en-us/publications/2018/how-diverse-leadership-teams-boost-innovation.
37. Amy Watts, »4 Statistics Highlighting the Importance of Diversity and Inclusion in the Workplace«, eduMe, (abgerufen am 27. Juni 2022), https://www.edume.com/blog/workplace-diversity-statistics.
38. Ebenda.
39. Why Maintaing a Robust Talent Pool is Essential (abgerufen am 27. Juni 2022).

Kapitel 3

1. J. D. Rinne, »16 Jaw-Dropping Facts About Cirque du Soleil«, Mental Floss, 25. April 2019, https://www.mentalfloss.com/article/540342/cirque-du-soleil-facts.
2. Crime Beat TV, »Getting into Cirque Du Soleil [Audition Documentary]«, Video, YouTube, 11. April 2012, https://www.youtube.com/watch?v=BLouxprAHtQ&t=52s.
3. Will Otto, »6 quotes about hiring the right person«, The predictive Index, (abgerufen am 27. Juni 2022), https://www.predictiveindex.com/blog/6-quotes-about-hiring-the-right-person/.
4. Wikipedia, Vivek Wadhwa, https://en.wikipedia.org/wiki/Vivek_Wadhwa (aufgerufen am 4. April 2022); Vivek Wadhwa, author, academic, entrepreneur, LinkedIn, https://www.linkedin.com/in/vwadhwa/ (aufgerufen am 4. April 2022).
5. Chris Clark, »Building Effective Talent Pools«, LinkedIn, 17. März 2020, https://www.linkedin.com/pulse/7-questions-you-should-ask-yourself-before-building-talent-clark/.
6. Wikipedia, Tom Brady, https://de.wikipedia.org/wiki/Tom_Brady (aufgerufen am 4. April 2022);
7. Vinnie Iyer, »Patriots playoff picture: New England sitting pretty for wild card, AFC East in NFL standings«, The Sporting News, 21. November 2021, https://www.sportingnews.com/us/nfl/news/patriots-playoff-picture-nfl-standings/lt8jiy659d0z1qro1t40xjnxs.
8. Rick Strout, » https://www.tampabay.com/sports/bucs/2020/03/21/how-the-bucs-got-tom-brady-to-leave-the-new-england-patriots-for-tampa-bay/«, SB Nation,

Anmerkungen

22. März 2020, https://www.tampabay.com/sports/bucs/2020/03/21/how-the-bucs-got-tom-brady-to-leave-the-new-england-patriots-for-tampa-bay/.

9. Sydney Umeri und Ricky O'Donnell, »Why Tom Brady left the Patriots«, SB Nation, 6. Februar 2021, https://www.sbnation.com/nfl/2021/2/6/22267662/tom-brady-patriots-bucs-free-agecy-2019.

10. John Breech, »Joe Montana reveals one big reason why Tom Brady decided to leave the Patriots«, CBS Sports Digital, 13. August 2020, https://www.cbssports.com/nfl/news/joe-montana-reveals-one-big-reason-why-tom-brady-decided-to-leave-the-patriots/.

11. Michelle Kapusta, »This Is Where Tom Brady and Gisele Bundchen Are Building Their New Dream Home and it Has an Appropriate Name«, Showbiz Cheat Sheet, 26. Dezember 2020, https://www.cheatsheet.com/entertainment/this-is-where-tom-brady-and-gisele-bundchen-are-building-their-new-dream-home-and-it-has-an-appropriate-name.html/.

12. Julie Rhoads, »Tom Brady Loves Florida so Much He Might Never Leave«, Showbiz Cheat Sheet, 15. Mai 2021, https://www.cheatsheet.com/entertainment/tom-brady-loves-florida-might-never-leave.html/.

13. Lauren Shufran, »9 Ways to Build an Effective Talent Pool«, Gem, (28. Oktober 2021), https://www.gem.com/blog/build-an-effective-talent-pool.

14. »The Talentprojekt – America's Bridge to Europe for the Elite Few«, https://www.talentprojekt.com.

15. »Code Next«, Code with Google, abgerufen 27. Juni 2022, https://codenext.withgoogle.com/.

16. Wikipedia, »Legally Blonde: The Musical – The Search for Elle Woods«,https://en.wikipedia.org/wiki/Legally_Blonde:_The_Musical_%E2%80%93_The_Search_for_Elle_Woods (aufgerufen am 4. April 2022).

17. Joe Budzienski, »3 Ways to Be Constantly Recruiting Star Talent Through Social Media«, Monster International, abgerufen am 27. Juni 2022, https://hiring.monster.ca/resources/recruiting-strategies/social-media-recruiting-strategy/recruit-talent-through-social-media-ca/.

18. Bart Turczynski, »2022 HR Statistics: Job Search, Hiring, Recruiting & Interviews«, Works Limited, 9. Februar 2022, https://zety.com/blog/hr-statistics#online-recruiting-and-social-media-stati.

19. Ben Slater, »Recruiting Active vs Passive Candidates«, Beamery Inc, abgerufen am 27. Juni 2022, https://beamery.com/resources/blogs/recruiting-active-vs-passive-candidates.

20. »17 Surprising Statistics about Employee Retention«, TINYpulse, 8. April 2022, https://www.tinypulse.com/blog/17-surprising-statistics-about-employee-retention.

21. careeraddict, »82% of Employees Would Quit Their Jobs Because of No Progression, CareerAddict Study Reveals«, PR Newswire, Cision US Inc., 14. Januar 2020, https://www.prnewswire.com/in/news-releases/82-of-employees-would-quit-their-jobs-because-of-no-progression-careeraddict-study-reveals-840291091.html.

22. »17 Surprising Statistics about Employee Retention«, ebenda.

Teil II: Wie Sie Top-Kandidaten auswählen, die wirklich Ihrem Bedarf entsprechen

Kapitel 4

1. Chris Kormal, »The Cost of a Bad Hire [2022]: How Bad Hires Impact Business«, Zippia, The Career Expert, 16. Februar 2022, https://www.zippia.com/advice/average-cost-of-a-bad-hire.
2. Sameer Shekhawat, »5 Greatest German Goalkeepers of all Time«, Sportskeeda, 24 August 2020, https://www.sportskeeda.com/football/5-greatest-german-goalkeepers-all-time.
3. »The Cost of a Bad Hire and Red Flags to Avoid (2022)«, Apollo Technical Engineered Talent Solutions, 15. Februar 2022, https://www.apollotechnical.com/cost-of-a-bad-hire.
4. Ebenda.
5. »How much do recruitment agencies charge?«, HiringPeople, 4. Januar 2022, https://www.hiringpeople.co.uk/blog/how-much-do-recruitment-agencies-charge.
6. James Elliot, »The True Cost Of Hiring An Employee in 2022«, Toggl Hire, https://toggl.com/blog/cost-of-hiring-an-employee.
7. Michael Watkins, *Die entscheidenden 90 Tage – so meistern Sie jede neue Managementaufgabe*, Campus Verlag, 2007.
8. James Elliot, ebenda.
9. Pete Newsome, »How Much Does a Vacant Position Cost a Business?«, 4 Corner Resources, 29. Februar 2019, https://www.4cornerresources.com/blog/costs-of-vacant-position.
10. James Elliot, »The True Cost Of Hiring An Employee in 2022«, Toggl Hire, https://toggl.com/blog/cost-of-hiring-an-employee.
11. »Salary: First Year Analyst in New York City, NY«, Glassdoor, https://www.glassdoor.com/Salaries/new-york-city-first-year-analyst-salary-SRCH_IL.0,13_IM615_KO14,32.htm.
12. Wikipedia, »Larry Bird«, https://de.wikipedia.org/wiki/Larry_Bird (aufgerufen am 15. März 2022).
13. Harry Volarevic, »10 Things You Didn't Know About Larry Bird«, Basketball Network, 11. März 2021, https://www.basketballnetwork.net/latest-news/10-things-you-didnt-know-about-larry-bird.
14. Ebenda.
15. »The Man Who Discovered Messi Reveals His First Reaction To His Talent«, BeSoccer, 6. März 2019, https://www.besoccer.com/new/the-man-who-discovered-messi-reveals-his-first-reaction-to-his-talent-394630.
16. Ebenda.
17. »60 Recruitment Benchmarks Every HR Professional Needs to Know«, HCMI, 5. April 2021, aktualisiert am 7. Februar 2022, https://www.hcmi.co/post/recruitment-benchmarks.
18. Chris Kormal, ebenda.

Anmerkungen

19. Crime Beat TV, »Getting into Cirque Du Soleil [Audition Documentary]«, Video, YouTube, 11. April 2012, https://www.youtube.com/watch?v=BLouxprAHtQ&t=52s.
20. Ebenda.
21. Issam A. Ghazzawi, Teresa Martinelli-Lee und Marie Palladini, »Cirque du Soleil: An Innovative Culture of Entertainment«, *Journal of the International Academy for Case Studies* 20(5), 2014, S. 23-46, https://laverne.edu/academy/wp-content/uploads/sites/7/2019/02/ghazzawi-cirque-du-soleil.pdf.
22. Jon Boon, »DUTCH MASTER: Meet Dutch super scout Piet de Visser, who discovered Neymar, Ronaldo and De Bruyne and advises Roman Abramovich«, The Sun, 15. April 2021, https://www.thesun.co.uk/sport/football/6283761/chelsea-piet-de-visser-neymar-kevin-de-bruyne-ronaldo/.

Kapitel 5

1. »Hiring Skills Challenge«, Robert Half, 19. März 2019, https://www.roberthalf.com/research-and-insights/recruitment-tips/evaluating-job-candidates.
2. Catherina Davey, »The Most Successful College Dropouts In History«, Retire@21, https://retireat21.com/blog/the-most-successful-college-dropouts-in-history.
3. Larry Kim, »8 Super Successful Tech Billionaires Who Dropped Out of College«, Medium, 4. November 2016, https://medium.com/marketing-and-entrepreneurship/8-super-successful-tech-billionaires-who-dropped-out-of-college-ac4be5c9a8c4.
4. Catherina Davey, ebenda.
5. Ebenda.
6. Ladan Nikravan Hayes, »Nearly Three in Four Employers Affected by a Bad Hire, According to a Recent CareerBuilder Survey«, CareerBuilder, 7. Dezember 2017, https://press.careerbuilder.com/2017-12-07-Nearly-Three-in-Four-Employers-Affected-by-a-Bad-Hire-According-to-a-Recent-CareerBuilder-Survey.
7. Bart Turczynski, »2022 HR Statistics: Job Search, Hiring, Recruiting, & Interviews«, Zety, 9. Februar 2022, https://zety.com/blog/hr-statistics#online-recruiting-and-social-media-statistics.
8. LinkedIn Corporate Communications, »A New Way to Represent Career Breaks on LinkedIn«, LinkedIn, 1. März 2022, https://news.linkedin.com/2022/february/a-new-way-to-represent-career-breaks-on-linkedin.
9. Jennifer Shappley, »LinkedIn Members Can Now Spotlight Career Breaks on Their Profiles«, LinkedIn, 1. März 2022, https://www.linkedin.com/business/talent/blog/product-tips/linkedin-members-spotlight-career-breaks-on-profiles.

Kapitel 6

1. Tom Monahan, »How I Hire: Find Ballplayers, Not Those Who Look Good in Baseball Caps«, LinkedIn, 27. September 2013, https://www.linkedin.com/pulse/20130927201059-3471503-how-i-hire-find-ballplayers-not-those-who-look-good-in-baseball-caps/.

2. Herbert M. Greenberg, und Jeanne Greenburg, »Job Matching for Better Sales Performance«, Harvard Business Review, September 1980, https://hbr.org/1980/09/job-matching-for-better-sales-performance.
3. Wikipedia, »Sabermetrics«, https://en.wikipedia.org/wiki/Sabermetrics (aufgerufen am 5. März 2022).
4. Wikipedia, »Moneyball (film)«, https://en.wikipedia.org/wiki/Moneyball_(film) (aufgerufen am 5. März 2022).
5. Wikipedia, »Sabermetrics«, ebenda.
6. »Job-Fit: The Power of the Right Person«, Broschüre, Profiles International, 2014.
7. Chris Kormal, ebenda.
8. Ladan Nikravan Hayes, ebenda.

Kapitel 7

1. Michael D. Watkins, »What Is Organizational Culture? And Why Should We Care?«, Harvard Business Review, 15. Mai 2013, https://hbr.org/2013/05/what-is-organizational-culture.
2. Alison Doyle, »Company Culture: What Is It?«, The Balance Careers, 17. September 2020, https://www.thebalancecareers.com/what-is-company-culture-2062000.
3. Chris Kormal, ebenda.
4. Te-Ping Chen, »As Employers Scramble to Fill Jobs, Workers Relish a Feeling of Power«, The Wall Street Journal, 18. Januar 2022, https://www.wsj.com/articles/workers-enjoy-upper-hand-as-employers-scramble-to-fill-jobs-11642132764.
5. Bart Turczynski, ebenda.
6. Bart Turczynski, ebenda.
7. Ebenda.
8. Alison Doyle, ebenda.
9. Ebenda.
10. LinkedIn Talent Solutions, »Global Talent Trends 2022: The Reinvention of Company Culture«, LinkedIn, https://business.linkedin.com/talent-solutions/global-talent-trends?trk=media%20-Global-Talent-Trends-2022.
11. Ebenda.
12. Ladan Nikravan Hayes, ebenda.
13. Nate Friesen, »18 Star Players Who Absolutely Hated Their Coaches«, TheThings, 17. April 2020, https://www.thethings.com/18-star-players-who-absolutely-hated-their-coaches.
14. Rebecca Brayton, »Top 10 Actors and Directors Who Hated Each Other«, Video, WatchMojo, 14. Oktober 2016, https://watchmojo.com/video/id/17061.
15. Tyler Lauletta, »Bucs coach Bruce Arians says Antonio Brown is no longer on the team after Brown stormed off the field mid-game«, Insider, 2. Januar 2022, https://www.insider.com/video-antonio-brown-walk-off-2022-1.
16. Chris Kormal, ebenda.

Anmerkungen

17. Ladan Nikravan Hayes, ebenda.
18. John P. Strelecky, »What is the Big Five for Life«, Video, YouTube, https://www.youtube.com/watch?v=0J2jYwdeTHw.
19. Lou Adler, »4 Clues That You're About To Make A Bad Hiring Decision«, LinkedIn Talent Blog, 8. Juli 2020, https://www.linkedin.com/business/talent/blog/talent-acquisition/clues-that-youre-about-to-make-bad-hiring-decision.

Zusammenfassung: Die passenden Talente finden

1. »60 Recruitment Benchmarks Every HR Professional Needs to Know«, ebenda.
2. Chris Kormal, ebenda.

Teil III: Mitarbeiterengagement stärken und pflegen

Einleitung: Engagement ist das Symptom

1. Jacob Morgan, »The Big Problem with Employee Engagement«, Video, 22. August 2019, YouTube https://www.youtube.com/watch?v=ryLqeXAXHc4&ab_channel=JacobMorgan.
2. Bart Turczynski, »2022 HR Statistics: Job Search, Hiring, Recruiting, & Interviews«, Zety, 9. Februar 2022, https://zety.com/blog/hr-statistics.
3. Jasper Spanjaart, »Engagement issues: Europe has least engaged employees in the world«, Totalent, 16. August 2021, https://totalent.eu/engagement-issues-europe-has-least-engaged-employees-in-the-world.
4. Ebenda.
5. Marco Nink und Pa Sinyan, »How European Companies Can Fix Their Workplaces«, Gallup, 15. Juni 2021, https://www.gallup.com/workplace/350201/europe-workplace-trends.aspx.
6. LinkedIn Talent Solutions, »Global Talent Trends 2022: The Reinvention of Company Culture«, LinkedIn, https://business.linkedin.com/content/dam/me/business/en-us/talent-solutions-lodestone/body/pdf/global_talent_trends_emea_2022.pdf.
7. Vipula Gandhi und Jennifer Robison, »The Great Resignation« is Really the ›Great Discontent‹«, Gallup, 22. Juli 2021, https://www.gallup.com/workplace/351545/great-resignation-really-great-discontent.aspx.
8. Aaron De Smet u. a., »›Great Attrition‹ or ›Great Attraction‹? The choice is yours«, McKinsey Quarterly, 8. September 2021, https://www.mckinsey.com/business-functions/people-and-organizational-performance/our-insights/great-attrition-or-great-attraction-the-choice-is-yours.
9. Stephen Spiegel, »3 Budgeting Tips for Employee Engagement Programs«, Crewhu, 13. Januar 2021, https://www.crewhu.com/blog/employee-engagement-program-budget.

10. Jacob Morgan, »Why the millions we spend on employee engagement buy us so little«, Harvard Business Review. 10. März 2017, https://hbr.org/2017/03/why-the-millions-we-spend-on-employee-engagement-buy-us-so-little.

Kapitel 8

1. Valène Jouany und Mia Mäkipää, »8 Employee Engagement Statistics You Need to Know in 2022 [INFOGRAPHIC]«, Haiilo, 22. Februar 2022, https://blog.smarp.com/employee-engagement-8-statistics-you-need-to-know.
2. Ladan Nikravan Hayes, »Nearly Three in Four Employers Affected by a Bad Hire, According to a Recent CareerBuilder Survey«, CareerBuilder, 7. Dezember 2017, https://press.careerbuilder.com/2017-12-07-Nearly-Three-in-Four-Employers-Affected-by-a-Bad-Hire-According-to-a-Recent-CareerBuilder-Survey.
3. »Office Space«, Wikipedia, https://en.wikipedia.org/wiki/Office_Space (aufgerufen am 10. März 2022).
4. Ebenda.
5. Bart Turczynski, ebenda.
6. »The Cost of a Bad Hire and Red Flags to Avoid (2022)«, Apollo Technical Engineered Talent Solutions, 15. Februar 2022, https://www.apollotechnical.com/cost-of-a-bad-hire/.
7. Kevin Breuninger und Emma Newburger, »Here's what's in the $550 billion bipartisan infrastructure deal«, CNBC, 28. Juli 2021, https://www.cnbc.com/2021/07/28/heres-whats-in-the-550-billion-bipartisan-infrastructure-deal.html.
8. Jasper Spanjaart, ebenda.
9. Elizabeth Eldridge, »Failure to Thrive: The Massive Impact of Presenteeism in the Workplace«, Excellence in Manufacturing Consortium, 16. März 2021, https://www.emccanada.org/newsroom/failure-to-thrive--the-massive-impact-of-presenteeism-in-the-workplace.
10. Nurhuda Syed, »Is Presenteeism Worse Than Absenteeism?«, Human Resource Director Canada, 27. Februar 2020, https://www.hcamag.com/ca/specialization/mental-health/is-presenteeism-worse-than-absenteeism/215183.
11. Ebenda.
12. Jacob Morgan, »Why …«, ebenda.
13. Melania Theodorou, »9 Reasons Why Employees Quit Their Jobs (Infographic)«, Career Addict, 13. Januar 2020, https://www.careeraddict.com/why-employees-quit.
14. Nate Swanner, »Netflix's Unique Culture of Termination… That Employees Seem to Like«, Dice, 29. Oktober 2018, https://insights.dice.com/2018/10/29/netflix-company-culture-termination/.
15. Jack Kelly, »Hire Slow, Fire Fast And Give People $5,000 To Leave«, Forbes, 9. Januar 2022, https://www.forbes.com/sites/jackkelly/2022/01/09/hire-slow-fire-fast-and-give-people-5000-to-leave/.
16. Leadership First, »The culture of any organization is shaped by the worst behavior the leader is willing to tolerate«, LinkedIn, November 2021, https://www.linkedin.com/feed/update/urn:li:activity:6856915014436098048/.

Kapitel 9

1. David Clugston, »Becoming irresistible: A new model for employee engagement«, Deloitte Review, 27. Januar 2015, https://www2.deloitte.com/us/en/insights/deloitte-review/issue-16/employee-engagement-strategies.html.
2. Paul Millerd, *The Pathless Path: Imagining a New Story for Work and Life*, Paul Millerd, 2022, https://amzn.to/3smjJNA, Seite 43.
3. »The Ultimate List of Employee Perks Statistics«, Compt, 29 Dezember 2020, https://www.compt.io/employee-perks-statistics#SatisfactionAndEngagement.
4. »Margot Fonteyn«, Royal Opera House, abgerufen am 27. Juni 2022, https://www.roh.org.uk/people/margot-fonteyn.
5. »Rudolf Nureyev and Margot Fonteyn, the perfect partnership«, The Rudolf Nureyev Foundation,
6. https://nureyev.org/rudolf-nureyev-biography/perfect-partnership-margot-fonteyn/.
7. »Margot Fonteyn«, Wikipedia, https://de.wikipedia.org/wiki/Margot_Fonteyn.
8. »List of players who have won the most NFL championships«, Wikipedia, https://en.wikipedia.org/wiki/List_of_players_who_have_won_the_most_NFL_championships.
9. Alexa Drake, »Why Employees Quit: 60 Statistics Employers Should Know«, G2 Learn Hub, 4. Oktober 2019, https://learn.g2.com/why-employees-quit.
10. »Your best employees are leaving. But is it personal or practical?«, Randstad USA, 28. August 2018, https://www.randstadusa.com/business/business-insights/employee-retention/your-best-employees-are-leaving-it-personal-practical/.
11. Sarah Korolevich, »Horrible Bosses: Are American Workers Quitting Their Jobs Or Quitting Their Managers?«, Goodhire, 11. Januar 2022, https://www.goodhire.com/resources/articles/horrible-bosses-survey.
12. Scott Miller, »How to Win the ›Great Resignation‹«, Gallup, 1. November 2021, https://www.gallup.com/workplace/356729/win-great-resignation.aspx.
13. Ebenda.
14. Sarah Korolevich, ebenda.
15. Ebenda.
16. Jim Harter, ebenda.
17. Jim Harter, ebenda.
18. Scott Miller, ebenda.
19. Jennifer Robison, »What Disruption Reveals About Engaging Millennial Employees«, Gallup, 6. Januar 2021, https://www.gallup.com/workplace/328121/disruption-reveals-engaging-millennial-employees.aspx.
20. LinkedIn Talent Solutions, ebenda.
21. Lori Li, »17 Surprising Statistics about Employee Retention«, TinyPulse, 8. September 2020, https://www.tinypulse.com/blog/17-surprising-statistics-about-employee-retention.
22. Ed Emerman, »Pandemic accelerates employer voluntary benefit offerings, Willis Towers Watson survey finds«, Wills Towers Watson, 13. Mai 2021, https://www.wtwco.com/en-US/News/2021/05/pandemic-accelerates-employer-voluntary-benefit-offerings-wtw-survey-finds.

23. Jean Spencer, »Research: Employee Retention a Bigger Problem Than Hiring for Small Business«, Zenefits, 8. Juli 2020, https://www.zenefits.com/workest/employee-turnover-infographic/.
24. Alexa Drake, ebenda.
25. Valène Jouany und Mia Mäkipää, ebenda.
26. Ebenda.
27. Archana Jerath, »Freedom in the Workplace (A balance of Autonomy and Accountability)«, The SHRM South Asia Blog, 8. Oktober 2018, https://blog.shrm.org/sasia/blog/freedom-in-the-workplace-a-balance-of-autonomy-and-accountability.
28. Adam Uzialko, »Employee Freedom Breeds Loyalty and Commitment«, Business News Daily, 11. Mai 2020, https://www.businessnewsdaily.com/609-employee-freedom-breeds-loyalty-commitment.html.
29. Archana Jerath, ebenda.
30. Adam Uzialko, ebenda.
31. Ebenda.
32. »Decathlon in the World«, Decathlon.com, https://www.decathlon-united.com/en/about.
33. Valène Jouany und Mia Mäkipää, ebenda.
34. Tom Bateman, »Belgium approves four-day week and gives employees the right to ignore their bosses after work«, Euronews, 15. Februar 2022, https://www.euronews.com/next/2022/02/15/belgium-approves-four-day-week-and-gives-employees-the-right-to-ignore-their-bosses.
35. Lori Li, ebenda.
36. Mark Shadle, »Understanding a Changing Workplace: A New Mindset at Work«, Zeno, abgerufen am 27. Juni 2022, https://www.zenogroup.com/insights/understanding-changing-workplace-new-mindset-work.
37. Ebenda.
38. Fabian Billing u. a., »Building workforce skills at scale to thrive during—and after—the COVID-19 crisis«, McKinsey, 30. April 2021, https://www.mckinsey.com/business-functions/people-and-organizational-performance/our-insights/building-workforce-skills-at-scale-to-thrive-during-and-after-the-covid-19-crisis.
39. Ebenda.
40. Charles Sull u. a., »Toxic Culture Is Driving the Great Resignation«, MIT Sloan Management Review, 11. Januar 2022, https://sloanreview.mit.edu/article/toxic-culture-is-driving-the-great-resignation.
41. Aliza Knox, »The New Meaning of CEO: Chief Empathy Officer – 4 Reasons Leaders Need Empathy Now«, Forbes, 28. September 2021, https://www.forbes.com/sites/alizaknox/2021/09/28/the-new-meaning-of-ceo-chief-empathy-officer4-reasons-leaders-need-empathy-now.
42. David Frommer und Olivier Jarosz, »Report on Youth Academies in Europe«, European Club Association, August 2012, https://www.ecaeurope.com/media/2730/eca-report-on-youth-academies.pdf.
43. Marco Nink und Pa Sinyan, ebenda.

Zusammenfassung: Das Engagement der Zukunft beginnt jetzt

1. Jasper Spanjaart, ebenda.
2. Bart Turczynski, ebenda.
3. David Clugston, ebenda.
4. »Your best employees are leaving...«, ebenda.
5. Scott Miller, ebenda.
6. Sarah Korolevich, ebenda.
7. Jim Harter, ebenda.
8. LinkedIn Talent Solutions, ebenda.
9. Lori Li, ebenda.
10. Ebenda.
11. Melania Theodorou, ebenda.
12. Ebenda.
13. Charles Sull u. a., ebenda.
14. Aliza Knox, ebenda.
15. Marco Nink und Pa Sinyan, ebenda.

Abschließende Gedanken

1. Michael McKinney, »Stuffing the Dog«, Leadership Now, Blog, 5. April 2006, https://www.leadershipnow.com/leadingblog/2006/04/stuffing_the_dog.html.
2. Jasper Spanjaart, »Engagement issues: Europe has least engaged employees in the world«, Totalent, 16. August 2021, https://totalent.eu/engagement-issues-europe-has-least-engaged-employees-in-the-world/.
3. Marco Nink und Pa Sinyan, »2 Decades of Low Engagement: How Germany Can Turn It Around«, Gallup, 22. März 2021, https://www.gallup.com/workplace/339842/decades-low-engagement-germany-turn-around.aspx.
4. Jacob Morgan, »Why the millions we spend on employee engagement buy us so little«, Harvard Business Review, 10. März 2017, https://hbr.org/2017/03/why-the-millions-we-spend-on-employee-engagement-buy-us-so-little.
5. Aaron De Smet u. a. »›Great Attrition‹ or ›Great Attraction‹? The choice is yours«, McKinsey Quarterly, 8. September 2021.

Epilog

1. »Wyscout on ZDF: the work of a talent scout explained«, Video, YouTube, 7. Februar 2019, https://www.youtube.com/watch?v=-QvFMMOdXy0.
2. Dominic Barton, Dennis Carey und Ram Charan, »People Before Strategy: A New Role For The CHRO«, Harvard Business Review, Juli-August 2015, https://hbr.org/2015/07/people-before-strategy-a-new-role-for-the-chro.

3. Ebenda.
4. Alan Guarino, »Why CHROs really are CEOs«, Korn Ferry Institute, abgerufen am 27. Juni 2022, https://www.kornferry.com/insights/this-week-in-leadership/why-chros-really-are-ceos.
5. Omar Ishrak und Carol Surface, »Secrets Of The Strategic CHRO: A Model For Success«, Chief Executive, 5. November 2019, https://chiefexecutive.net/secrets-of-the-strategic-chro-a-model-for-success.
6. Ebenda.

Stichwortverzeichnis

A Absenteeism 233
Administrator 293
Amazon 45
American Football 59, 106
Anerkennung 258
Anforderungsprofil
(job profile) 185
Arbeit
sinnvolle 244
Arbeitgebermarke 45
Arbeitsbedingungen 238
Arbeitsumfeld
positives 254
Assessment 95–96, 115, 165, 183, 193, 289, 295
Assessment-Methoden 165
Ausbildung 161
Australien 16
B Babyboom-Generation 17, 19
Bad hiring rate 136
Baseball 63, 177
Belgien 260
Benchmarks 187
Betriebsräte 43
Bieterkriege 55
Big Five 208
Bird, Larry 149
Boss-Fit 203
Brady, Tom 106, 247
Braindrain 27
Branchenveranstaltungen 110
Bundesliga Fußball 64
C CEO 266
China 17–18, 22
Cirque du Soleil 61, 68, 100, 153
Cost of vacancy 31, 34
Costa of vacancy 33
COVID 28
Covid-19 122
COVID-19 29–30, 223
Culture-fit 151
Culture-Fit 153, 199, 277, 289
Culture-Fit bestimmen 206
Culture-Fit-Assessments 205, 214

Culture-Fit-Interview 207
Culture-Fit-Kernelemente 201
D Decathalon 259
Demografie 17, 27, 121
Demografischer Wandel 17, 44
demografischer Winter 18
Desengagement
Kosten 229
Deutsche Fußballnationalmannschaft 51
Deutschland 277, 285, 53, 83, 233, 16–17, 19, 20, 32, 33
Dialogsystem 108
Digital natives 29
Diversität 87
E Ehemaligennetzwerke 83
Empathie 266
Employer Branding 45
Engagement 222, 277, 316
Entwicklungsplan
individueller 116
Erfahrung 163
Events 109
Externe Empfehlungen 86
F Fachkompetenz 164
Fachkräftemangel 17, 55
Fähigkeitenausbau 263
Fallstudie 170
Fehler Einstellung 135
Finanzielle (und emotionale)
Kosten von Talentengpässen 31
Fluktuation 229
Fonteyn de Arias, Margot 247
Football 247
Frankreich 233
Freiheit 258
Führung 248
Führungskraft 248
toxische 239, 249
Führungsteam
gutes 266
vertrauenswürdiges 265
Fußball 86, 109
Fußball Deutschland 64, 72, 87

G Geburtenrate 18–19
Gehaltszuwächse 55
Generation Y 24, 46
Generation Z 23–24, 46, 117, 273
Generationsunterschiede 21
Geschlechtergerechtigkeit im Arbeitsleben 29
Gesundheit Mitarbeiter 260
Gewerkschaften 43
Google 109
Great attraction 279
Großbritannien 16, 32, 233
H Hard skills 96
Hard Skills 161
Home-Office 28–29, 250
Homeschooling 29
HR-Budget 294
I Indien 18
Inneren Einstellung 230
Integration von Businessplänen und Personalstrategie 58
Interview 289
Island 260
Italien 233
J Japan 223, 16–17, 32
Job Fit
  kritische Fragen 184
Job profile (Anforderungsprofil) 185–186
Job Rotation 92
Job-fit 151
Job-Fit 152, 175, 277, 289
Job-Fit bestimmen 183
Job-Fit-Assessments 193
Job-Fit-Ergebnisse besprechen 191
Job-Fit-Interview 189–190
Job-Fit-Kernelemente 179–180
Job-Hopping 56
K Kanada 32, 233, 260
Kandidaten auswählen 127
Kandidaten finden 121
Karrieremessen und Job-Events 85
Karriereschritte
  horizontale 92
Kontaktanbahnungsmöglichkeiten 109

Kontinuierliche Personalentwicklung 238
Kosten
  finanzielle 136–137
  immaterielle und menschliche 145
  schlechte Einstellung 133–134, 136, 145
Kultur 199
Kultur der Freiheit 258
L Lebensläufe 165
LinkedIn 79, 166
Loyalität 261
M Managerial-Fit 201, 203
Managerpfad 65
Marketing
  personalisiertes 101
Massenmarketing 101
Messi, Lionel 149
Millennials 46, 83, 117, 200, 272
Mitarbeiter wie Rädchen in einer Maschine 42
Mitarbeiterbindung 237
Mitarbeiterempfehlungen 82
Mitarbeiterengagement 221
  Methoden zur Steigerung 243
  Wert 227
Mitarbeiterentwicklung 261
Mitarbeitererlebnis 270
Mitarbeiterloyalität 123
N Netflix 240
neue Arbeitsmentalität 23
Neuer, Manuel 134
Neuseeland 55
New work 245
New Work 21, 46, 58, 121
O Online-Profile auf professionellen Plattformen 165
Organizational-Fit 201
Österreich 32
P Passive (reaktive) Rekrutierungspraxis 71
Passives (reaktives) Rekrutierungsmodell 50–53
Persona-based talent sourcing 80
Persona-basiertes Talentpooling 81, 85
Personalabteilung 282

Personalplanungssysteme 49
Personalvorstand 291
Persönliche und emotionale Kosten einer unbesetzten Stelle 35
Pfad der Fortbildung 65
Portugal 260
Positive Bestärkung 257
Potentialanalyse 115
Presenteeism 233
Profiler 289
Profiles International 295
Profiling-Instrumente 183
Q Qualifikationslücke 25, 27
R Ratings 186
Rekrutierung traditionelle Methoden 50
Rekrutierungskosten 122
Remote first 29
Reputationsgewinne 124
Right-Fit-Prinzipien 151, 277
Rollen bei begrenztem HR-Budget 294
Rollenspiel 170
Royal Ballet 247
Ruhestand 30
S Sabermetrics 177
Schlechte Einstellungsentscheidung 133–134
minimieren 148
Schweiz 20, 32
Silbermedaillengewinner 76, 123
Skill Fit bestimmen 165
Skill gap 158
Skill Gap 25, 27, 92, 121
Skill-Fit 151, 152, 157, 172, 277, 289
Skill-fit-Interview 168
Skill-fit-Interviews 167
Skill-fit-Kernelemente 160
Social-Media-Präsenz 112
Soft skills 96
Soft Skills 175
Soziale Medien 79
Spezialist
fachlicher 65
Stimmigkeit 164
Südkorea 18, 83

T Talent Fit 128
Talent Relationship Management (TRM) 108
Talente anlocken 41
Talente finden und gewinnen Herausforderungen 121
Talente gewinnen 42
Talentempfehlungen interne 93
Talentkrise 15, 17
Talentmanagement 237, 279, 281
Talentmangel 16
Talentpipelines 46, 59, 99, 276
Talentpool 16–17
Talentpooling
externes, Stellen 66
Talentpoolingmodell 58
Talentpoolmodell 56–57
Talentpoolplanung 74–75, 117
Talentpoolquellen
externe 76
Talentpools 46, 49, 59–60, 71, 276
Arten 61, 75
Definition 60
externe 61, 66, 68
interne 61–62
robuste 71, 96
Vorteile 56–57, 122
Talentpools aufbauen 73
externe 75
interne 89
Talent-Relationship-Manager 287
Talent-Relationship-Prozess 52, 56
Talentscout 285
Talent-Tsunami 19
Talent-Zeitschiene 50
Team-Fit 201, 205
Technologieeinsatz in Scouting, Talent-Beziehungs-Management und Profiling 296
Testen 170
The Great Resignation 28, 30, 56, 83, 122, 224
The Royal Ballet 59
Training 261

U Unternehmenskultur 199, 239
Unternehmensstragie
　Einbeziehung der Personalabteilung 58
USA 17–18, 23, 32, 83, 232, 260

V Vakanzzeiten 34
ValYouBel 297
Vergütungen 238
Verkaufen 103
Verwandlung von Talentpools in Talentpipelines 99
　externe 104
　interne 114

Verweildauer Mitarbeiter 83
Vielfalt 87

W War of Talent 26, 54
Wertschätzung 272
WIDFM (Was Ist Drin Für Mich?) 104
Work/Life-Balance 21
Workaholics 21

X Xing 166
XING 80

Z Zuwanderung 20, 27